U0181144

国 家 出 版 基 金 资 助 项 目
“十三五”国家重点出版物出版规划项目
先进制造理论研究与工程技术系列

机器人先进技术研究与应用系列

室内移动机器人环境感知技术

Environmental Perception Technologies for an Indoor Mobile Robot

赵立军　李瑞峰　著

内容简介

本书以室内移动机器人环境感知技术为主要内容，全面和系统地阐述了相关的概念和方法，包括室内移动机器人技术概论、室内移动机器人传感器、室内移动机器人底盘系统与模型、室内环境几何特征、室内场景行人检测、基于深度学习的机器人视觉重定位技术和三维目标检测以及基于RGB－DT的三维环境构建方法。本书的章节覆盖面较广泛，综合了近几年作者及研究生的相关研究内容，将理论与仿真、实验结合，力求主题鲜明、层次清楚、详略得当。本书注重从移动机器人应用场景阐述概念，并提供较为详细的公式推导，结合大量图表及实验数据等，有助于读者系统阅读和理解书中的知识。

本书可作为移动机器人定位、环境感知方向的本科生、研究生和科研人员的学习资料或课外参考书，同时兼顾了初级读者，部分章节具有一定科普内容。本书也可为从事室内移动机器人研发和应用的科技人员提供参考。

图书在版编目(CIP)数据

室内移动机器人环境感知技术/赵立军，李瑞峰著. —哈尔滨：哈尔滨工业大学出版社，2023.1

(机器人先进技术研究与应用系列)

ISBN 978-7-5603-9304-9

Ⅰ.①室… Ⅱ.①赵… Ⅲ.①移动式机器人—研究 Ⅳ.①TP242

中国版本图书馆CIP数据核字(2021)第014088号

策划编辑　张　荣　王桂芝
责任编辑　张　颖　鹿　峰
出版发行　哈尔滨工业大学出版社
社　　址　哈尔滨市南岗区复华四道街10号　邮编150006
传　　真　0451－86414749
网　　址　http://hitpress.hit.edu.cn
印　　刷　辽宁新华印务有限公司
开　　本　720 mm×1 000 mm　1/16　印张15　字数291千字
版　　次　2023年1月第1版　2023年1月第1次印刷
书　　号　ISBN 978-7-5603-9304-9
定　　价　87.00元

国家出版基金资助项目

机器人先进技术研究与应用系列

序

机器人技术是涉及机械电子、驱动、传感、控制、通信和计算机等学科的综合性高新技术，是机、电、软一体化研发制造的典型代表。随着科学技术的发展，机器人的智能水平越来越高，由此推动了机器人产业的快速发展。目前，机器人已经广泛应用于汽车及汽车零部件制造业、机械加工行业、电子电气行业、医疗卫生行业、橡胶及塑料行业、食品行业、物流和制造业等诸多领域，同时也越来越多地应用于航天、军事、公共服务、极端及特种环境下。机器人的研发、制造、应用是衡量一个国家科技创新和高端制造业水平的重要标志，是推进传统产业改造升级和结构调整的重要支撑。

《中国制造 2025》已把机器人列为十大重点领域之一，强调要积极研发新产品，促进机器人标准化、模块化发展，扩大市场应用；要突破机器人本体、减速器、伺服电机、控制器、传感器与驱动器等关键零部件及系统集成设计制造等技术瓶颈。2014 年 6 月 9 日，习近平总书记在两院院士大会上对机器人发展前景进行了预测和肯定，他指出：我国将成为全球最大的机器人市场，我们不仅要把我国机器人水平提高上去，而且要尽可能多地占领市场。习总书记的讲话极大地激励了广大工程技术人员研发机器人的热情，预示着我国将掀起机器人技术创新发展的新一轮浪潮。

随着我国人口红利的消失，以及用工成本的提高，企业对自动化升级的需求越来越迫切，“机器换人”的计划正在大面积推广，目前我国已经成为世界年采购机器人数量最多的国家，更是成为全球最大的机器人市场。哈尔滨工业大学出版社出版的“机器人先进技术研究与应用系列”图书，总结、分析了国内外机器人技术的最新研究成果和发展趋势，可以很好地满足机器人技术开发科研人员的需求。

“机器人先进技术研究与应用系列”图书主要基于哈尔滨工业大学等高校在机器人技术领域的研究成果撰写而成。系列图书的许多作者为国内机器人研究领域的知名专家和学者，本着“立足基础，注重实践应用；科学统筹，突出创新特色”的原则，不仅注重机器人相关基础理论的系统阐述，而且更加突出机器人前沿技术的研究和总结。本系列图书重点涉及空间机器人技术、工业机器人技术、智能服务机器人技术、医疗机器人技术、特种机器人技术、机器人自动化装备、智能机器人人机交互技术、微纳机器人技术等方向，既可作为机器人技术研发人员的技术参考书，也可作为机器人相关专业学生的教材和教学参考书。

相信本系列图书的出版，必将对我国机器人技术领域研发人才的培养和机器人技术的快速发展起到积极的推动作用。

蔡鹤皋

2020 年 9 月

前　言

机器人感知技术是控制、决策的基础，几十年来，随着计算机、新材料和电子技术的飞速发展，为机器人感知技术及其实用化应用提供了更多的机会和更广泛的前景。随着国家经济水平和人们生活水平的提高，对陪护、巡检、转运和清扫等服务机器人需求旺盛，也亟待解决服务机器人的感知瓶颈问题，使其逐步走进家庭、养老院、医院和车站等场所，未来服务机器人将快速发展。

本书以移动服务机器人相关理论与实验相结合，梳理了作者近年一些具有参考价值的成果，通过选取感兴趣章节阅读，希望能够与读者产生某些共鸣或值得读者借鉴。故而本着共同探讨和思考多层面的移动机器人环境感知问题的原则，撰写了本书。

本书共分为 8 章，主要内容如下：

第 1 章针对室内机器人典型系统进行了介绍，然后围绕机器人环境感知技术，综述了室内机器人环境建模与定位发展现状，涵盖了机器人从 2D 到 3D 感知环境，从度量建模到语义建模，从滤波器框架到图优化技术，以及建模技术与融合深度学习等研究进展。

第 2 章结合机器人应用，阐述了几种典型的室内感知传感器，介绍了场景感知与机器人传感器之间的关系，建立了红外标签、激光测距传感器、RGB－D 传感器和红外传感器模型，并进行仿真和测试实验，给出了各传感器的检测范围、数据、精度等。

第 3 章结合作者科研项目，介绍了机器人典型驱动系统与模型。分别讨论了差动底盘和全向底盘机构、硬件和软件系统设计。描述了底盘系统设计与集成的开发过程，并建立了相关模型，进一步建立了相应的运动学模型，结合仿真和实验进行运动误差分析。

第4章探讨机器人2D激光传感器的环境几何特征检测问题。采用假设检验方法对激光数据划分;通过带权重的最小二乘法提取线段及圆弧特征,以Mahalanobis准则与Hotelling T2实现线段及圆弧特征的检测等工作,具有一次性提取多几何特征、稳定性强等特点。

第5章针对机器人行人检测问题,介绍了一种基于轻量化网络语义分割的行人检测和轨迹预测方法,可检测出图像中的动态目标。针对动态物体轮廓,设计了一种轻量级的语义分割网络,并且通过实验对其进行评估。本章还结合马尔可夫模型与网格地图模型提出一种行人轨迹预测方法,将环境网格化后根据历史数据训练马尔可夫模型,在数据集上的验证表明该方法的预测有效性。

第6章研究了机器人视觉重定位问题。针对传统视觉算法对视角、光线变化等鲁棒性差的问题,开展了一种基于图像相似度的卷积神经网络视觉重定位算法研究。此外,针对基于卷积神经网络的重定位算法精度不足的问题,提出一种融合特征法和卷积神经网络的视觉重定位算法,并通过数据集进行验证,解决了机器人在环境感知中的“绑架”问题。

第7章研究了室内服务机器人在环境中的三维静态物体检测问题,以建立物体级的环境感知能力。此外,提出了一种基于图像语义的三维候选框生成算法,基于二维图像候选框,使用统计像素语义信息确定概率最大的类别,并根据物体的先验大小确定三维候选框边界框。

第8章分析了室内机器人的ORB－SLAM3算法,该算法将视觉里程计与IMU融合构建稀疏点云地图。考虑红外与RGB－D信息的互补性,基于ORB－SLAM3算法框架,构建了RGB－DT SLAM框架,并对场景中的线面特征进行检测,形成约束,构建稠密三维环境热场地图,获得特征稀疏环境中具有较强稳定性的SLAM综合方案。

本书由哈尔滨工业大学机器人研究所服务机器人课题组教师和研究生共同完成。在撰写本书过程中王珂博士、葛连正博士、霍光磊博士、王力博士、乔智博士、梁培栋博士和曹雏清博士,以及刘雨、王超、侯政华、孙静文、江欣凯、姜伟东、桂茜春、李拓希、史裕问、王家和和于文录等研究生给予了很大的支持和帮助,本书也得到国家自然科学基金面上项目(62073101、61473103)支持,在此表示衷心的感谢。

在撰写本书期间,向相关专家进行了咨询,同时查阅了一些同行学者的论文和相关文献,向相关专家及参考文献的作者致以诚挚的谢意。

由于作者能力有限和时间仓促,书中不可避免地会出现一些疏漏和不足,也恳请各位读者批评指正。

作　者

2022年11月

目　录

第 1 章　室内移动机器人技术概论 ………… 001
1.1　服务机器人技术研究概况 ………… 003
1.2　移动机器人定位技术研究概况 ………… 006
1.3　本章小结 ………… 023
第 2 章　室内移动机器人传感器 ………… 025
2.1　概述 ………… 027
2.2　红外标签 ………… 027
2.3　激光传感器 ………… 030
2.4　RGB－D 传感器 ………… 035
2.5　红外传感器 ………… 042
2.6　本章小结 ………… 048
第 3 章　室内移动机器人底盘系统与模型 ………… 049
3.1　概述 ………… 051
3.2　差动型机器人底盘开发平台 ………… 051
3.3　差动底盘模型 ………… 056
3.4　Mecanum 轮式机器人底盘 ………… 060
3.5　本章小结 ………… 077
第 4 章　室内环境几何特征 ………… 079
4.1　概述 ………… 081

4.2 2D激光传感器特征提取方法 …… 081
4.3 特征识别 …… 083
4.4 特征匹配 …… 092
4.5 回环检测 …… 094
4.6 实验结果及分析 …… 097
4.7 本章小结 …… 104
第5章 室内场景行人检测 …… 105
5.1 概述 …… 107
5.2 基于视觉极线约束的动态物体检测 …… 107
5.3 基于语义分割的动态物体轮廓确定 …… 114
5.4 基于马尔可夫的行人预测 …… 121
5.5 本章小结 …… 126
第6章 基于深度学习的机器人视觉重定位技术 …… 127
6.1 概述 …… 129
6.2 基于卷积神经网络的服务机器人视觉重定位 …… 129
6.3 融合特征法和卷积神经网络的机器人视觉重定位 …… 140
6.4 本章小结 …… 149
第7章 基于深度学习的机器人视觉三维目标检测 …… 151
7.1 概述 …… 153
7.2 基于多通道卷积神经网络的三维物体检测 …… 153
7.3 基于多视角融合的服务机器人室内场景三维物体检测 …… 164
7.4 本章小结 …… 181
第8章 基于RGB-DT的三维环境构建方法 …… 183
8.1 概述 …… 185
8.2 ORB-SLAM3算法分析 …… 185
8.3 基于RGB-DT SLAM环境热场地图构建 …… 188
8.4 基于DT的位姿估计 …… 200
8.5 本章小结 …… 209
参考文献 …… 210
名词索引 …… 218
附录 部分彩图 …… 221

第1章 室内移动机器人技术概论

本章主要围绕室内典型机器人系统和机器人环境感知发展现状进行简要梳理和描述。首先简介了室内机器人系统发展过程，然后梳理了室内机器人环境感知技术发展历史和现状，阐述了代表性的算法，最后对机器人重定位技术发展进行了综述。

服务机器人是21世纪最有发展潜力的机器人系统，在室内清扫、生活照料和安全监控等场景都有广泛的应用前景，甚至具备不可替代的作用。美国、日本和韩国均制订了研制服务机器人的国家研究计划。我国的“863”计划、国家重点科技计划等为服务机器人研究提供了大力支持，使我国服务机器人数量得到跨越式增长。服务机器人研究与应用得到重视的主要原因是：①解决全球性人口老龄化问题和居家安全的需要；②人们对生活质量和生活水平的高要求；③机器人所需传感器、驱动等技术和社会信息化及网络化技术的发展。服务移动机器人的应用研究主要包括定位和导航、人机交互和规划及作业等，而定位技术研究是关键技术之一，也是机器人的基本环节，如果没有定位技术，导航、任务规划和移动作业等关键技术都将难以实现，移动机器人对陌生环境的自身定位或者重新定位是首要解决的问题。定位问题研究是一个具有挑战性的课题，需要考虑以下几个方面：首先，解决航位推算法的累计误差影响；其次，描述环境的特征，机器人运动模型的噪声与传感器的观测噪声的耦合问题，环境地图的一致性和闭环问题以及环境特征数据关联与高维数据处理等问题；再次，室内情况下的光照不同、目标多样、空间复杂等问题亟须高效的解决算法。

1.1 服务机器人技术研究概况

服务机器人是一种自主或半自主的能够提供服务而不是提供生产的机器人，这种机器人能够改善人们的生活质量。考虑移动作业任务要求，服务机器人需要具备自主导航和目标检测能力，并根据环境变化自主决策调整控制方法，获取目标。服务机器人应用范围广泛，IEEE机器人与自动化协会服务机器人技术委员会(The Technical Committee for Service Robots of the IEEE Robotics and Automation Society，TCSRIRAS)按服务机器人的应用范围将其分为清洗管家机器人、教育机器人、类人机器人、人道主义排雷机器人、康复机器人、检查监视机器人、农业与收割采摘机器人、割草机器人、医疗机器人、建筑机器人、自动回填机械机器人、导游及办公室环境机器人、消防机器人、分拣及堆垛机器人、搜索及拯救机器人和食品工业机器人，并给出相关研究机构和科研成果。近几年，面向室内环境的家用和公共环境的服务机器人研究及应用大幅增加，如清扫机器人、导游机器人、室内巡检机器人和餐厅服务机器人等。

服务机器人的研究始于 20 世纪 60 年代末期，Nilssen 等人在美国国防高级研究计划局（Defense Advanced Research Projects Agency，DARPA）项目支持下，研制自主移动机器人 Shakey，如图 1.1 所示。他们在室内模拟环境下，采用 TV 视觉相机和机械碰撞检测等传感器，研究机器人定位、环境建模、轨迹规划和导航技术，初步具备了环境目标定位和导航能力。该研究奠定了移动机器人的定位与建模的实践基础。

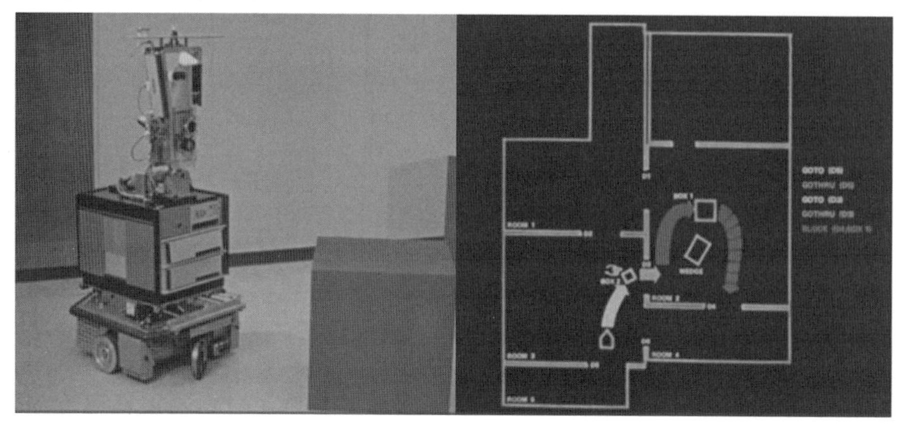

图 1.1　自主移动机器人 Shakey

随着传感器技术的发展，服务机器人开始集成化和多样化发展，人们开始研制助老轮椅、移动作业机械臂等形式，针对典型场景，开展适应人群、复杂任务和不同环境等特色研究，如图 1.2 所示，具有代表性的研究是 NavChair 轮椅，其采用 80486 笔记本电脑作为控制器，配有 12 个超声波传感器和操作杆并设计了多种操作模式，解决避障、通过门通道、转弯直径估计等问题，弥补电动轮椅的控制和感知不足。德国波恩大学研制的 Rhino 机器人用于博物馆导游，配备 24 个超声波传感器、双目彩色相机、2 台 i486 板载计算机、无线以太网与 SUN 工作站互联，在无人干预的人口密集环境下进行 1 h 的重复实验，构建栅格地图，并生成到达目标点的最小代价路径，但由于栅格不太准确，动态规划器只能给出该处大致方向信息。

波恩大学又与 Carnegie Mellon 大学联合研制了第二代博物馆导游机器人 Minerva，该机器人配备 SICK 激光测距传感器和超声波传感器，头部配有一对 Sony XC－999 相机，头部睫毛和嘴由 4 个自由度电机驱动，具备一定环境建模、规划和导航能力，观测者可以网上通过机器人观测博物馆，在 Smithsonian 美国历史国家博物馆共完成 2 668 次展示。Sebastian Thrun 等学者在 Minerva 平台开展了基于马尔可夫定位、动态环境导航等的研究，为后续移动机器人即时定位与地图构建（Simultaneous Localization And Mapping，SLAM）的发展提供了一

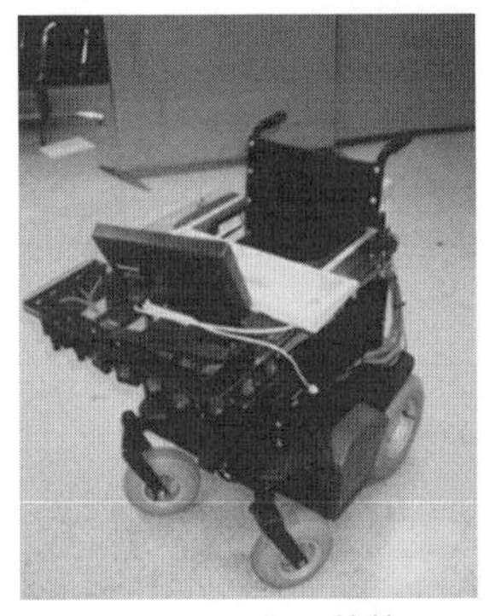

(a) NavChair 轮椅

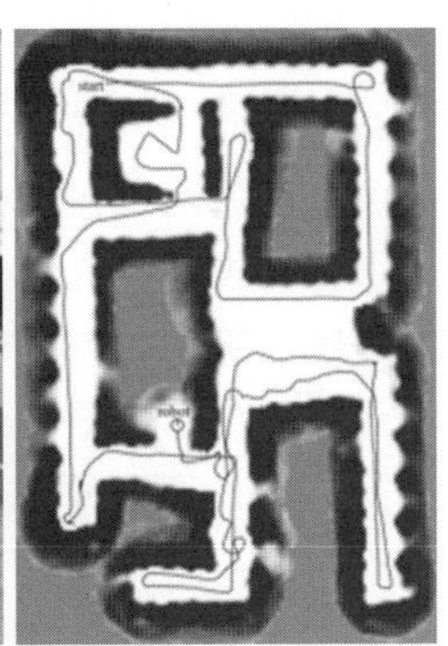

(b) Rhino 机器人与环境地图

图 1.2　NavChair 轮椅和德国波恩大学研制的 Rhino 机器人与环境地图

定理论基础。

21 世纪室内机器人得到快速发展，由于移动机器人的拓展应用，涉及物品转运、室内移动操作和助老助残等领域，机器人移动机构由最初的差动轮式转增加了全向轮系、足式等驱动构型。在机器人感知和操作方面配置了立体视觉、激光、红外等多种传感器。机器人根据任务需求，还配备了多自由度手臂执行任务，使机器人种类更为丰富，机器人的定位、环境感知和导航技术也日趋完善。具有操作能力的室内服务机器人如图 1.3 所示。

图 1.3(a)所示的 Justin 机器人是由德国宇航中心开发的一款全向机器人，底盘具有 4 个独立可伸缩转向的驱动轮，每条腿具有平行四边形结构，含被动弹簧阻尼系统，高度为 1.95 m，双作业臂，每个机械臂具有 7 个自由度，手部有 12 个自由度，颈部有 2 个自由度，躯干有 3 个自由度，在室内能够灵活行走，配合双臂能够完成复杂操作任务。另外，配有扭矩、视觉等传感器，在机构柔顺控制方面具有优势。图 1.3(b)所示的 PR2 机器人是由 PR1(Personal Robot1)发展起来的第二代机器人，最初是斯坦福 K. Salisbury 教授的个人机器人项目，后来其学生成立柳库(Willow Garage)机器人公司开发了 PR2 机器人。该机器人高度为 1.65 m，移动速度 3.6 km/h，配备立体视觉、激光扫描云台等传感器，采用双作业臂配置，软件系统为开源系统 ROS(Robot Operating System)，具有自主导航和大范围目标操作能力。后来 ROS 在移动机器人领域开展导航、目标检测和移动抓取等广泛研究，曾是各大机器人名校名所必备科研平台之一。

图 1.3(c)所示的 Care－O－botⅣ机器人为德国 IPA 开发的第 4 代陪护机器人，该机器人高度为 1.48 m，速度为 4.3 km/h。Fraunhofer IPA 在 1998 年开发 Care－O－botⅠ机器人，该机器人用于助老，能够在公共场景实现安全可靠导航，当时为博物馆开发了 3 台，经过 3 代发展，成为 Care－O－botⅣ。该机器人配备了 3D 视觉、华硕 Xtion 等传感器，具有双 7 自由度手臂，可实现复杂目标取

放和人脸、手势及语音交互，可像人一样运动和交互。图 1.3(d)所示的 Handle 机器人是波士顿动力学公司推出的物流搬运型机器人，该机器人高度为 2 m，配备板载 3D 视觉，为轮退式双足结构，移动速度为 15 km/h，最高速度负载为 15 kg，取放高度为1.7 m，该机器人的优势在于地面的适应性，如对台阶、砂石、杂乱地面等都具有高通过性，在室内外有较好的应用前景。

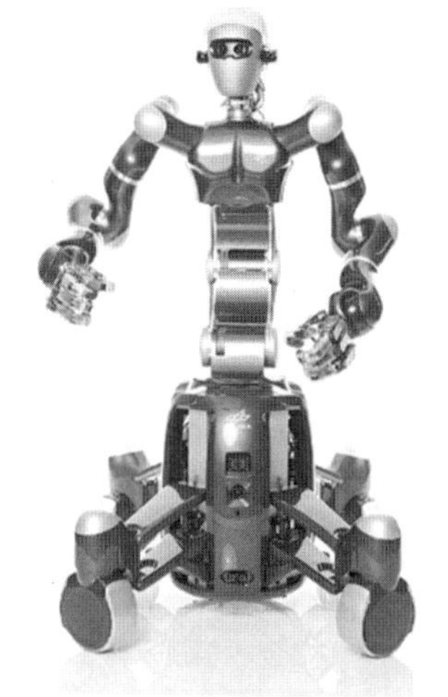
(a) 德国宇航中心(DLR)机器人Justin

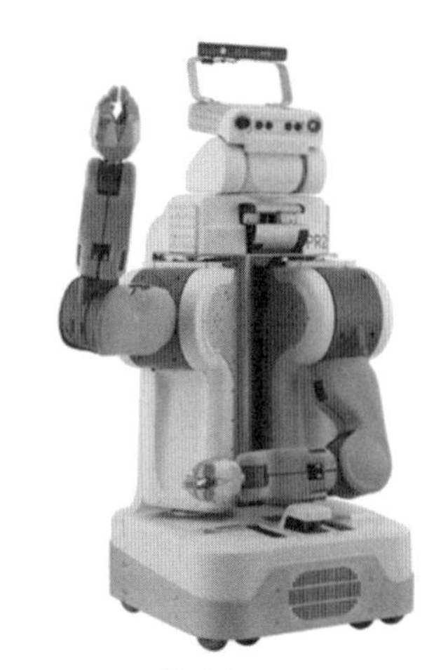

(b) 柳库机器人公司PR2

(c) 德国IPA机器人Care-O-botⅣ

(d) 波士顿动力学公司机器人Handle

图 1.3　具有操作能力的室内服务机器人

1.2　移动机器人定位技术研究概况

移动机器人发展离不开定位、环境建模和规划的基础技术，而环境建模最为重要，是导航和任务规划的基础，机器人获取准确环境模型需要解决的任务如图

1.4 所示。Leonard 于 1991 年用 3 个通俗易懂的问题描述了移动机器人的基础问题,其中,"我现在在哪里?"是机器人的定位问题;"我要去哪里?"或"我到过什么地方?"是机器人的地图构建问题;"我怎么去?"或"最佳路径是什么?"是机器人的路径规划问题。Makarenko 将定位、地图创建和路径规划 3 个部分进行了总结,给出了三者的耦合图,如图 1.4 所示。

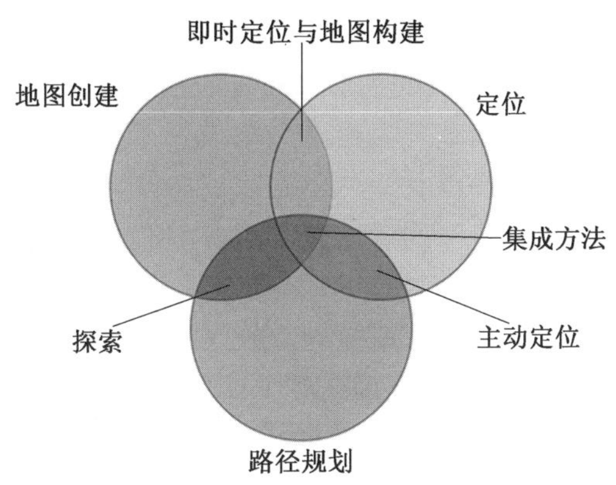

图 1.4　机器人获取准确环境模型需要解决的任务

图 1.4 给出了移动机器人获得未知环境模型所面临的地图创建、路径规划和定位 3 个主要任务,环境探索和主动定位服务于 SLAM 子任务,3 个子任务的最终集成方法可以称为即时规划、定位与地图构建,核心问题为定位问题。SLAM 即机器人的定位和建图需要同步进行,在 SLAM 框架内,由于机器人观测与机器人移动控制不能条件独立,导致观测误差和运动学误差循环迭代,成为"鸡与蛋"问题,直到 20 世纪 90 年代学者把概率学和马尔可夫假设引入后,该问题才得到解决。

1.2.1　定位与地图构建发展概况

20 世纪 90 年代前后,机器人的定位与环境建模问题被高度关注,对于观测迭代产生的累计误差耦合问题使 SLAM 技术无法满足大场景或精度要求高的建模需求。1986 年在旧金山召开的机器人与自动化国际会议(ICRA)上首次将概率方法引入机器人学和人工智能领域。学者们尝试将估计方法应用于建图和定位问题,包括 Peter Cheeseman、Jim Crowley 和 Hugh Durrant－Whyte 等人,在会议上长时间讨论,以至于许多餐巾纸和桌布都写满了关于一致性映射的公式。经过讨论,他们认为一致性概率地图是机器人概念和计算的基础问题。后来 Smith 等人建立了描述路标与操纵几何不确定的统计基础,这项工作的一个关键要素是不同路标位置与地图的高相关度,连续增加观测也确实需要相关性。同时,一些学者从事视觉导航的早期工作。Crowley 和 Chatila 等使用 Kalman 滤

波器算法研究基于超声波导航的移动机器人。Smith 根据路标论述提出移动机器人经过未知环境时，路标观测估计与机器人的互相关是必要的，使用协方差关联所有路标，采用扩展卡尔曼滤波器(Extended Kalman Filter，EKF)更新协方差矩阵，协方差维数为$(2N+3)^2$，其中 N 为路标数量，但随着路标的增加，会出现巨大维数计算问题。为解决计算问题，学者们先后开发了稀疏扩展滤波器、解耦随机地图和强制局部子地图滤波器等方法，提高了 EKF－SLAM 扩展性。而 EKF 另一个路标关联问题即收敛性问题，在 1995 年的机器人研究国际论坛上 H. Durrant－Whyte 在移动机器人综述论文中进行了收敛性问题的讨论，后来学者证明了 EKF－SLAM 只在线性条件下是收敛的，由于线性化近似 EKF 还可产生估计不一致问题，而这种不一致来自朝向角估计的不确定性，这种不确定性来自于机器人的驱动结构。EKF－SLAM 长期线性化误差也产生了不一致性问题，为了解决这一问题，Murphy 和 Doucet 等引入 RBPF(Rao－Blackwellised Particle Filters)算法有效解决了闭环时数据关联问题和线性化问题，采用的每个粒子包含机器人状态轨迹和环境地图(路标)，它的缺点是计算的复杂性，粒子数量决定地图的精度，粒子太少影响后验概率估计的正确性，粒子太多影响计算速度。M. Montemerlo 等扩展 RBPF 结构提出了 FastSLAM1.0 和 FastSLAM2.0 算法，在粒子滤波器中采用运动模型联合观测的提议分布使滤波器能够更准确地估计机器人的状态，解决了运动模型和观测模型误差差别大，即观测误差小，而运动模型误差大，造成提议分布效果差的采样问题。EKF 路标估计和数据单独关联，由于路标和机器人单独更新处理，计算量大大降低，取得了较好的效果。

为解决线性化误差问题，Martinez－Cantin 等提出了一种 UKF(The Unscented Kalman Filter)－SLAM 架构，用于室外环境建模，这种方法避免了非线性模型的泰勒(Taylor)级数展开式的线性化近似和雅可比(Jacobian)矩阵计算，提高了滤波器的一致性。Wang 等提出 UPF－UKF 框架，结果与 FastSLAM 算法族进行对比，提高了估计的一致性，明显消减了线性化误差。在解决 EKF 线性化误差和一致性方面取得了一定成功。Juan Nieto 等提出了回归扫描 SLAM(Recursive Scan－Matching SLAM)方法，该方法是在 EKF－SLAM 框架上融入了扫描匹配方法，基于先验地图知识，采用原始数据作为路标模板，采用迭代最近点法(Iterated Closest Point，ICP)作为观测模型，在两次扫描之间采用期望最大化进行关联强化，并在室外环境进行实验验证。

SLAM 问题得到快速发展的同时动态目标跟踪问题也得到了深入研究。二者在各自的领域研究发展，很少关联，在动态目标跟踪过程中，一般考虑如何滤除静态因素来保证跟踪的稳定性，而在 SLAM 的研究中考虑机器人位姿和静态路标信息关联，动态目标被看成干扰因素，需要滤除掉，从而保障地图的有效性。Wang 等人在 2002 年指出 SLAM 问题和动态目标跟踪问题可以交叉研究获得

提高，称其为 SLAMMOT（Simultaneous Localization，Mapping and Moving Object Tracking）。SLAMMOT 给出了同时解决 SLAM 和移动目标取舍问题，为以后的动态 SLAM 研究提供了参考方向。该方法提供地图构建中的准确估计思路，通过地图捕获移动目标，在机器人位姿精确估计的同时，执行稳定的目标跟踪。通过对移动目标位置预测，滤除移动目标而为 SLAM 提升扩展性和实用性，二者的集成在实际的环境中尤为重要。Hähnel 等提出动态环境中针对行人跟踪的地图构建算法研究，采用了基于联合数据采样关联的滤波器用于行人跟踪，在数据队列中采用爬山法策略，取得了一定效果，但目标的特征变量可能造成行人跟踪失败。后来 Hähnel 采用 EM 算法替代基于特征算法，并在室内实际内环境进行测试，采用了离线计算方式，但不能满足实时性要求。Wolf 等使用两个改进的栅格地图表示静态和动态目标，采用基于角特征的第三个地图用于定位，避免了动态目标运动跟踪和目标预测问题，一定程度上牺牲了算法的稳定性。Montesano 等将 SLAMMOT 与规划过程结合改进了动态环境下机器人的导航系统，同时也解决了室内静态和动态目标的分类问题。Wang 等于 2007 年在其发表前一篇文章 5 年后又给出了动态环境建模方法，将已知分类观测包括静态和动态目标，建立了 SLAM 和 SLAMMOT 数学架构，并通过实验验证了其合理性。

国内定位和地图创建研究主要集中在 2005—2010 年，如李瑞峰等采用粒子滤波器在室内环境下实现了机器人的全局定位。魏振华利用双目视觉对尺度不变特征变换（SIFT）角点特征匹配，实现了 RBPF－SLAM。武二永等在 Rao－Blackwellised 粒子滤波器基础上研究了基于全局匹配的数据关联方法。梁志伟提出了一种基于分布式感知的两层 SLAM 模式，构建局部栅格地图，能在全局层进行地图连接。一些研制服务机器人的主要科研单位有哈尔滨工业大学机器人研究所、中国科学院自动化研究所、北京航空航天大学机器人研究所、北京理工大学机器人研究所、上海交通大学机器人研究所，清华大学、浙江大学、华中科技大学、哈尔滨工程大学、东南大学等高校也开展了一些研究，在服务机器人定位、建图和导航等理论研究和创新应用中积累了丰富的研究成果，得到了产业化发展，与国外领域相比，各有特色。

随着三维视觉、深度、多线激光等机器人传感器日益成熟且性价比大幅提升，二维（2D）地图构建已不能满足机器人的感知需求，基于 RGB－D 等三维（3D）地图成为新热点，但高维数据和大数据原有 SLAM 框架受到挑战，在 2010 年前后，许多 SLAM 新算法如雨后春笋般层出不穷，随着图优化、高鲁棒特征描述子、ROS 系统和深度学习等技术出现，3D－SLAM 快速发展，在多领域边应用、边研究，推动了服务机器人在家居、商超、助老等场景的应用。

Andrew Davison 提出了单目视觉的 MonoSLAM 方案，它主要利用 EKF 进

行 SLAM 后端优化，在线程中追踪前端里程计获得稀疏特征点，实现实时构建稀疏的点云地图。针对动态场景 Georg Kilen 等人提出了 PTAM，将跟踪和建图分为两个任务处理，采用双线程并行处理位置跟踪和环境建图，以及批优化技术，实现了跟踪与构建地图的同步，处理了成千上万的路标，是较早采用非线性优化方法处理后端优化的 SLAM 算法，以至于后面的 SLAM 算法开始使用非线性优化方法进行后端优化。

随着 Kinect、Xtion 等 RGB－D 传感器的出现，学者们开始探索基于 RGB 和深度图像的 SLAM 框架。如 Kinect Fusion 利用 Kinect 传感器实时构建稠密点云地图和跟踪，该算法利用深度图像中的点云由粗到精的 ICP 算法估计相机位姿，可在不同光照条件下和多种复杂室内场景实现实时三维地图构建，但该方法需求高处理能力的硬件设备，如高性能图形处理器(Graphics Processing Unit，GPU)等。Angela Dai 等提出的 BundleFusion 在室内大尺度环境的建模有了进一步提升，该算法的核心采用鲁棒位姿估计策略，考虑了 RGB－D 输入所有帧，使用有效分层方法优化每一帧求解相机位姿，提出了基于稀疏特征、稠密几何和光度匹配的并行优化架构，加速了优化过程，但也需要在 GPU 上运行，硬件负担限制了该算法在机器人上运行的可行性。

2015 年 Mur－Artal 等人提出的单目相机 ORB－SLAM 算法，通过使用 RGB 图像的 ORB 特征估计相机的位姿，由于其特征简单和稳定，点法耗时短，利用关键帧技术对图像信息进行筛选，降低了算力要求，同时采用多线程并行处理，有效解决了跟踪、闭环和重定位等建图任务，可在 CPU 实现实时建图。2017 年 Mur－Artal 等人进一步升级 ORB－SLAM 算法，提出 ORB－SLAM2 算法，后端采用了光束平差(Bundle Adjustment，BA)技术，扩展了立体视觉、RGBD－D 传感器的适应性，在 ORB－SLAM 的基础上融合惯性测量单元(IMU)信息，结合轻量化视觉里程计模式，在一定程度上解决了特征稀疏条件下 ORB－SLAM 的易发散问题，提升了算法执行的稳定性和实时性，扩大了其应用范围。2022 年 Campos 等进一步优化 ORB－SLAM2 算法，提出 ORB－SLAM3 算法，即基于特征的紧耦合的视觉惯性里程计(Visual－Inertial Odometry，VIO)，可执行视觉、视觉惯性和多地图的 SLAM 任务，而且系统增加了针孔和鱼眼相机模型，完全依赖于最大后验估计，即使在 IMU 初始化过程也能保证小型/大型和室内/室外实时稳定运行，精度提高了 2 倍以上，具有长期稳定性。

目前人工智能技术也应用到 SLAM 技术中，如 DF－SLAM(2019)、基于多模态语义 SLAM(2020)、基于动态场景的 Dyna SLAM Ⅱ(2021)和紧耦合多目标跟踪 SLAM 等。随着基于视觉、深度等信息学习技术的融合发展，SLAM 算法应用也得到进一步拓展，使其稳定性和实时性越来越好。

1.2.2　定位与地图构建数据集

数据集是离线、仿真检测新型 SLAM 算法的有力工具，特别是可提供相同条件下算法对比和评价，典型的数据集见表 1.1。

表 1.1　典型的数据集

数据集	年份	环境	采集平台	传感系统	真值来源
TUM RGB－D	2012	室内	机器人/手持	RGB－D 传感器	动作捕捉
KITTI	2013	室外	车载	立体相机 3D 激光传感器	INS/GPS
ICL－NUIM	2014	室内	手持	RGB－D 传感器	—
RGB－D Object	2014	室内	手持	RGB－D 传感器	—
EuRoC	2016	室内	微型飞行机器人	立体相机， IMU	全站仪和 捕获系统
Oxford－robotcar	2016	室外	车载	6 个相机，3D 激光 传感器 IMU	INS/GPS
TUM MonoVo	2016	室内/室外	手持	多个相机	—
TUM VI	2018	室内/室外	手持	立体相机 IMU	动作捕捉
Hilti SLAM Challenge Dataset	2022	室内/室外	微型飞行机器人/ 手持/机器人	多个相机，3D 激 光传感器 IMU	全站仪

TUM RGB－D 数据集包含室内彩色与深度图像，基于 Kinect 的机器人和手持两种平台，并提供真值数据、评估轨迹定位精度和全局一致性。

KITTI 数据集包含室外立体相机彩色和灰度图序列，同时也提供 3D 激光传感器数据和 INS/GPS 提供的标注数据。

ICL－NUIM 是一个 RGB－D 数据集，数据格式和 TUM RGB－D 数据类似，可以用于评估 RGB－D SLAM，提供 8 个综合场景的 3D 可重构数据。数据集通过手持 RGB－D 传感器产生，包含 3D 模型真值和 SLAM 算法传感器轨迹。可用于对 RGB－D SLAM 三维重建结果进行评估。

RGB－D Object 数据集是包含 300 个常见家庭对象的大型数据集，这些对象被分为 51 个类别。该数据集使用 Kinect 的 RGB－D 传感器来记录，该传感器以 30 Hz 记录同步和对准的 640 像素×480 像素 RGB 及深度图像。拍摄时将每个物体放置在转盘上旋转一整圈并捕获视频序列。对于每个对象，有 3 个视频序列，每个视频序列都安装在不同高度的摄像机上，以便从与地平线不同的角度观察对象。

EuRoC 数据集用来评估视觉、视觉惯性 SLAM 和里程计算法，该数据集由微型飞行机器人采集两个室内环境数据组成，并提供 11 个序列立体图像和 IMU 数据，数据标注通过全站仪和捕获系统实现。

Oxford－robotcar 数据集对牛津的一部分连续的道路进行了上百次数据采集，收集到了多种天气、行人和交通情况下的数据，以及建筑和道路施工时的数据，数据长度达 1 000 h 以上。

TUM MonoVo 数据集包含几个经过光度校准的室内和室外图像序列，由两个手持式单目相机实现。由于场景的多样性，作者不提供来自姿势的标注数据，但它们执行巨大序列过程的开始和结束位置相同，可评估闭环漂移。

TUM VI 数据集提供的室内和室外环境由立体视觉同步 IMU 采集的数据，传感器系统为手持方式，提供动作捕捉的起始和终止标注信息。

Hilti SLAM Challenge Dataset 数据集是一个针对多样挑战环境的数据集，挑战包含场景的稀疏性、光照条件的变化以及动态目标的干扰等。所使用的传感器（比如视觉、激光、IMU 等）已标定，所有的原始数据都进行了处理，每个数据都包含精确的真值，可以用来做不同 SLAM 算法的测试。

1.2.3 室内环境地图表示方法

室内移动机器人在使用前，首先需要获取未知环境模型（地图），由于机器人感知信息不完备和误差因素，以及机器人运动学模型或里程计存在累计误差和随机误差等原因，直接使用感知信息进行地图创建很难得到准确的环境模型，因此需要感知信息与 IMU、里程计等融合，再通过优化技术使姿态估计与环境模型同步获得。然后机器人可以依靠该地图信息，使未知环境变成已知环境，借助实时定位信息执行移动任务，如路径规划、导航、越障、重定位等。目前研究人员已经提出了多种环境建模技术，主要涵盖以下几种地图表达方式。

（1）环境栅格化地图（栅格地图）。

环境栅格化地图最初由 Elfes、Moravec、Borenstein 和 Koren 等提出，近 10 年才被 Fox、Burgard 等人优化和发展。栅格地图采用概率栅格描述机器人位置和障碍、环境表观结构的置信度，因此任何概率分布都可采用这种离散方法描述。栅格地图的优点是很容易创建和维护；缺点是当栅格数量增大时（在大规模环境或划分精度高），使计算实时性下降，由于传统的栅格表示方法的一致性，不同精度的环境信息表示依赖于栅格尺寸的大小，如果需要高分辨率表示地图则将所有栅格尺寸减小，地图重新计算，以增加运算的时间和空间复杂度为代价。Amir 等提出对感兴趣区域（或地图的边界）采用四叉树（quadtrees）表示，而其他的栅格尺寸不变，有效解决了局部高密度环境的地图栅格化问题。后来度量地图也发展为栅格化，但大范围环境和高精确的栅格地图的存储和实时性问题严重，通过修改栅格的生成算法得到缓解。RBPF（Rao－Blackwellized Particle

Filter)是基于粒子滤波的定位建图方法,它使用粒子群来描述估算机器人位姿与地图的可能性,其中每个粒子中包含了一种可能的历史轨迹,以及所关联的相应地图。Grisetti 等改进了 RBPF 方法的粒子更新策略,联合机器人运动控制模型和当前的观测模型进行粒子更新,并使用 Hokuyo URG 激光传感器在 Freiburg 大学的一个室内环境下进行验证,室内环境栅格地图如图 1.5 所示。

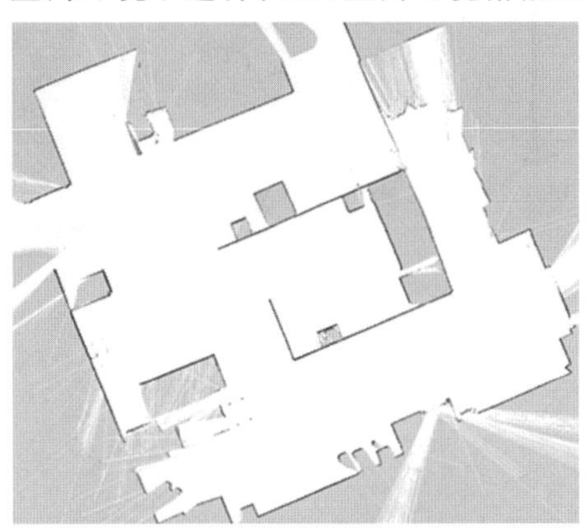

图 1.5　室内环境栅格地图

(2)拓扑建模方法。

拓扑建模通常是根据环境结构定义的,由位置节点和节点关系连线组成,其中的节点表示环境中的特定地点,节点间的连线表示特定地点之间的路径信息,其存储可用图示方法描述。拓扑建模方法允许机器人在难以获得精确定位信息的情形下进行环境描述。但机器人必须能够有效地识别节点,对于机器人的定位误差也有更好的鲁棒性。对于结构化的环境,拓扑地图是一种有效的表示方法。但在非结构化环境或环境特征不明显(如路标极少)的情况下,该技术则难以进行可靠的定位和导航,节点的识别将变得非常复杂。如果仅仅以拓扑信息进行机器人定位,机器人将很快迷失方向和位置(Cassmdra A,1996)。图 1.6 为 Bischoff 等研制的 HERMENS 机器人采用视觉方法在室内走廊环境下生成的拓扑地图,用于指导机器人在室内基于任务的导航。

(3)几何特征地图表示法。

几何特征地图表示法是基于几何信息的地图表示方法,是指机器人从传感器信息中提取几何特征(如线段、角点等),并从机器人角度定位这些几何信息,然后使用这些几何信息描述环境。通过几何特征将环境定义为线特征、角点特征、其他几何特征及移动目标等,通过这些特征合成直接抽象为墙、走廊、门、家具和房间等。传感器主要采取视觉传感器、超声波阵列和激光扫描测距传感器等。

线特征最常用的提取方法是 Hough 变换,Hough 变换是由 Hough 提出的

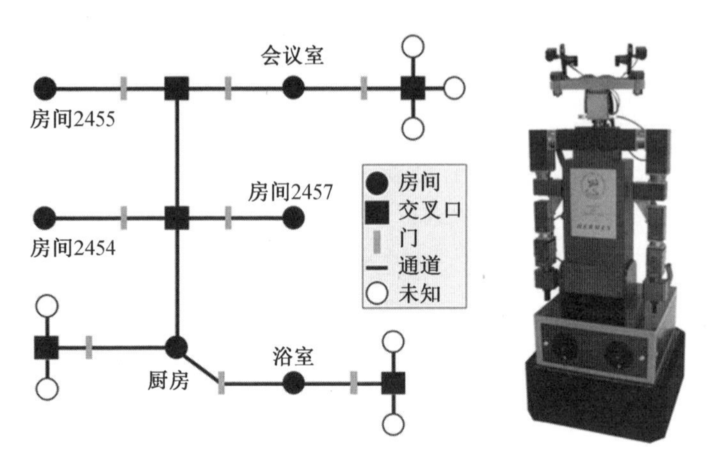

图 1.6 HERMENS 机器人的拓扑地图

一种特征提取方法，是一种用于区域边界形状描述的方法，其基本思想是将数据的空间域变换到参数空间，采用大多数边界点满足某种参数形式来描述图像中的曲线。

角点特征是由图像的两条边缘直线组成的，它相对周围其他点的梯度方向是不连续的，因此在目标跟踪、立体匹配和位置估计中角点都是很好的“候选点”。

Huo 等基于扫描匹配构建基于几何特征的 SLAM 框架，将度量地图构建与线段、角点和圆弧层次化估计方法结合，形成环境特征地图，如图 1.7 所示，通过特征表征，涵盖了 90％的环境信息，使地图存储量大幅降低。为压缩地图存储空间且不损失主要信息，采用几何特征表达地图是一个良好的发展方向。

(4)度量地图。

度量地图(metric map)是用二维或三维笛卡儿坐标系表达的空间实体地图，空间中的实体(物品)有精准坐标系，可以分为二维度量地图和三维度量地图。虽然度量描述方式符合人类认知习惯，也对机器人很有用，但它对噪声敏感，而且很难计算精确距离。三维度量地图一般是机器人建图过程中形成的由三维点云/体素描述的地图。地图无先验知识，地图度量信息与实际环境应满足一定误差要求。三维度量地图由典型点云或体素构成，建图方法比较多，由基于视觉的 ORB－SLAM，或基于 3D 激光测距传感器的 Loam 等算法直接生成度量地图。典型度量地图如图 1.8 所示。

(5)语义地图。

语义地图是通过语义描述信息的地图，语义信息对应一个实例，实例具有一定的属性信息。语义地图需要具有一定先验知识和物体属性模型，在度量地图或语义地图中在线或离线进行语义信息提取，物体语义信息涵盖 ID、方位、形状、

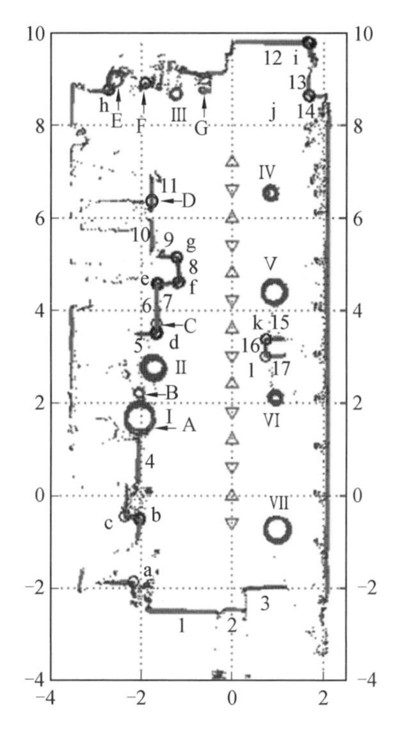

图 1.7　室内环境特征地图(单位:m)

 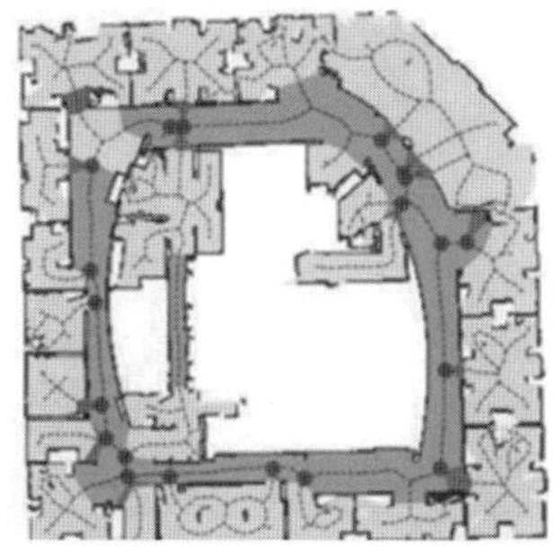

(a) 二维度量地图(Goeddel et.al.,IROS' 16和Friedman et.al.,IJCAI' 07)

 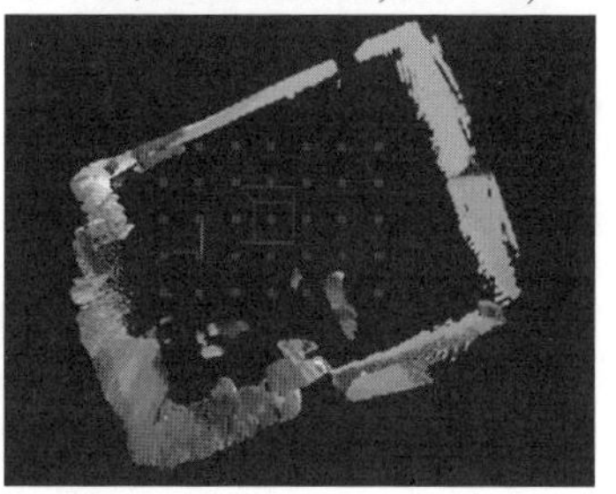

(b) 三维体素地图与三维点云地图

图 1.8　典型度量地图

颜色、大小、功能、材料等。语义地图部分直接来源于拓扑地图，语义取节点信息，不需要关联信息的边。

拓扑与语义地图的关系描述为

$$M=(T,X,Y)$$
$$T=(V,E)$$
$$X=\{X_i:i\in V\}$$
$$Y=\{Y_i:i\in V\}$$

式中 M——语义地图；

T——拓扑地图；

V——节点；

E——边；

X——局部观测；

Y——语义属性。

语义地图在人机交互、机器人导航和执行高级任务时能提供有效支持，目前语义地图技术涉及图、概念、模型和关系等多种元素，语义地图对拓扑地图进行有效抽取局部语义知识和全局语义描述，随着机器人多种建图技术发展，语义地图未来将成为新的研究热点。Ioannis 等给出了语义地图的用途和与机器人任务的关系，室外和室内语义地图如图 1.9 所示。

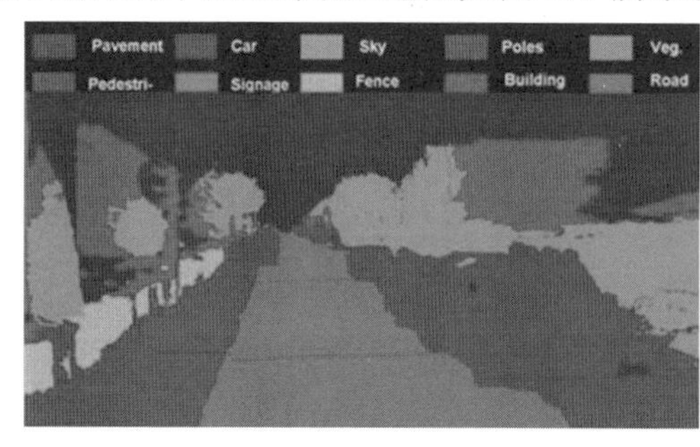

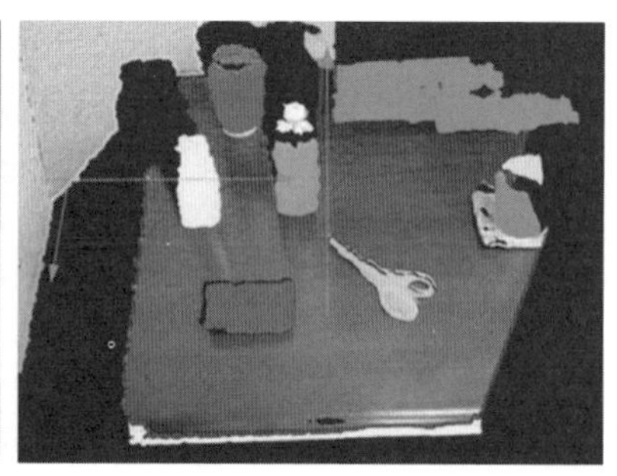

图 1.9　室外和室内语义地图(彩图见附录)

1.2.4　室内环境建模技术

随着激光、RGB－D 和红外等传感器性价比的提升，柳库公司推出 ROS 系统，机器人视觉技术、深度学习技术的快速发展，使得近 10 年 SLAM 技术得到飞速发展，典型的 SLAM 算法总结如下。

(1)Gmapping 建图。

Gmapping 是 Giorgio Grisetti 等人提出的一个基于 RBPF 原理的二维栅格 SLAM 算法，如图 1.10 所示。该算法采用机器人运动与最近观测准确计算粒子

滤波器的提议分布，减少粒子数，降低预测机器人位姿的不确定性，同时基于有效样本数量采用选择重采样策略，改善了粒子贫化问题，所以该算法在多种机器人平台和环境测试中具有高稳定性，可获得高质量地图。优点是 Gmapping 可以实时构建室内环境地图，在小场景中计算量少，且地图精度较高，对激光传感器扫描频率要求较低，由于 Gmapping 采用了粒子滤波器，对机器人重定位具有一定优势。缺点是随着环境的增大，构建地图所需的内存和计算量就会变得巨大，所以 Gmapping 不适合大场景构图。

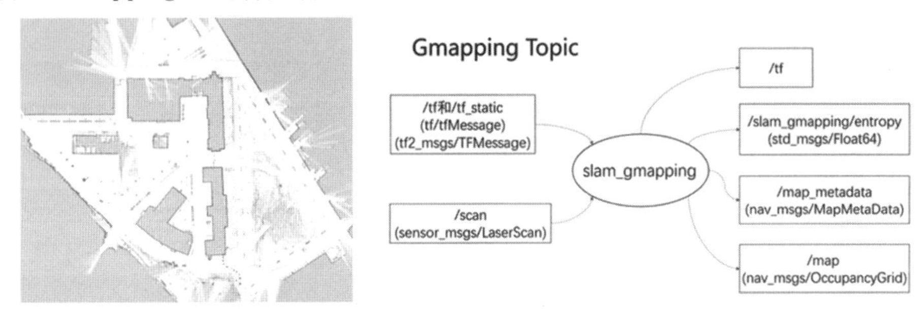

图 1.10　Freiburg 校园地图及 ROS 中 Gmapping 节点关系

(2)Cartographer 建图。

由于传统激光 SLAM 扫描对扫描匹配(Scan－to－scan matching)容易产生累计误差，为削弱激光建图带来的累计误差，W. Hess 等提出扫描匹配子地图与闭环检测和图优化相结合的 SLAM 方法，单独子地图轨迹由基于栅格的局部 SLAM 创建，在后台所有扫描都使用像素级精度扫描附近子地图创建闭环约束，这种子地图和扫描姿态的约束图在后台周期进行优化。该算法由于使用图优化和扫描匹配子地图方案，实现了高效、高精度建图，算法流程如图 1.11 所示。

(3)基于 ORB 特征的图优化 SLAM 算法(ORB－SLAM)。

为了解决 SLAM 的实时性和稳定性问题，Mur－Artal 等于 2015 年提出了 ORB－SLAM 算法，该算法采用稳定的 ORB 算子基于并行跟踪和建图(Parallel Tracking And Mapping，PTAM)架构，增加了地图初始化和闭环检测的功能，优化了关键帧选取和地图构建过程，在处理速度、追踪效果和地图精度上都取得了较好效果。尽管也提供双目和 RGB－D 传感器接口，但 ORB－SLAM 构建的地图是稀疏的。Mur－Artal 等于 2017 年进一步提出 ORB－SLAM2 算法，用于单目、双目和 RGB－D 传感器，具有 3 个独立线程：跟踪、局部建图和回环检测，采用 BA 优化技术提高精度，同时也可以进行半稠密或稠密建图。但该算法过于依赖 ORB 特征，在 ORB 特征稀少条件下，如走廊、面向墙面等，无法匹配特征，使关键帧丢失，导致 ORB－SLAM2 发散。

2021 年 Campos 等提出的 ORB－SLAM3 是 ORB－SLAM2 的扩展，增加

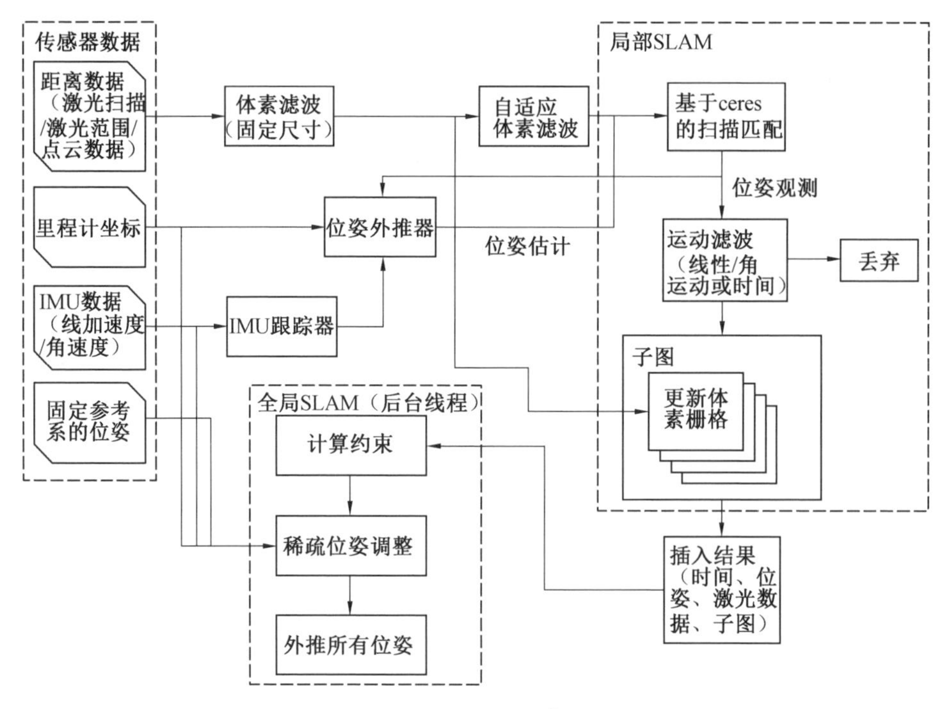

图 1.11　Cartographer 算法流程

了针孔和鱼眼镜头模型，主要有两点创新：①紧耦合的视觉惯性里程计完全依赖最大后验估计，即使在 IMU 初始化，也不影响算法的稳健实时运行，无论室内外场景大小，精度比以前的方法提高了 2 倍以上；②多地图系统依赖于一种改进召回率的新地点识别方法，这让 ORB－SLAM3 能够在视觉信息不佳的情况下长期存活：即使机器人丢失了，也会启用新地图与先前访问过的地图无缝对接。该算法提高了 ORB－SLAM2 建图的精度和长期的稳定性。图 1.12 为 ORB－SLAM2 构建的点云地图。

（4）基于物体级的 SLAM。

近几年，基于深度学习的目标检测技术发展迅速，为基于多视图几何融合 SLAM 系统提供了新的机会，机器人在建图同步进行室内环境目标识别与定位，提供了更丰富的基于物体的三维建图，提升了建图多用性和实用性。针对基于传统的 SLAM 与深度学习相结合，Salas－Moreno 等人提出了物体级别的 SLAM＋＋，该方法充分利用许多场景包括的重复、特定域的物体和结构组成先验知识库，并利用实时三维物体识别和跟踪，建立 6 自由度相机－物体约束，通过有效位姿图不断优化，输入给物体图，建立了具有描述和预测能力的 SLAM 系统，最终形成稠密地图，算法在大型、杂乱环境进行闭环、重定位和移动物体检测，验证了再识别、建图和跟踪的互利作用。McCormac 等提出了语义融合

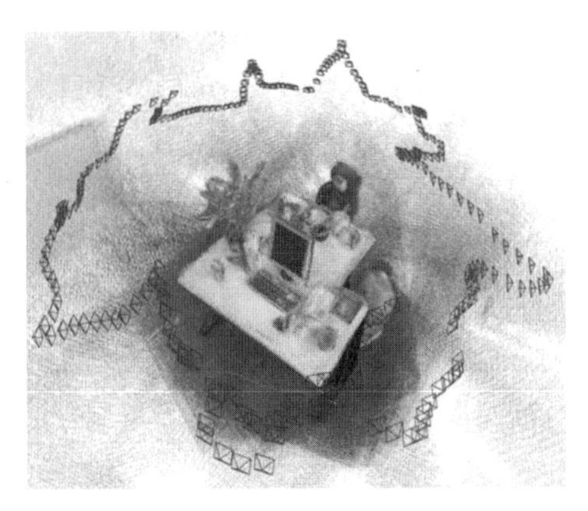

图 1.12 ORB－SLAM2 构建的点云地图

(Semantic Fusion)算法，通过使用 Elastic Fusion 算法相机在室内循环扫描轨迹期间，将 RGB－D 视频帧之间建立长期密集对应，再结合卷积神经网络(CNN)为可能融合到地图中的多个像素点分配语义预测标签，使用贝叶斯推断方法和条件随机场方法计算融合成一张有效地图，帧率处理 25 f/s。Yang 等人提出了 2D 物体检测的 Cube－SLAM 系统算法，如图 1.13 所示，使用单图片物体检测，从二维包围框和消失点随机采样生成了高质量的立体区域边界框，采用新物体多视图 BA 校准检测，用于联合优化相机、物体和点集姿态，建立了无须先验物体知识模型的物体级地图。Nicholson 等人构建了 Quadric－SLAM 系统，该系统可以直接从 2D 检测的矩形框中估计出二次曲线，进而构造出椭圆体约束，对物体的位置、方向、大小和朝向信息清楚地表达，建图效果如图 1.14 所示。Berta 等人提出了 Dyna－SLAM 算法，该系统在 ORB－SLAM2 的基础上增加了目标检测模型，实现了动态物体的检测，进一步修复了物体遮挡部分的环境缺失信息，从而在动态环境下创建稠密地图。

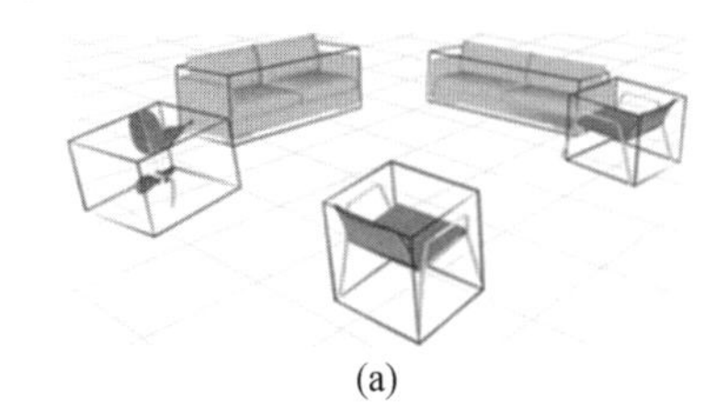

(a)

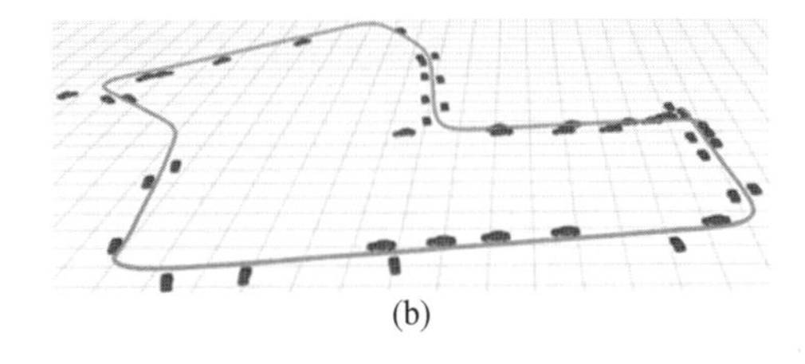

(b)

图 1.13 Cube－SLAM 建图效果

(5)多模态信息 RGB－DT SLAM。

在热场地图构建方面，目前国内学者的研究较少。2017 年 Rachel Luo 等人针对复杂场景的几何和语义属性关联问题，如人类与物体进行交互的场景，将 RGB、深度和温度(RGB－DT)多模态感知流，联合 6DOF 相机定位与 3D 重建系

图 1.14　Quadric－SLAM 建图效果(彩图见附录)

统的输入,进行语义分割。在人一物体交互场景,建立几何与语义属性同步推理机制,在人与场景中的物体快速移动的情况下具有更好的鲁棒性。由于红外传感器具有较稳定的抗雾、烟和动态光照等优势,Shin 等采用激光传感器和热红外传感器,通过稀疏深度估计 6 自由度运动与 14 位红外图像直接跟踪结合,将温度信息赋予点云,并将红外图像用于闭环检测,实现了室外夜晚建图,提升了局部精度和闭环的全局一致性,如图 1.15 所示。

图 1.15　热红外传感器和激光传感器相结合的三维热场地图构建(彩图见附录)

Long 等人提出了综合环境外观与红外信息的 RGB－T SLAM,在低光照环境下,使用 ORB 特征将匹配好的 RGB 特征、红外特征一起作为混合特征再进行图像匹配,实现低光照环境建图的稳定性和精度,如图 1.16 所示。许宝杯针对红外图像提出了 Thermal－guided ICP 帧与模型匹配方法,从基于图像特征的粗匹配,到基于几何与温度信息的精匹配,用于当前数据与模型匹配,建立了参数模型的多相机时域外参补偿机制,解决同步出发问题,实验结果表明该算法相对稳定地提升了建图效果。

刘雨结合深度相机与热红外传感器,在 ORB－SLAM2 的基础上提出了 RGB－DT SLAM,采用 DeepLabv3＋网络模型分割环境中的物体,并关联温度信息,构

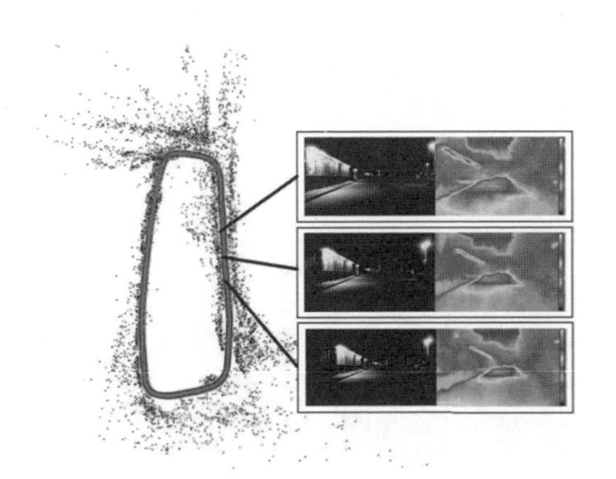

图1.16　RGB－T SLAM效果图(彩图见附录)

建环境物体级热场语义地图，如图1.17所示。孙静文利用热红外传感器设立温度阈值，分割行人动态目标，再结合ORB特征构建地图，最终完成动态环境下的三维温度场地图构建。

图1.17　基于DeepLabv3＋的语义热场地图(彩图见附录)

(6)语义SLAM。

语义SLAM是创建语义意义地图，包含几何和语义信息，对机器人理解复杂环境和人机交互具有重要意义。由于传统的激光、视觉SLAM更注重几何、度量等信息，忽略语义信息，机器人、无人系统只能将世界看成是几何信息的世界，缺乏智能性和自主性。所以学者将SLAM与语义信息结合，在点云地图中增加相关语义信息，即点云的语义分割问题。Hermans等提出了一种基于贝叶斯更新和像素级三维条件随机场的稠密三维语义建图算法，在RGB－D二维图像中进行语义分割，然后传播到三维空间中，构建三维点云语义地图。近年来，深度学习技术与SLAM结合进行语义分割和建图的研究逐渐兴起。J. McCormac等提出Semantic Fusion算法，通过结合卷积神经网络和稠密三维重建算法Elastic Fusion实现了增量式稠密三维语义建图，实验结果如图1.18所示。作者改进了反卷积神经网络，增加了深度图的输入通道，以彩色图和深度图共同作为输入，输出像素级语义分割结果。然后，基于贝叶斯概率的更新面元的语义标签，最终生成增量式语义地图。该算法在 NVIDIA Titan Black GPU 上运行频率可达约 25 Hz，具备很高的实时性。

图 1.18 Semantic Fusion 算法实验结果(彩图见附录)

Suman 等分析了稠密语义地图质量与语义分割和姿态估计的影响。针对语义地图将传统几何估计与深度学习结合的典型算法，探索地图质量与语义分割和姿态估计的影响。选择多个典型三维度量与物体感知的稠密语义 SLAM，在仿真环境下进行验证，并采用 BenchBot 开放框架评估，表明地图质量最大误差来自语义分割。同时指出语义地图需要包含所有观测过的物体(实例)，否则会影响地图质量。

(7)机器人重定位技术。

机器人在建图或导航过程中可能由于导航中的匹配问题、运行中突然断电等情况，造成机器人当前位置丢失，也称机器人“绑架”问题，这时机器人需要进行重新定位，使其在已知地图中重新找到自己的位置，才能继续工作。

机器人重定位可转化为传感器坐标系的全局位姿估计问题，重定位成功后，传感器坐标系再转换为机器人坐标系。视觉的重定位分为三种主要方法：基于关键帧的方法、基于特征的方法和基于学习的方法。

①基于关键帧的方法。基于关键帧的方法是在已采集具有位姿关联的关键帧中选择最相似的图像，然后估计视觉坐标系的相对位姿，再转换到全局位姿。2012 年 Andrew 针对手持 RGB－D 传感器采用综合视图回归(Synthetic View Regression)算法来解决相机 6D 姿态重定位问题。由于关键帧在移动过程中数量增长较快，搜索关键帧耗时较长，以及关键帧的稀疏性，当查询图像和收集关键帧的图像相似度不高时，易导致重定位准确性和鲁棒性下降。

②基于特征的方法。基于特征的方法是在存储关键帧图像中提取特征点，并将其相应描述子与关键帧在世界坐标系中的位置同步存储。当进行重定位

时，在当前图像中将特征与数据库匹配、优化和位姿估计，然后通过机器人坐标系转换到全局坐标系。特征检测器和描述子需要匹配到足够多的特征点，才能保证检测器的鲁棒性。RaulMur－Artal 等提出的 ORB－SLAM2 算法也包含了基于 ORB 特征的重定位模块，可以在室内和室外环境中实时运行。

③基于学习的方法。基于学习的方法是通过样本和位置的迭代训练，利用输入检测对象使学习模型获得目标位置/姿态过程，具有高实时性特点。Julien 等采用场景坐标回归森林(SCoRF)解决相机位姿估计问题。学习模型需要输入图像关联深度图一起训练。Kendall 等基于 GoogLeNet 架构提出 PoseNet 算法位姿估计算法。该算法采用 GoogLeNet 架构进行迁移学习，训练中仅需输入图像及对应的全局位姿。学习模型输入 RGB 则直接回归相机 6D 姿态。PoseNet 是第一个使用 CNN 进行重定位的算法，对于视角变化、运动模糊及光线昏暗等情况具有一定的鲁棒性。图 1.19 为 PoseNet 在一个数据集上采集的训练数据和测试数据的路径，并显示出了预测的结果。该算法对视角变化较大的测试数据仍可以回归出较好的位姿精度，具有一定的泛化能力。

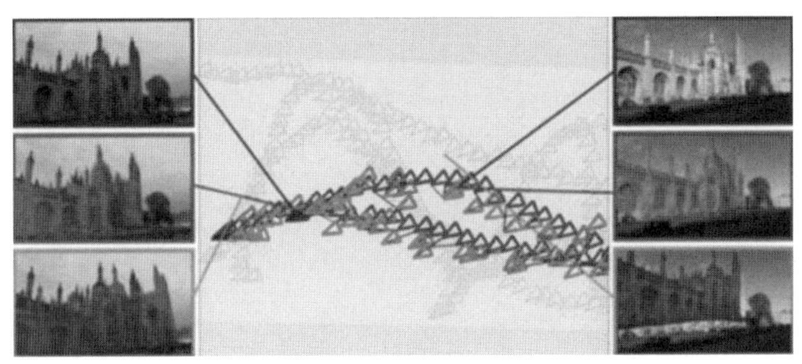

图 1.19　PoseNet 网络训练与测试路径图(彩图见附录)

重定位和定位一样，是机器人日常执行任务必备的基础能力，上述分析的关键帧和特征方法重定位鲁棒性不足，学习的重定位方法精度欠佳。目前视觉重定位距离实用化尚需要一定的研究积累。针对激光测距的方法，如粒子滤波器、Scan to Map 等方法比较有效，在应用层面选择重定位算法主要考虑场景复杂程度、纹理、光照和精度、实时性需求，然后匹配、改进或提出合理的重定位方法。

1.3　本章小结

本章针对室内机器人典型系统进行了综述，然后梳理了室内机器人环境感知技术的发展现状，从早期的基于超声波到激光、RGB－D 视觉等传感器的发展

过程对 SLAM 技术的影响和推动作用，使机器人对环境感知从 2D 到 3D，从度量建模到语义建模，从滤波器框架到图优化、深度学习融合等发展方向总结。进一步针对 2D、3D 环境建模的 Gmapping、Cartogragher、ORB－SLAM、物体级 SLAM 和多模态 SLAM 等代表性方法进行具体介绍。最后对机器人重定位技术发展现状进行了综述。

本章主要围绕室内机器人环境感知的相关系统和关键技术发展现状进行简要梳理和描述，为后续章节介绍作为铺陈和背景说明。

第 2 章

室内移动机器人传感器

机器人环境感知离不开获得各种数据的传感器，因此本章对室内机器人典型传感器进行简单介绍，并建立了红外标签、激光测距传感器、RGB－D 传感器和红外传感器传感器模型，进一步分析了这些传感器的特点和特性。针对机器人环境感知任务，探讨了多传感器部署问题，传感器标定和数据一致性问题，为后续机器人感知奠定了基础。

2.1　概　述

传感器是一种用来检测被测目标的装置，按一定规律变换成电信号或其他所需形式的信息输出。随着新材料、微电子、控制和计算技术等高速发展，传感器朝着小型化、集成化和多信息方向发展。机器人系统配置需要考虑场景、功能等需求，根据传感器特性在机器人本体或周边环境进行安装或部署，机器人传感器一般分为外部感知类和内部感知类传感器。外部感知类传感器如激光测距、视觉传感器和红外传感器等用来感知机器人外部信息；内部感知类传感器如IMU、温度和编码器等传感器，用来对机器人自身状态进行检测。目前机器人传感器具有模块化、易集成等特性，使其越来越多地在机器人或无人系统等领域应用。本章对典型的室内机器人传感器特点和属性进行分析，为后续环境目标研究提供参考。

2.2　红外标签

室外场景一般有全球定位系统（GPS）或北斗等大范围定位系统，该系统也对机器人全局定位具有重要价值，特别是解决室外机器人移动定位问题。但室内场景没有绝对定位系统，环境状态复杂，受光线等因素影响较大，实现室内定位是机器人的挑战性难题。

室内路标是机器人定位和环境认知的重要参考，室内路标包括自然路标和人工路标，室内环境如房间、走廊或门等被认为是自然路标，具有特征稳定性和可检测特征，室内环境如粘贴二维码、红外或射频识别（RFID）标签等，被认为是人工路标，具有选择性和易检测性特点。

红外标签无源，置于高处放置，同时标签上的红外斑点不受黑夜、光线变化等因素影响，对机器人获得室内稳定参考信息具有部署简单、无遮挡和易长期放置的特点，是理想的人工路标。

韩国的 Hagisonic(1999 年成立)公司参照 GPS 定位思想,开发了基于室内屋顶粘贴红外标签的 StarGazer 定位系统,以不同 ID 的红外标签粘贴于室内屋顶,为机器人提供的稳定特征作为路标信息。

StarGazer 定位系统包括一个接收装置 StarGazer(红外视觉相机)和多个无源标签,如图 2.1 所示。无源标签易于张贴,每个标签具有不同 ID 和方向的红外斑点,在室内环境下作为路标部署于棚顶或屋顶。机器人室内标签可选用 HLD1 型,标签斑点分布为 3×3,工作高度范围为 2～3 m;HLD2 型标签斑点分布为 4×4,工作高度为 3.0～4.5 m。StarGazer 模块配有 UART 通信口,通信波特率为 115 200 bit/s,供电接口为 5 V/300 mA 和 12 V/70 mA。工作原理:机器人将红外接收模块 StarGazer 安装在头部或其他部位,模块朝上安装,模块接收响应的标签的红外斑点信息进行特征提取,获得标签相对模块的方向和位置信息。

图 2.1 红外标签定位原理与 HLD1 型标签

StarGazer 模块进行读写,读取标签的相对姿态信息,通信采用 UART 口,串口通信协议见表 2.1,通信协议见表 2.2。

表 2.1 串口通信协议

I/O 电平	TTL 3.3 V 输出,3.3～5 V 输入
波特率	14 400～115 200 bit/s
数据位	8
停止位	8
校验位/流控制	—

表 2.2 通信协议

读	STX	@	命令字	ETX	
写	STX	#	命令字	|数据	ETX
返回值	STX	$	命令字	|数据	ETX
确认符	STX	!	命令字	|数据	ETX

接收数据格式为[ID号 角度 位置 x 位置 y 位置 z(标签高)]。

观测模型:设 $\boldsymbol{l}_t^i=[x^{(i)}\ \ y^{(i)}]^{\mathrm{T}}$ 为第 i 个红外标签 ID, $x^{(i)}$ 和 $y^{(i)}$ 分别为其位置信息位置 x 和位置 y;机器人状态 $\boldsymbol{s}_t=[x_t\ \ y_t\ \ \theta_t]^{\mathrm{T}}$, h_t^i 为路标 i 的观测函数;r_t^i 为路标 i 的极坐标半径;φ_t^i 为极角。$\boldsymbol{l}_t^i$ 为路标 i 的标号,$\boldsymbol{l}_t^i$ 每次观测都是变化的,概率机器人学认为路标之间为条件独立的,即

$$p(h(z_t)\mid x_t,m)=\prod_i p(r_t^i,\varphi_t^i,\boldsymbol{l}_t^i\mid x_t,m) \tag{2.1}$$

概率机器人学认为路标的位置和角度噪声是独立高斯分布的,则 t 时刻路标 i 相对于地图中路标 j 的观测模型为

$$\begin{bmatrix} r_t^i \\ \varphi_t^i \\ \boldsymbol{l}_t^i \end{bmatrix}=\begin{bmatrix} \sqrt{(m_{j,x}-x_t)^2+(m_{j,y}-x_y)^2} \\ \operatorname{atan}[2(m_{j,y}-y_t,m_{j,x}-x_t)-\theta_t] \\ \boldsymbol{l}_j \end{bmatrix}+\begin{bmatrix} \varepsilon_{\sigma_r^2} \\ \varepsilon_{\sigma_\varphi^2} \\ 0 \end{bmatrix} \tag{2.2}$$

式中 $\varepsilon_{\sigma_r^2}$ 和 $\varepsilon_{\sigma_\varphi^2}$——0 均值方差,为 σ_r^2 和 σ_φ^2 的误差变量。

观测模型需要定义建立特征 $\boldsymbol{l}_t^i$ 和地图路标的关系变量,这个变量定义为 $c_t^i\in\{1,\cdots,N+1\}$,其中 N 为地图 m 中的路标数量。若 $c_t^i=j\leqslant N$ 则为在 t 时刻观测特征 i 关联到的地图中的路标 j。若 $c_t^i\geqslant N+1$ 则观测特征不予关联任何地图特征。这种机制保证了机器人在特征地图循环关联的正确性。

基于观测模型对单个路标由动态到静态连续 800 次观测的路标跟踪实验如图 2.2 所示。

图 2.2 上端的曲线为机器人对路标的 x 轴上的连续观测过程,中间曲线为机器人对路标角度的观测过程,靠底端曲线为机器人对路标 y 轴的连续观测过程。静态条件下,$\sigma_\theta=0.339\,1$,$\sigma_x=0.732\,0$,$\sigma_y=0.569\,8$;以 0.1 m/s 接近 y 方向移动观测时,$\sigma_\theta=1.304\,3$,$\sigma_x=2.137\,3$,$\sigma_y=5.812\,3$。

测试数据表明,标签定位精度较高,静态条件下位置误差小于 5 mm,角度误差小于 1°。但室内环境的荧光灯管或阳光的干扰影响定位误差。

目前也有二维码的定位方案,如将二维码按一定规律粘贴在地面,将相机与光源固定在机器人底部,通过识别二维码的 ID、语义并检测二维码形状,实现 ID、位置与姿态检测。将二维码视作路标处理,可形成高精度稳定地图,如亚马逊公司的 Kiva 物流机器人和海康阡陌仓储机器人等。

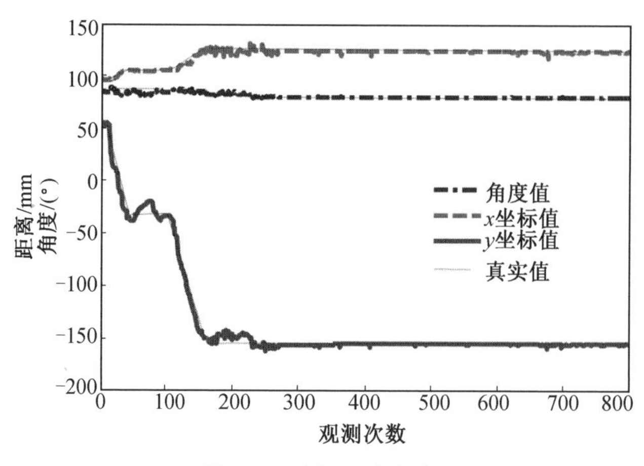

图 2.2　路标跟踪实验

2.3　激光传感器

在室内环境下，激光传感器由于精度高、尺寸小、性价比高，被广大研究人员应用在机器人定位、导航和目标识别等研究领域。如今激光传感器已成为室内清扫机器人、导游导览机器人定位与建图、导航常用传感器之一，比较经典的如 Hokuyo URG－04LX 激光传感器，参数见表 2.3。

表 2.3　Hokuyo URG－04LX 激光传感器参数

传感器	
光源	λ=785 nm
电源	5 V 直流，±5%
工作电流	500 mA
有效范围	200 mm～4 000 m
精度	白色 Kent 纸 70 mm×70 mm：±1%

续表2.3

分辨率	1 mm
角度扫描	240°
角度分辨率	约 0.36°
扫描周期	100 ms
接口	RS232(500、750 kbit/s)/USB2.0(12 Mbit/s)
质量	160 g

在 Bayesian 规则中，观测模型为 $p(z_t^k \mid s_t, m)$，本节依据 Sebastian Thrun (2005, Probabilistic Robotics)的 4 种情况进行建模处理：①小观测噪声；②错误对象；③检测失败；④随机噪声。下图针对这 4 种模型对传感器进行建模。

2.3.1　小观测噪声

在理想情况下，激光传感器可在有效检测范围内实现准确距离检测。设 z_{max} 为最大有效距离，z_t^{k*} 为检测 z_t^k 的实际值，在定位地图中，z_t^{k*} 表现为光线投射，在特征地图中采用测量锥方式搜索最近点。即使正确测量也有误差产生，主要来自分辨率、空气质量等因素影响，这种噪声通常表现为窄峰值，均值为 z_t^{k*}，标准差为 σ_{hit}。定义 p_{hit} 为检测到障碍的高斯分布如图 2.3(a)所示。

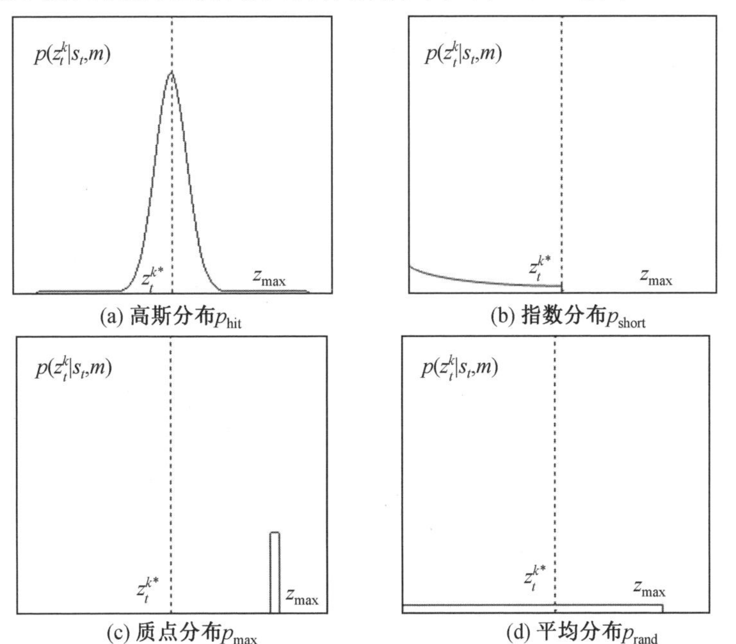

(a) 高斯分布 p_{hit}　(b) 指数分布 p_{short}　(c) 质点分布 p_{max}　(d) 平均分布 p_{rand}

图 2.3　4 种激光模型分布

在现实中,传感器有效检测范围为$[0,z_{\max}]$,则检测概率为

$$p_{\text{hit}}(z_t^k|s_t,m)=\begin{cases}\eta N(z_t^k;z_t^{k*},\sigma_{\text{hit}}^2) & (0\leqslant z_t^k\leqslant z_{\max})\\ 0 & (\text{其他})\end{cases} \tag{2.3}$$

其中

$$N(z_t^k;z_t^{k*},\sigma_{\text{hit}}^2)=\frac{1}{\sqrt{2\pi\sigma_{\text{hit}}^2}}\mathrm{e}^{-\frac{(z_t^k-z_t^{k*})^2}{2\sigma_{\text{hit}}^2}}$$

$$\eta=\left(\int_0^{z_{\max}}N(z_t^k;z_t^{k*},\sigma_{\text{hit}}^2)\mathrm{d}z_t^k\right)^{-1}$$

2.3.2 错误对象

机器人是动态的,而地图是静态的,可能引入非环境目标,使激光传感器产生错误检测,如果机器人附近的人移动,一种处理方法是将人增广为向量的一部分,并进行位置估计;另一种方法是将其作为噪声的一部分处理。在数学上,定义这种条件下检测的概率为指数分布,参数λ_{short}为测量模型的内部参数。图2.3(b)描述了该分布,在z_t^k处指数分布截止。

$$p_{\text{short}}(z_t^k|s_t,m)=\begin{cases}\eta\lambda_{\text{short}}\mathrm{e}^{-\lambda_{\text{short}}z_t^k}\\ 0\end{cases} \tag{2.4}$$

则有

$$\int_0^{z_t^{k*}}\eta\lambda_{\text{short}}\mathrm{e}^{-\lambda_{\text{short}}z_t^k}\mathrm{d}z_t^k=-\mathrm{e}^{-\lambda_{\text{short}}z_t^k}+\mathrm{e}^{-\lambda_{\text{short}}0}=1$$

$$\eta=\frac{1}{1-\mathrm{e}^{-\lambda_{\text{short}}z_t^{k*}}}$$

2.3.3 检测失败

由于感知环境中黑色目标或白光干扰情况,激光传感器可能导致检测无效。这种情况下会使传感器结果为最大值检测$z_{\max}$,在实际环境中最大值检测现象较为常见,有必要对激光传感器最大有效值问题进行描述。这种情况可以表示为以$z_{\max}$为中心的质点分布(point－mass distribution),如式(2.5)所示:

$$p_{\max}(z_t^k|s_t,m)=I(z=z_{\max})=\begin{cases}1 & (z=z_{\max})\\ 0 & (\text{其他})\end{cases} \tag{2.5}$$

式中　$p_{\max}(\cdot)$——非概率密度函数,为离散分布。

图2.3(c)是以$z_{\max}$为中心用非常窄的均值分布简化表示。

2.3.4 随机噪声

激光传感器可能产生少数无法解释的测量,这种现象在室内机器人运动过

程中作为观测模型的一个部分，由 $z_{\max}$ 的平均分布给出，如式(2.6)所示：

$$p_{\text{rand}}(z_t^k \mid s_t, m)=\begin{cases}\dfrac{1}{z_{\max}} & (z=z_{\max})\\ 0 & (\text{其他})\end{cases} \tag{2.6}$$

图 2.3(d)描述了该平均分布。

对以上 4 种不同分布进行权重平均，定义参数 z_{hit}、z_{short}、$z_{\max}$ 与 z_{rand}，使 $z_{\text{hit}}+z_{\text{short}}+z_{\max}+z_{\text{rand}}=1$，所以激光传感器观测模型为

$$p(z_t^k \mid s_t, m)=\begin{bmatrix} z_{\text{hit}}\\ z_{\text{short}}\\ z_{\max}\\ z_{\text{rand}} \end{bmatrix}^{\mathrm{T}} \begin{bmatrix} p_{\text{hit}}(z_t^k \mid s_t, m)\\ p_{\text{short}}(z_t^k \mid s_t, m)\\ p_{\max}(z_t^k \mid s_t, m)\\ p_{\text{rand}}(z_t^k \mid s_t, m) \end{bmatrix} \tag{2.7}$$

图 2.4 所示为 4 个分布线性组合形成综合的伪密度分布，如激光束检测 1 400 mm的距离，$z_{\text{hit}}=0.6$，$z_{\text{short}}=0.2$，$z_{\max}=0.15$，$z_{\text{rand}}=0.05$。

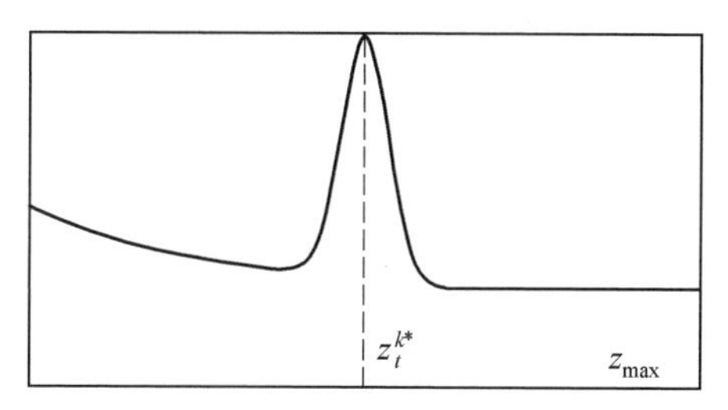

图 2.4　$p(z_t \mid s_t, m)$混合模型的伪密度分布

模型算法计算过程如下，这里认为各激光束条件独立。

Algorithm laser_finder_model(z_t, s_t, m)

$p_0=1$

for(int $k=44$; $k\leqslant N$; $k++$)//$N=725$ 为激光传感器最大有效步数

通过 k 步 z_t^k 进行测量值 z_t^{k*} 的读取//无噪声光线投射

$p=z_{\text{hit}}p_{\text{hit}}(z_t^k \mid s_t, m)+z_{\text{short}}p_{\text{short}}(z_t^k \mid s_t, m)+z_{\max}p_{\max}(z_t^k \mid s_t, m)+z_{\text{rand}}p_{\text{rand}}(z_t^k \mid s_t, m)$

//每束激光密度状态混合规则

$p=p_0 p$

End for

//一次扫描算法完成

观测模型参数由参考数据集合 $Z=\{z_i\}$、关联的位置 $X=\{s_i\}$ 和地图 m 进行估计，其中 z_i 为实际测量值，s_i 为测量时机器人位置。数据 Z 的概率表示为

$$p(Z|X,m,\zeta)$$

对于 $p_{\text{laser}}(z_t^k|s_t,m)$ 模型中的内部参数，$\xi=\{z_{\text{hit}},z_{\text{short}},z_{\max},z_{\text{rand}},\sigma_{\text{hit}},\lambda\}$，由期望最大(EM)算法确定 ζ，算法如下：

Algorithm intrinsic_parameters

While(不满足收敛条件)//需要好的初始化 $\sigma_{\text{hit}},\lambda$

for all z_i

$\eta=[p_{\text{hit}}(z_i|s_i,m)+p_{\text{short}}(z_i|s_i,m)+p_{\max}(z_i|s_i,m)p_{\min}(z_i|s_i,m)]^{-1}$

Calculate z_i^*

$e_{i,\text{hit}}=\eta p_{\text{hit}}(z_i|s_i,m)$

$e_{i,\text{short}}=\eta p_{\text{short}}(z_i|s_i,m)$

$e_{i,\max}=\eta p_{\max}(z_i|s_i,m)$

$e_{i,\min}=\eta p_{\min}(z_i|s_i,m)$

$z_{\text{hit}}=|Z|^{-1}\sum_i e_{i,\text{hit}}$

$z_{\text{short}}=|Z|^{-1}\sum_i e_{i,\text{short}}$

$z_{\max}=|Z|^{-1}\sum_i e_{i,\max}$

$z_{\text{rand}}=|Z|^{-1}\sum_i e_{i,\min}$

$\sigma_{\text{hit}}=\sqrt{\frac{1}{\sum_i e_{i,\text{hit}}}\sum_i e_{i,\text{hit}}(z_i-z_i^*)^2}$

$\lambda_{\text{short}}=\frac{1}{\sum_i e_{i,\text{short}}z_i}\sum_i e_{i,\text{short}}$

end for

return $\xi=\{z_{\text{hit}},z_{\text{short}},z_{\max},z_{\text{rand}},\sigma_{\text{hit}},\lambda\}$

式中　$e_{i,yy}$——yy 的检测值 z_i 的概率，yy 分别表示 hit、short、max、rand 的情况。

由于内部参数调整，会引起期望变化，所以算法迭代收敛速度与内部参数有关。

基于观测模型对单激光束不同距离的测试情况如图 2.5 所示，激光散射角

为0.36°，目标厚度为 8 cm，最大距离为 4 m。图 2.6 为机器人激光传感器前方2 000 mm的 500 mm 障碍检测。

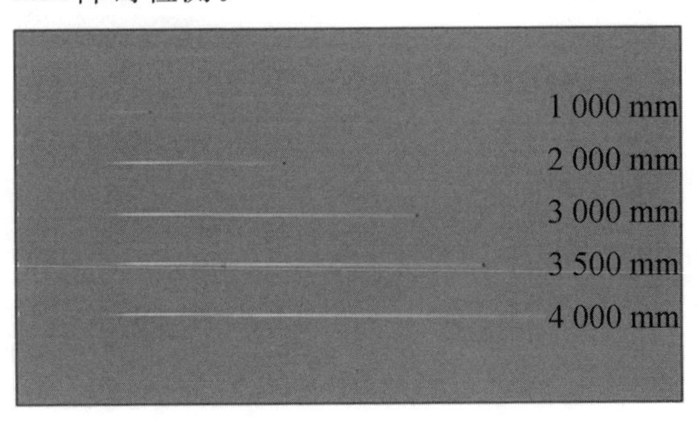

图 2.5　单激光束不同距离的测试情况

图 2.6　机器人激光传感器前方 2 000 mm 的 500 mm 障碍检测

2.4　RGB－D 传感器

RGB－D(Red，Green，Blue and Depth)传感器集成可见光 RGB 与深度信息，并将信息进行对应采集。最初 Kinect 在 2005 年左右开始研发，2009 年在 Project Natal 项目中，以色列公司 PrimeSense 为游戏 Xbox360 设备提供了 3D 传感技术，2010 年 11 月份微软公司发布 Kinect v1。随着视觉深度传感器的问世，已经不限于游戏的外围设备，扩展了机器人感知和视觉研究领域，微软、华硕、英特尔等公司开始了 RGB－D 传感器的研发，在精度、视角、帧率和环境适应性等方面不断改进，典型的 RGB－D 传感器如图 2.7 所示。

RGB－D 传感器成像原理分为两类：一类是结构光法，比如 Kinect v1，采用红外结构光发射与接收装置，实现结构特征点的深度点集；另一类为飞行时间(ToF)法，比如 Kinect v2，飞行时间法就是发射一束非可见光脉冲，经过被测物体反射，传感器接收到光脉冲，利用期间所用时间计算距离，形成深度信息。

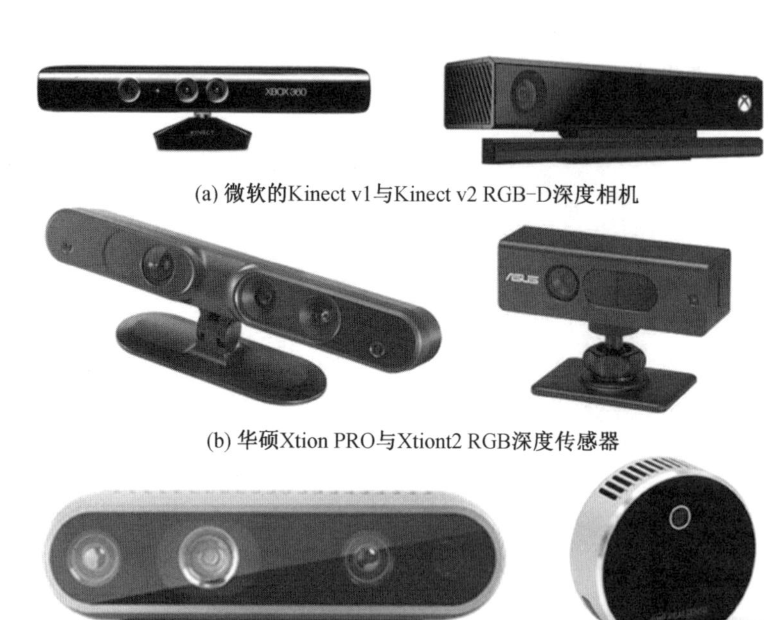

(a) 微软的Kinect v1与Kinect v2 RGB-D深度相机

(b) 华硕Xtion PRO与Xtiont2 RGB深度传感器

(c) 英特尔RalSence D435i和LiDAR L515深度传感器

图 2.7　典型的 RGB－D 传感器

Kinect 传感器作为一款 RGB－D 传感器可以提供深度图像和 RGB 图像信息。图 2.8 为由 Kinect 传感器重建的 RGB 图像、深度视差图像和重建点云图。Kinect 采集到的每个像素点的视差图像数据由 0～2 047 的整数表示。该数据只表示相对距离信息，不代表度量信息。另外，像素点深度和视差图像数据之间的关系是非线性的，如图 2.8(a)所示。因此，需要能够将视差图像数据转换为实际深度信息的深度校准函数，以使用 Kinect 传感器重建三维场景。

(a) RGB图像

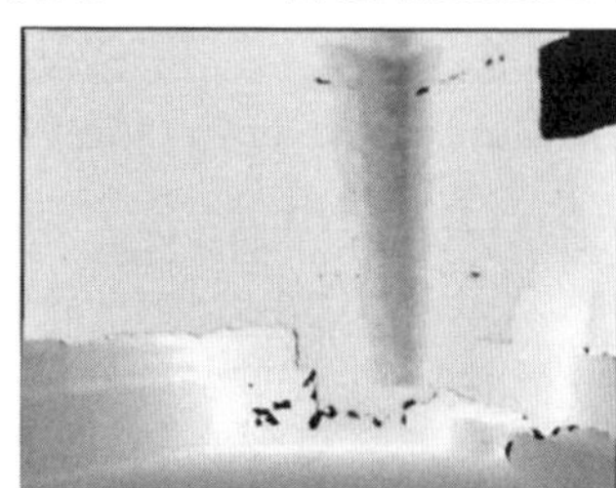

(b) 深度视差图像

(c) 重建点云图

图 2.8　Kinect 传感器采集图像

2.4.1　相机模型

RGB－D(Kinect)深度测量理论模型如图 2.9 所示，给出物体点 O 相对于参考平面的距离与测量的视差 d 之间的关系。为表达物点的三维坐标，设定一个

基于深度信息坐标系，其原点位于红外摄像机的透视中心。z 轴垂直于物理的成像平面，垂直于 z 轴的 x 轴在红外摄像头和激光投影摄像头之间的基线 b 上，y 轴由相互垂直的 x 轴和 z 轴所建立的右手坐标系确立。

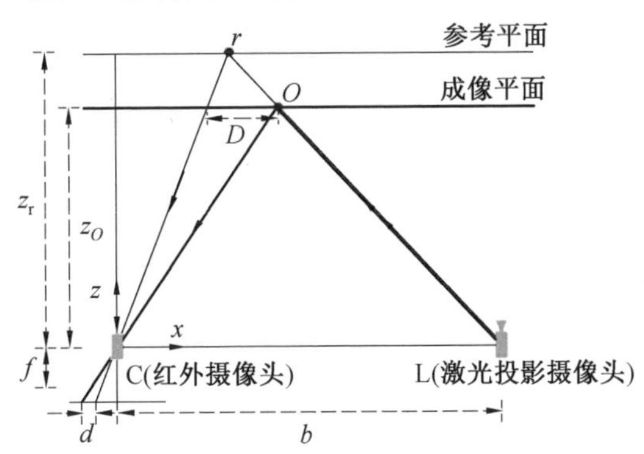

图 2.9　RGB－D(Kinect)深度测量理论模型

设某物体在参考平面(reference plane)上与传感器距离为 z_r，并且物体的激光散斑在红外摄像头的成像平面(object plane)上被捕获，则当物体相对于传感器移动距离 D 时，成像平面上的斑点位置将沿 x 轴方向移动。在成像平面上移动的距离被称为视差 d，并被 Kinect 传感器测量并记录。从三角形的相似性有

$$\frac{D}{b}=\frac{z_r-z_O}{z_r} \tag{2.8}$$

$$\frac{d}{f}=\frac{D}{z_O} \tag{2.9}$$

式中　z_O——物体空间中点 O 的深度；

b——基线长度；

f——红外摄像机的焦距；

D——物体空间中点 r 的位移；

d——成像平面上观察到的视差。

由式(2.8)和式(2.9)得出

$$z_O=\frac{z_r}{1+\frac{z_r}{f\cdot b}d} \tag{2.10}$$

基于 L－M 非线性优化方法，拟合深度标定曲线的参数，验证视差与深度关系。记录深度标定后，随着测量视差的增加，深度值测量误差的变化如图 2.10(a)所示。如图 2.10(b)所示，随着深度增加，测量的误差增大，不确定性也随之增加。

$$z_O=\frac{1}{-0.003\ 080\ 124d+3.341\ 284\ 3} \tag{2.11}$$

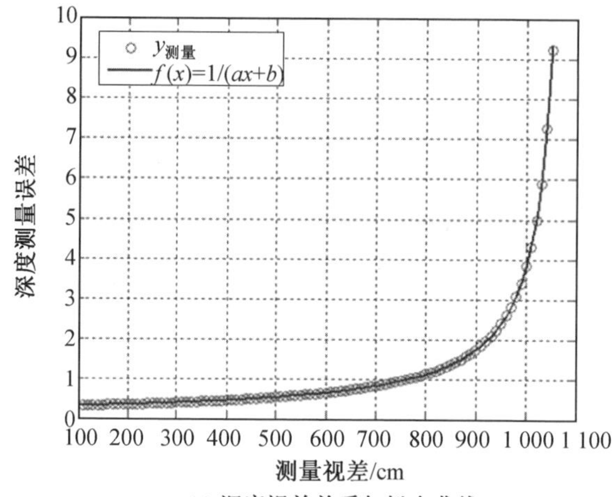

(a) 深度视差关系与拟合曲线

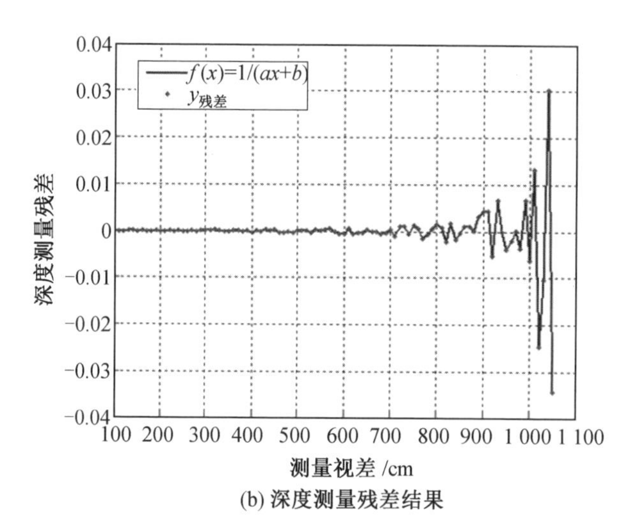

(b) 深度测量残差结果

图 2.10　Kinect 深度标定校准结果

2.4.2　相机参数标定

在执行深度校准后，将视差图像数据转换为实际深度信息，可根据实际深度信息与针孔相机投影模型获得点云信息。式(2.12)表示视差图像空间中像素位置 $\boldsymbol{U}=[u \quad v \quad d]^{\mathrm{T}}$ 与笛卡儿空间中的位置 $\boldsymbol{X}=[x \quad y \quad z]^{\mathrm{T}}$ 之间的映射关系。其中，u 和 v 分别为视差图像坐标系中的坐标；d 为深度视差数据。$f(d)$ 为由深度校准函数计算的实际深度信息。

$$\begin{bmatrix} x \\ y \\ z \end{bmatrix} = f(d) \begin{bmatrix} \frac{1}{f_x} & 0 & -\frac{C_x}{f_x} \\ 0 & \frac{1}{f_y} & -\frac{C_y}{f_y} \\ 0 & 0 & 1 \end{bmatrix} \begin{bmatrix} u \\ v \\ d \end{bmatrix} \tag{2.12}$$

在针孔相机投影模型中，f_x 和 f_y 为焦距参数，C_x 和 C_y 为深度相机的光轴参数。为了获得更好的成像效果，在相机前往往加入透镜改善效果，但是加入的透镜自身与相机镜头的组装会对成像的光线产生影响。由透镜自身引起的畸变为径向畸变，由机械组装引起的畸变为切向畸变，其中径向畸变主要分为桶形畸变与枕形畸变。建立径向畸变与切向畸变的数学模型，对于径向畸变，用一个多项式函数描述畸变前后的坐标变化，即

$$\begin{cases} x_{\text{cor}} = x(1+k_1 r^2 + k_2 r^4 + k_3 r^6) \\ y_{\text{cor}} = y(1+k_1 r^2 + k_2 r^4 + k_3 r^6) \end{cases} \tag{2.13}$$

式中　$[x \quad y]^{\text{T}}$——未校准的点坐标；

　　$[x_{\text{cor}} \quad y_{\text{cor}}]^{\text{T}}$——校准后的点坐标。

以上坐标均为像素坐标转到归一化平面上的点。

对于畸变较小的图像中心区域 k_1 起主要作用，对于畸变较大的图像边缘区域 k_2 起主要作用，对于畸变很大的鱼眼、广角相机可以加入 k_3 参数进行修正。另外，对于切向畸变，建立数学模型为

$$\begin{cases} x_{\text{cor}} = x + 2p_1 xy + p_2(r^2 + 2x^2) \\ y_{\text{cor}} = y + 2p_2 xy + p_1(r^2 + 2y^2) \end{cases} \tag{2.14}$$

式中　p_1、p_2——切向畸变参数。

对于相机坐标系中的任意一点 $P(x, y, z)$，可以通过 5 个畸变参数进行校准，从而获得归一化平面上的正确位置，即

$$\begin{cases} x_{\text{cor}} = x(1+k_1 r^2 + k_2 r^4 + k_3 r^6) + 2p_1 xy + p_2(r^2 + 2x^2) \\ y_{\text{cor}} = y(1+k_1 r^2 + k_2 r^4 + k_3 r^6) + 2p_2 xy + p_1(r^2 + 2y^2) \end{cases} \tag{2.15}$$

以上的相机内参与畸变参数可使用通用相机校准方法获得。基于 ROS 开发的 Kinect 传感器参数标定结果见表 2.4，内参畸变标定结果如图 2.11 所示。

表 2.4　Kinect 传感器参数标定结果

传感器内参	f_x	f_y	C_x	C_y	
	528.307 69	528.098 67	321.115 33	245.963 63	
畸变参数	k_1	k_2	k_3	p_1	p_2
	0.023 816 8	−0.043 335 1	0.003 268 4	0.000 356 8	0

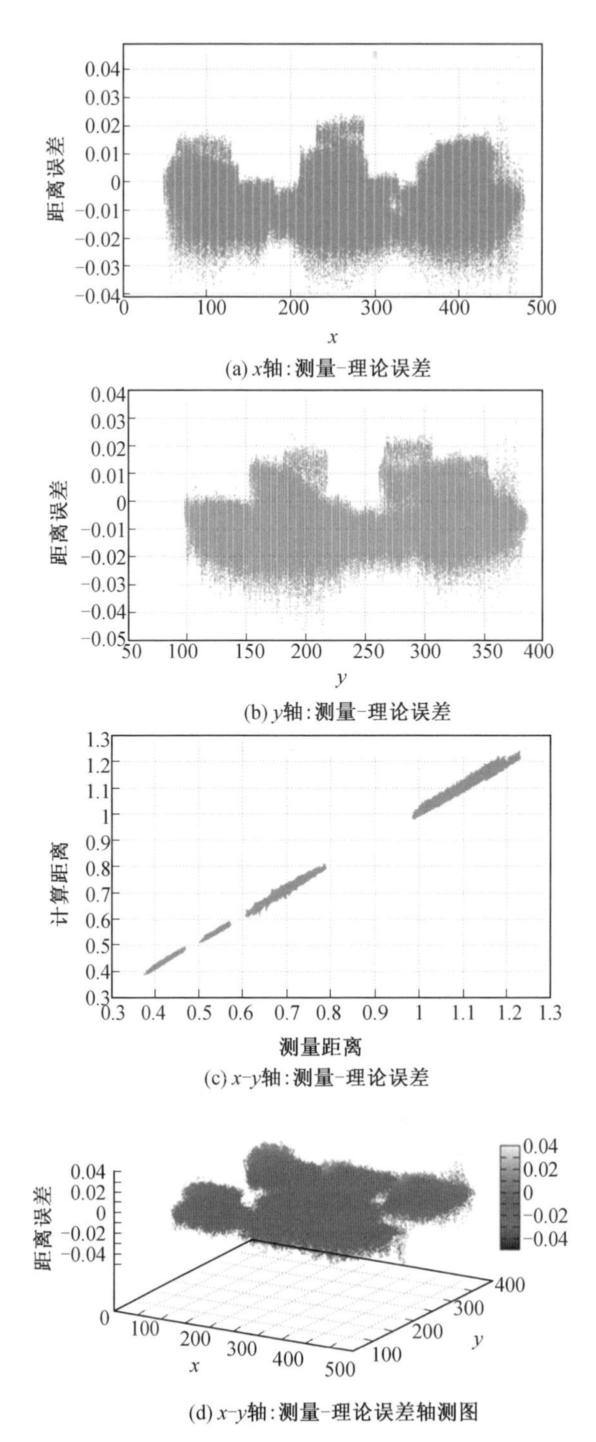

图 2.11　Kinect 传感器内参畸变标定结果（彩图见附录）

使用 Kinect 传感器获得的点云数据包含由于各种原因引入的一些误差，例如视差数据的不精确测量、照明条件、对象表面的特性以及图像处理和匹配的坐标误差。为了在实际应用中利用传感器数据，关于传感器可靠性或不确定性的信息非常重要。为了对 Kinect 传感器进行定性和定量分析，建立三维测量的信息数学模型。Park 等人用三维高斯模型描述了图像空间中的不确定性模型（图 2.12），如式（2.16）所示，该模型为与协方差矩阵相关的不确定性椭球体。

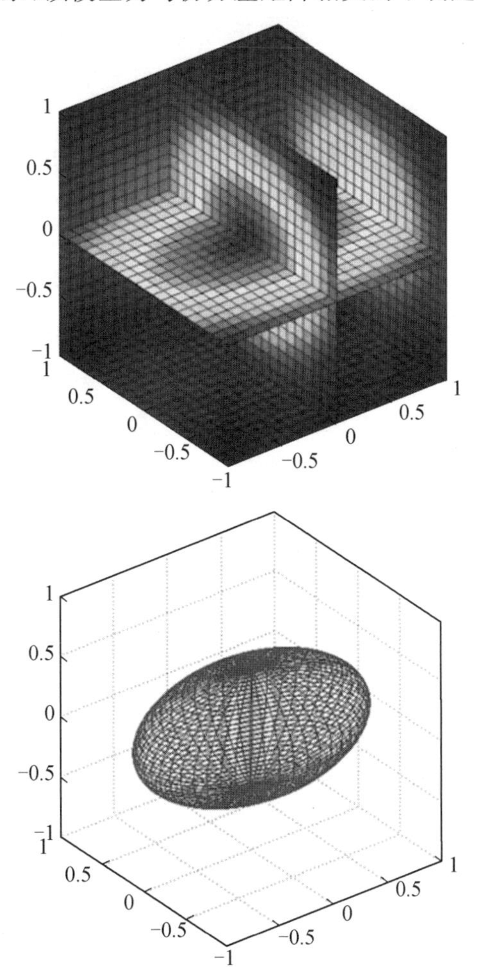

图 2.12　三维高斯模型可视化

$$g_{uvd}(\boldsymbol{U})=(2\pi)^{-\frac{3}{2}}|\boldsymbol{E}|^{-\frac{1}{2}}\exp\left[-\frac{1}{2}(\boldsymbol{U}-\boldsymbol{M}_u)^{\mathrm{T}}\boldsymbol{E}^{-1}(\boldsymbol{U}-\boldsymbol{M}_u)\right] \tag{2.16}$$

$$(\boldsymbol{U}=[u \quad v \quad d]^{\mathrm{T}},\quad \boldsymbol{M}_u=[m_u \quad m_v \quad m_d]^{\mathrm{T}})$$

式中　$\boldsymbol{U}$——视差图像空间中的像素位置，$\boldsymbol{U}=[u \quad v \quad d]^{\mathrm{T}}$；

u,v——像素坐标系中的水平坐标和垂直坐标；

d——相机测得的深度视差数据；

$\boldsymbol{E}$——视差图像空间中 $\boldsymbol{U}$ 的协方差矩阵。

2.5 红外传感器

人们眼睛能够感受到的可见光波长为0.38～0.78 μm。而自然界中所有温度在绝对零度(－273 ℃)以上的物体都会发出红外线，红外线(或称热辐射)是自然界中存在的最为广泛的辐射。大气、烟云等吸收可见光和近红外线，但是对波长为3～5 μm和8～14 μm的红外线却是透明的。因此在完全无光照或是云雾等环境下，通过红外线也能较好地清晰成像。同时，红外线也是RGB－D信息的另一维度信息补充。目前由于红外传感器作为传感器集成化和轻量化发展，红外传感器在移动机器人上的应用越来越多，多用于监控、安全和搜救等场景。图2.13为红外传感器传感器与RGB－D传感器安装在机器人的坐标系示意图。

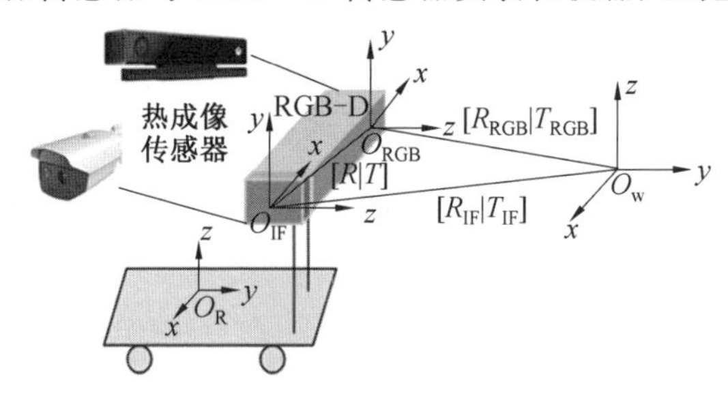

图2.13 机器人传感器坐标系示意图

2.5.1 红外和RGB－D融合标定

为了能够融合来自红外和RGB－D传感器的信息，需要在共同的几何参考系中表示。确定不同传感器坐标系之间的相对平移和旋转的关系为外部校准。常用的外部校准方法基于观察来自各传感器的棋盘格平面，但需要人为摆放不同姿态的棋盘格且产生的误差较大。Peyman等提出line－to－line的方法实现测距和图像传感器的外部校准。受此方法的启发，本节利用图像中的线特征实现红外热像仪和RGB－D传感器的外部校准，操作简便且精度较高。

line－to－line方法主要包含3个步骤，首先提取热红外图像上的二维直线，其次提取RGB－D图像中与之对应的三维直线，最后通过最小化投影的三维直线与二维直线之间的距离求得最优的外部参数。

首先在热红外图像坐标系中提取一条二维直线的端点 p_1 和 p_2，转化为齐次坐标，该直线方程可以表示为

$$\boldsymbol{l}^{\mathrm{T}} p = d \tag{2.17}$$

式中　p——直线上任意一点；

　　　$\boldsymbol{l}$——直线，可以由直线端点计算得到，$\boldsymbol{l} = p_1 \times p_2$。

当 $\boldsymbol{l}$ 进行归一化之后，式(2.17)表示平面上任意一点到直线 $\boldsymbol{l}$ 的距离 d。

然后根据 RGB－D 传感器的深度信息以及内参数矩阵 $\boldsymbol{K}_{\mathrm{RGB}}$ 得到 RGB－D 传感器坐标系下相对应的三维直线 L，直线的端点分别为 P_1 和 P_2，并转化为齐次坐标，直线上任意一点均可表示为

$$P = \alpha P_1 + (1-\alpha) P_2 \tag{2.18}$$

利用红外热像仪的内参数矩阵 $\boldsymbol{K}_{\mathrm{if}}$ 和相机之间的位置关系旋转矩阵 $\boldsymbol{R}$ 及平移矩阵 $\boldsymbol{T}$ 将 RGB－D 传感器坐标系下的点投影到热红外图像中，得

$$p_n = \boldsymbol{K}_{\mathrm{if}}(\boldsymbol{R}P + \boldsymbol{T}) \tag{2.19}$$

对 p_n 的第三个元素进行归一化，即可得到投影到热红外图像上的像素坐标。利用式(2.17)得到 RGB－D 传感器坐标系下的直线 L 投影到热红外图像坐标系下与二维直线 l 之间的距离，误差表示为

$$E_{ij} = \frac{\boldsymbol{l}^{\mathrm{T}} p_{mij}}{\boldsymbol{z}^{\mathrm{T}} p_{mij}} \tag{2.20}$$

$$p_{nij} = \boldsymbol{K}_{\mathrm{if}}(\boldsymbol{R}(\alpha_j P_{i1} + (1-\alpha_j) P_{i2}) + \boldsymbol{T}) \tag{2.21}$$

式中　i——对应直线的编号；

　　　j——对应直线上任意一点；

　　　$\boldsymbol{z}$——用一化的向量，$\boldsymbol{z} = [0 \quad 0 \quad 1]^{\mathrm{T}}$。

由式(2.20)和式(2.21)可以将外部参数的求解转化为无约束的非线性最小二乘法问题，其中误差 E_{ij} 的真值应为 0，代价函数如式(2.22)所示。

$$F(x) = \min_{x} \frac{1}{2} \sum_{i=1}^{N} \| y_i - f_i(x) \|^2 = \min_{\boldsymbol{R},\boldsymbol{T}} \frac{1}{2} \sum_{i,j} \| 0 - E_{ij} \|^2 \tag{2.22}$$

采用 L－M 算法求解该非线性最小二乘法问题。L－M 算法属于信赖区域方法，近似只在区域内可靠，可以避免高斯牛顿不收敛等问题。为确保配准精度，采用手动方法提取图像的线特征。

在求解非线性最小二乘法问题时需给定一个初始值，而且初始值的选取对结果有较大的影响。采用内参标定过程中得到的外参矩阵作为初始值。针对同一幅棋盘格两个传感器分别获得传感器相对于同一世界坐标系的外参 $[\boldsymbol{R}_{\mathrm{if}} | \boldsymbol{T}_{\mathrm{if}}]$ 和 $[\boldsymbol{R}_{\mathrm{RGB}} | \boldsymbol{T}_{\mathrm{RGB}}]$，根据传感器模型进行变换，得到

$$P_{\mathrm{if}} = \boldsymbol{R}P_{\mathrm{RGB}} + \boldsymbol{T} \tag{2.23}$$

$$\boldsymbol{R} = \boldsymbol{R}_{\mathrm{RGB}} \boldsymbol{R}_{\mathrm{if}}^{-1} \tag{2.24}$$

$$\boldsymbol{T} = \boldsymbol{T}_{\mathrm{RGB}} - \boldsymbol{R}\boldsymbol{T}_{\mathrm{if}} \tag{2.25}$$

式中 P_{if}、P_{RGB}——世界坐标系中同一点(即棋盘格原点)在红外热像仪坐标系和 RGB－D 传感器坐标系下的坐标。

本节利用矩形物体制作简易的三维标定装置,使其能够在可见光相机和红外热像仪中具有清晰的边缘轮廓,如图 2.14 所示。

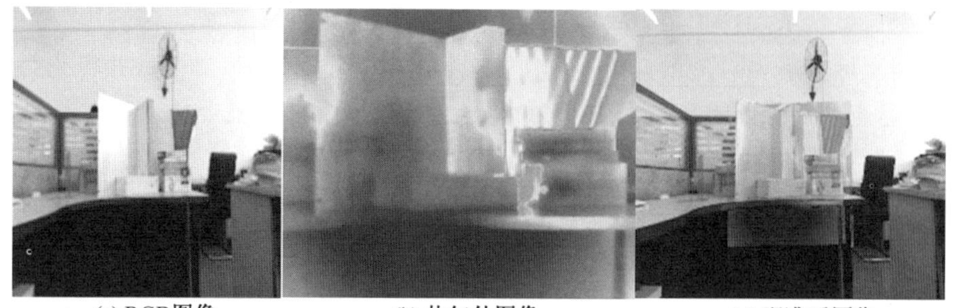

(a) RGB图像　(b) 热红外图像　(c) 配准后图像

图 2.14　外部校准图像(彩图见附录)

在热红外图像上提取较清晰直线的端点,根据式(2.17)获得直线的 l 值,结合深度图像获得 RGB 图像上对应的 3D 直线 L,利用式(2.18)获得该直线上较多的点(取 α 分别为 0、1、0.3、0.5、0.7)。优化过程中将含有 9 个参数的旋转矩阵转化为由 3 个参数表示的旋转向量,简化计算。每一对 2D－3D 线可以约束 2 个自由度,所以求取 6 个自由度,至少需要 3 对独立的直线。

本节一共选取了 10 对直线,其中 7 对直线用于计算外参数矩阵,计算结果见表 2.5。

表 2.5　刚性变换矩阵

RGB－D 传感器与红外热像仪的相对位置关系	
旋转向量 $\boldsymbol{R}$/rad	$[-0.031\,7\quad 0.014\,6\quad -0.011\,5]^{T}$
平移向量 $\boldsymbol{T}$/mm	$[90.250\,2\quad 45.582\,2\quad 41.709\,7]^{T}$

利用剩余的 3 对直线对计算结果进行评估,将 3D 直线投影到热红外图像平面上计算其重投影误差,误差以像素为单位表示。在每条 3D 直线上选取 5 个点计算其投影到热红外图像上与对应 2D 直线之间的距离。评估结果如图 2.15 所示,从图中可以看出对应直线的误差均值为 1.4 个像素,精度较高,配准后图像如图 2.14(c)所示。

2.5.2　红外与 RGB－D 信息时间一致性问题

时间一致性非常重要,因为红外传感器与 RGB－D 采样周期、视场都不同,如果没有时间一致性,移动机器人对场景难以实现系统信息对齐,产生系统残

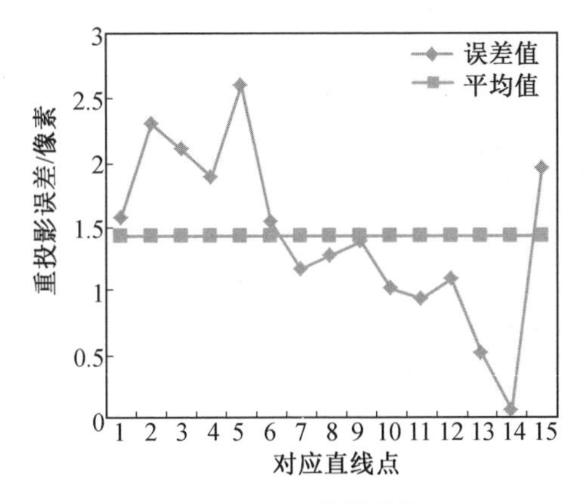

图 2.15　重投影误差

差，即使标定准确，也无法获得同步的红外与 RGB－D 信息。有学者采用硬件设备来解决图像同步问题，例如 Soonmin 使用主从同步技术来同步可见光和红外热像仪。通过主设备向从设备发送触发信号来同步可见光相机和红外热像仪。Baar 等人采用分束器来同步传感器，同步结果对于硬件方法是理想的，但是大多数传感器没有分束器，因此采用硬件的方法会增加系统成本且需要一定的安装空间。所以需要利用图像的时间戳实现多传感器时间同步。在采集图像的同时，分别记录热红外图像 dsa$\{t_m^{\text{in}}, m=1,2,3\cdots\}$ 、RGB 图像$\{t_n^r, n=1,2,3\cdots\}$和深度图像$\{t_k^d, k=1,2,3\cdots\}$的时间戳。之后计算热红外图像与邻近的 RGB 图像时间戳的差异，如式(2.26)所示。

$$\Delta t=\min\{|t_{n-1}^r-t_m^{\text{in}}|, |t_n^r-t_m^{\text{in}}|, |t_{n+1}^r-t_m^{\text{in}}|\} \tag{2.26}$$

根据两个传感器的采样频率和实验经验选取 σ 为 15 ms。分别计算图像之间的时间差异，选取最小的时间差，如果 $\Delta t<\sigma$，则保留对应的热红外图像和 RGB 图像，否则，丢弃该热红外图像。同理，获得与之相对应的深度图像。

为了获得融合图像的最终效果，需要对待融合的图像进行预处理。预处理过程主要包括统一原始图像大小、图像配准和图像增强 3 个步骤。RGB 图像和热红外图像的分辨率往往不同，所以需要对图像进行缩放和裁剪处理，使待融合的图像大小一致。本节利用外部校准的结果实现图像像素点对齐，避免融合过程中出现扩散问题。

热红外图像在获取过程中易受到电子热源噪声的影响，图像中会出现高斯噪声，甚至会出现白色颗粒严重影响图像质量。所以在进行图像融合之前，需要对热红外图像进行去噪处理。由于热红外图像的分辨率比较低，成像比较模糊，所以在对图像去除噪声的同时要能够保持图像的边缘特征，且具有增强图像的效果。针对这些要求，本节采用引导滤波对热红外图像进行处理，原始图像如图 2.16(a)所示，滤波后图像如图 2.16(b)所示。

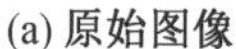
(a) 原始图像

(b) 滤波后图像

图 2.16　图像预处理(彩图见附录)

由图 2.16 可以看出,对图像进行滤波后白色噪声颗粒明显减少,且具有良好的边缘保持性。通过计算原始图像和滤波图像的信息熵,结果分别为 7.078 59 和 7.380 93,滤波后图像的信息量有所增加,达到了图像增强的效果。

热红外图像数据通常被视为具有彩色条的 RGB 图像,以帮助观察者将像素点的 RGB 值与温度估计相关联。热像仪根据不同应用开发出多种彩色模式,为了符合人体的感知习惯,本节采用深蓝模式,红色温度较高,蓝色温度较低,两个传感器的原始图像如图 2.17 所示。

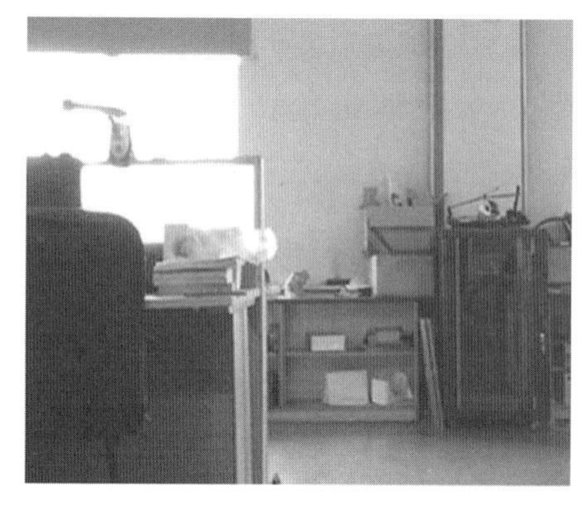

图 2.17　原始图像(彩图见附录)

热红外图像和 RGB 图像均为三通道图像,热红外图像的颜色信息表示温度,RGB 图像具有清晰的纹理特征,所以在融合的过程中,需要同时保持热红外图像的温度信息和 RGB 图像的纹理信息。针对以上要求,本章采用基于变换彩色模型的方法进行图像融合。

变换彩色模型方法的核心思想就是将 RGB 色彩空间转换成更适用于人类视觉系统的色彩空间,对转换后图像的 3 个通道根据需求进行融合。本节采用 HSV(Hu,Saturation,Value)模型对 RGB 图像进行变换。

HSV三通道分别表示色调、饱和度和明度值，其空间模型如图2.18所示。色调H代表人眼所能感知的颜色范围，每个角度代表一种颜色，可以在不改变光感的情况下通过旋转色相环来改变颜色。饱和度S决定了颜色空间中颜色分量，饱和度越高，说明颜色越深，取值范围为0～1，值越大，颜色越饱和。明度值V表示色彩的明暗程度，取值范围为0～1，数值越小，色彩越暗，越接近于黑色；数值越大，色彩越亮，越接近于白色。

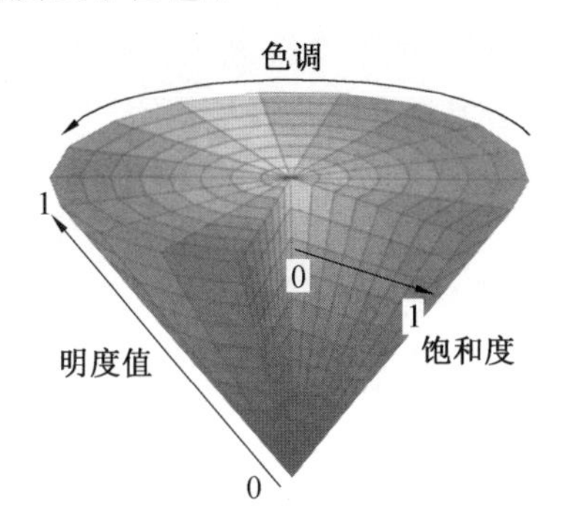

图2.18　HSV空间模型(彩图见附录)

假设RGB图像中所有的颜色值都归一化到范围[0,1]，在RGB分量中，设定最大的为MAX，最小的为MIN，则RGB到HSV的转换公式为

$$H=\begin{cases}\dfrac{G-B}{\mathrm{MAX}-\mathrm{MIN}}\times 60^\circ, & (R=\mathrm{MAX})\\ \left(2+\dfrac{B-R}{\mathrm{MAX}-\mathrm{MIN}}\right)\times 60^\circ, & (G=\mathrm{MAX})\\ \left(4+\dfrac{R-G}{\mathrm{MAX}-\mathrm{MIN}}\right)\times 60^\circ, & (B=\mathrm{MAX})\end{cases}$$

$$S=\frac{\mathrm{MAX}-\mathrm{MIN}}{\mathrm{MAX}} \tag{2.27}$$

$$V=\mathrm{MAX}$$

设HSV分量值已经转换到以下范围：H值为$0^\circ\sim360^\circ$，S和V值为0～1，设$i=\left[\dfrac{H}{60}\right]$，$f=\dfrac{H}{60}-i$，$p=V(1-S)$，$q=V(1-fS)$，$t=V(1-(1-f)S)$，则得到HSV到RGB的转换公式为

$$\begin{cases}R=V,G=T,B=p,(i=0)\\ R=q,G=V,B=p,(i=1)\\ R=q,G=V,B=t,(i=2)\\ R=p,G=q,B=V,(i=3)\\ R=t,G=p,B=V,(i=4)\\ R=V,G=p,B=q,(i=5)\end{cases} \tag{2.28}$$

根据彩色模型各个参数的含义及融合需求，将RGB图像和热红外图像变换到HSV色彩空间下，然后提取热红外图像表示颜色信息的H和S分量，提取RGB图像表示亮度的V分量融合成新的HSV图像，并利用RGB色彩空间，融合后的图像如图2.19所示，融合后图像的颜色信息与原热红外图像一致。

图2.19　融合后的图像(彩图见附录)

上述RGB与红外图像的融合方法具有简单实用特点，通过配准、预处理和融合等处理，保证了机器人能够获取正确的配准图像。有效解决了RGB－D传感器和红外传感器的视野、采样周期不同等问题，兼顾了二者的计算实时性和稳定性，为机器人的RGB－DT多模态信息感知提供良好方案。

2.6　本章小结

本章对室内机器人典型传感器进行简要说明，同时建立了红外标签、激光测距传感器、RGB－D传感器和红外传感器传感器模型，并对其优缺点进行了简单介绍。

针对机器人环境感知所需传感器部署，重点对其精度、特点和信息同步方法进行了初步论述和分析，并介绍了目前大部分应用的传感器种类，为后续环境感知技术介绍奠定了一定基础。

第3章

室内移动机器人底盘系统与模型

本章根据机器人工作环境，较为系统地介绍了差动和全向两种典型的移动机器人底盘系统。分别讨论了两种底盘机构、硬件和软件系统的开发过程，建立了相关运动学和里程计模型，并结合仿真和实验进行运动误差分析。本章所述内容来自作者的科研项目，已在家居环境和复杂办公环境下验证了底盘运行精度和稳定性，移动机器人的控制和驱动是建图的重要内容之一，为机器人的后续环境感知起到重要作用。

3.1 概　述

移动机器人驱动系统是机器人移动的基础单元，由轮系和运动驱动与控制单元组成。轮系分布主要以传动方式和全向方式为主，轮系结构由主动轮部署、辅助支撑轮与悬挂等部件组成。驱动采用开环或闭环驱动，现在以总线式为主，如CAN总线、EtherCAT总线等，有利于实现单个轮驱控集成，根据需求设计轮系和建立运动学模型，实现机器人室内移动控制。

驱动系统设计是移动机器人系统的关键环节，直接关系到机器人的行走能力和通过能力，机器人底盘设计主要考虑部署主动轮与辅助轮轮系以及电机驱动系统选型，主要因素如下：

(1)机器人负载与重心。

(2)机器人行走地面平整度及障碍，如凹槽和门槛等。

(3)机器人移动作业任务空间，是否需要转直角弯、楼梯或全向移动等。

(4)机器人主动轮与地面适应能力。

一台优秀的移动机器人，是否具有移动的高灵活度、高通过性以及与地面、立体环境的高适应能力，取决于机器人驱动系统设计。

智慧家居是典型的室内机器人应用场景，如图3.1所示，未来家庭具有服务机器人管家、清洁机器人和安保机器人等，这些机器人将与智能家电进行互联互通，最后与智慧家居平台连接，形成云端协同系统，如海尔U+、华为、小米等智慧家居系统，成为服务机器人发展新方向。

3.2 差动型机器人底盘开发平台

室内机器人环境感知离不开底盘驱动和稳定性设计，机器人底盘平稳行走、载荷支撑等要求是实现探索、导航任务的重要保障。本节以典型家居机器人为例，开发一款通用差动型机器人底盘。典型室内差动型机器人底盘平台见表3.1。

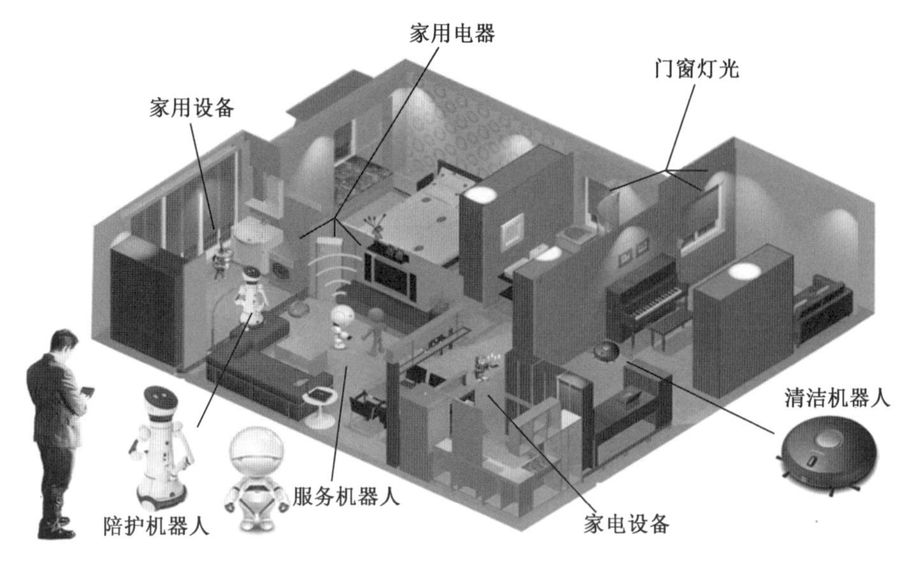

图 3.1 智慧家居

表 3.1 典型室内差动型机器人底盘平台

外形尺寸	小于 600 mm
额定负载	大于 60 kg
驱动方式	双轮差速
运行速度	0.8 m/s
运行速度(负载)	0.1～0.5 m/s
最大爬坡角度	不小于 5°
越障高度	不小于 5 mm
抗倾覆力矩	不小于 20 kg·m

考虑机器人室内应用，机器人底盘尽量紧凑，同时考虑上装手臂外壳等因素，底盘尽量小型化。如图 3.2 所示，底盘最大尺寸为 600 mm，采用 5 mm 厚的镁铝合金材质，保证轻量化。轮系布局采用 2 个主动、4 个被动万向轮作为支撑，由于主动轮围绕底盘中心对称分布，这样也实现了底盘 0 半径转弯，符合机器人在家居环境的移动要求。考虑运动稳定性和抗侧翻能力，6 个轮子靠近边缘，呈轴对称部署。

机器人移动底盘轮系一般大于 3 轮，为解决因地面不平造成轮子悬空问题，可以采用辅助轮系弹性悬挂或主动轮系悬挂方式，前者平衡调整困难，也存在稳定性支撑问题。从目前应用看，主动轮系采用弹性悬挂较多，也就是说，保证了主动轮系与地面的全接触，也就使机器人运动可控，否则易造成机器人驱动失衡

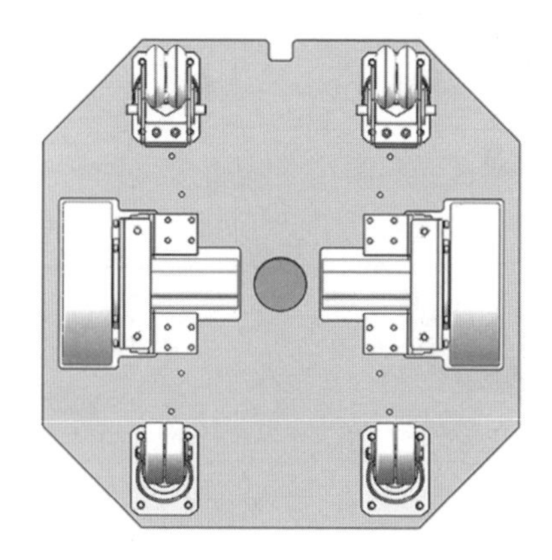

图 3.2　底盘尺寸与轮系布局

等后果。

图 3.2 所示机器人底盘采用驱动轮弹性悬挂:弹簧悬挂加轴承支撑方式,在设计空间允许范围内,为实现机器人驱动轮与摩擦力最大化,主动轮采用包胶设计,轮宽度设计为 50 mm,这样可保障机器人在运行时主动轮能够提供充足的动力。

考虑载荷 60 kg 和爬坡 5°需求,在安全系数 1.5 的基础上,优选电机与减速机,电机为 DC48V 的 400 W 直流伺服电机,减速机为一体轮方式,如图 3.3 所示,减速比为 21∶1,轮直径设计为 200 mm,实现驱动大于 25 N·m,则双轮驱动扭矩大于 50 N·m。

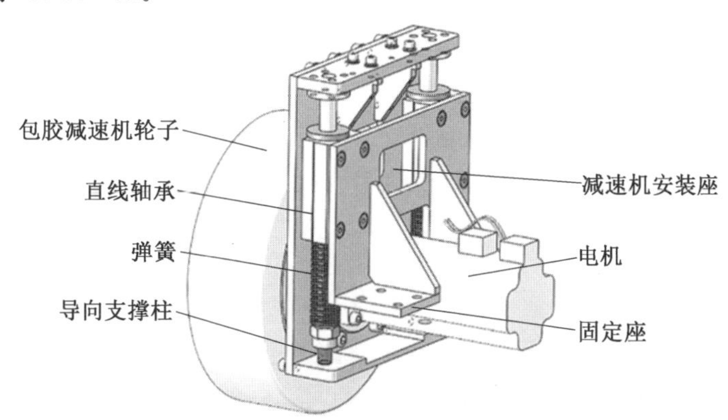

图 3.3　主动轮驱动模块与悬挂结构

全向轮选择考虑底盘参数和机器人后重特点,前双全向支撑轮为 10 cm 轮,后双全向支撑轮为减震结构 10 cm 轮,如图 3.4 所示。这样兼顾了主动轮系与支撑轮系的悬挂弹性和减轻震动影响。

机器人轮系设计完成后进行机器人控制器、传感器、电源等设计。首先根据机器人检测环境的目标分布特点,选择传感器和合理部署,激光传感器放置在前

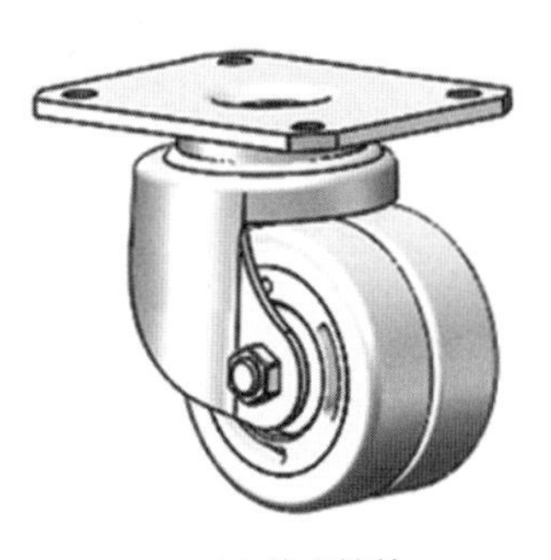

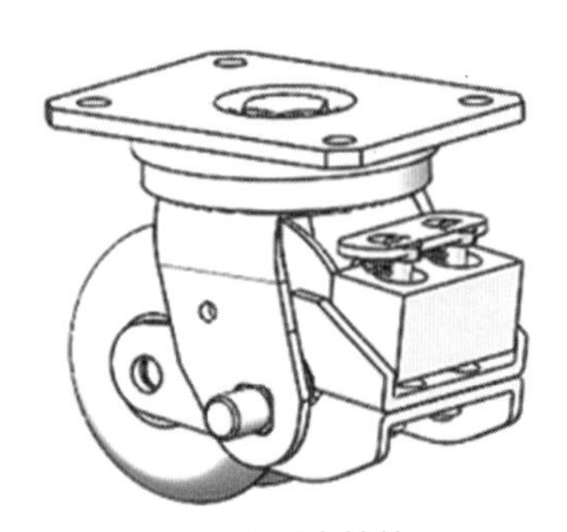

(a) 前支撑轮　　(a) 后支撑轮

图 3.4　前、后支撑轮

侧 400 mm 高度，超声波放置为前 2 个后 2 个，高度为 150 mm；其次考虑电池与驱动器放置，原则是降低机器人重心、冲点安全和排布走线最短等。最后要有利于控制器散热及更换方便，选择控制器位置，考虑人员操作方便设置按钮和开关位置等。综合上述原则，设计分层的硬件平台，机器人底盘系统前后视图如图3.5所示。

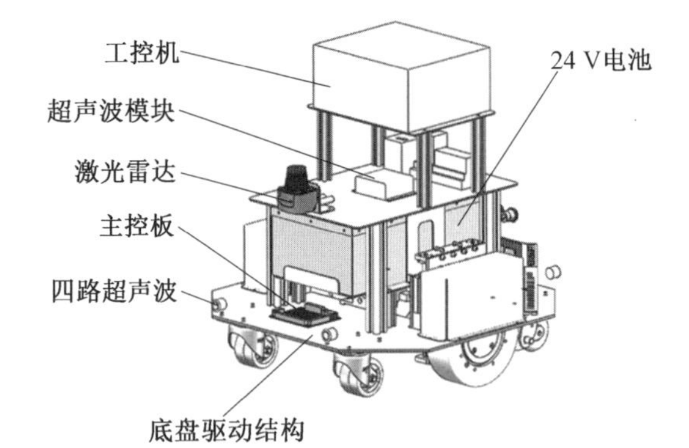

(a) 前部轴测图

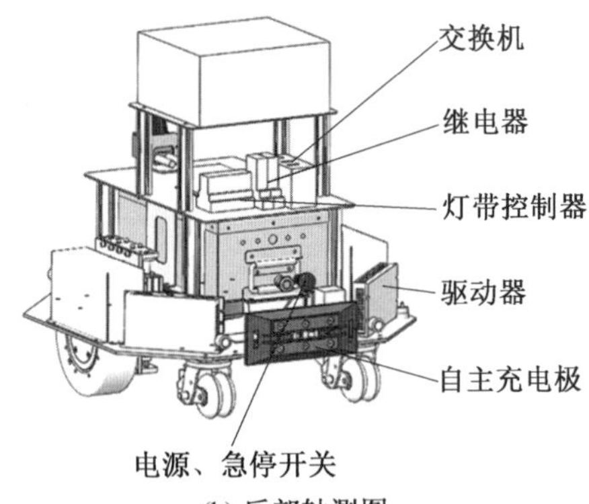

(b) 后部轴测图

图 3.5　机器人底盘系统前后视图

控制器采用两层控制方案，如图3.6所示，上层为上位机，为嵌入式控制器，负责机器人任务规划、人机交互、建图、目标检测与导航等任务；下位机为基于STM32开发的单片机系统，负责底层运动、传感器数据处理、充电管理等实时性要求高的任务，二者通过网口进行连接。图3.7为设计完成的机器人底盘与现场实验。

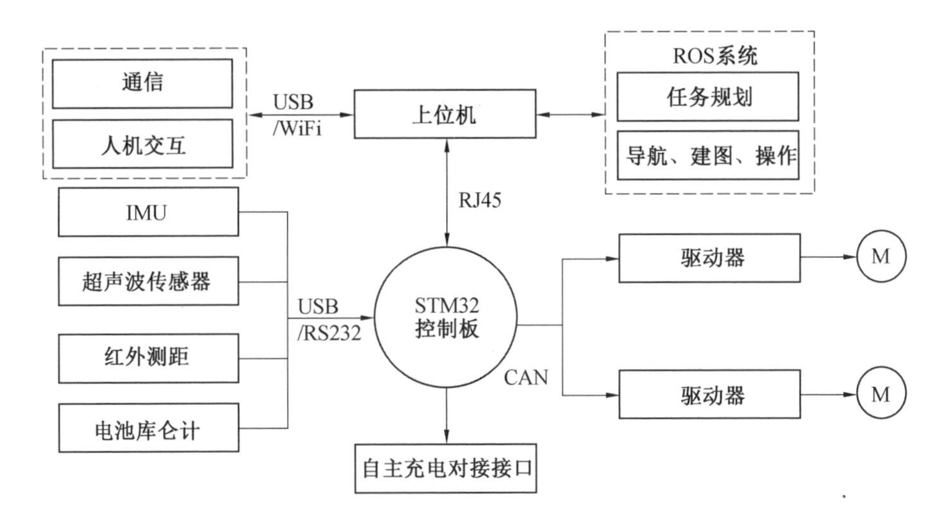

图3.6　机器人控制系统框图

(a) 机器人底盘　　(b) 爬坡实验

图3.7　设计完成的机器人底盘与爬坡实验

3.3 差动底盘模型

3.3.1 差动运动学模型

机器人运动学模型推导是一个自底向上的过程，各主动轮驱动机器人运动的同时对机器人进行约束，由于不能沿着双驱动轮轴线运行，所以差动轮系为非完整约束，由于被动轮主要起支撑作用，差动模型可以将其忽略。图 3.7 所示机器人底盘的轮系采用两个差速主动轮与四个自由被动轮，机器人坐标系如图 3.8 所示。

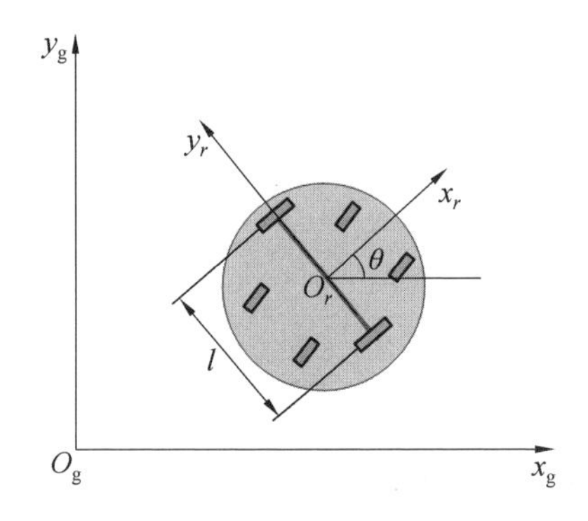

图 3.8　机器人坐标系

运动模型分析高斯形式表示的运动模型为

$$p(\boldsymbol{s}_t|\boldsymbol{s}_{t-1},\boldsymbol{u}_{t-1})=f(\boldsymbol{u}_{t-1},\boldsymbol{s}_{t-1})+\varepsilon_t \tag{3.1}$$

式中　$\boldsymbol{s}_t$——机器人世界坐标，$\boldsymbol{s}_t=[x_t\ \ y_t\ \ \theta_t]^{\mathrm{T}}$；

$\boldsymbol{u}_{t-1}$——机器人在 $\boldsymbol{s}_{t-1}$ 时向下一状态的控制量；

ε_t——控制误差，服从 $N(0,\boldsymbol{Q}_t)$ 分布，$\boldsymbol{Q}_t\in\mathbf{R}^{2\times2}$，为协方差。

机器人的坐标系与全局的坐标系关系如图 3.8 所示，主动轮的半径为 r，主动轮间距为 l，由于差速运动，设左轮角速度为 ω_{l}，右轮角速度为 ω_{r}，$\boldsymbol{s}_r$ 表示机器人局部坐标系的位姿。机器人坐标系到世界坐标系的变换矩阵为

$$\boldsymbol{R}(\theta)=\begin{bmatrix}\cos\theta & \sin\theta & 0\\ -\sin\theta & \cos\theta & 0\\ 0 & 0 & 1\end{bmatrix} \tag{3.2}$$

则 $\dot{\boldsymbol{s}}_r=\boldsymbol{R}(\theta)\dot{\boldsymbol{s}}_t$。

由于机器人坐标系在两个约束之下：

(1)机器人底盘主动轮的运动为纯滚动。

(2)机器人底盘主动轮无侧滑。

所以 $\boldsymbol{s}_r=[x_t^r \quad 0 \quad \theta_t^r]^{\mathrm{T}}$，其中 x_t^r 与 θ_t^r 分别为机器人坐标系下的 X_r 和 $\hat{Z}_r$ 的坐标，$y_t^r=0$。由差速的特性，在一个时间周期 Δt 内，认为轮子瞬时沿着半径为 l 的圆转动，则有

$$\dot{x}_t^r=(r\omega_{\mathrm{l}}+r\omega_{\mathrm{r}})/2$$

$$\dot{\theta}_t^r=(r\omega_{\mathrm{l}}-r\omega_{\mathrm{r}})/l$$

$$\dot{\boldsymbol{s}}_t=\boldsymbol{R}(\theta_t)^{-1}\dot{\boldsymbol{s}}_t^r \tag{3.3}$$

其中

$$\boldsymbol{R}(\theta)^{-1}=\begin{bmatrix}\cos\theta_t & -\sin\theta_t & 0\\ \sin\theta_t & \cos\theta_t & 0\\ 0 & 0 & 1\end{bmatrix}$$

$$\boldsymbol{u}_{t-1}=[\omega_{\mathrm{l}} \quad \omega_{\mathrm{r}}]^{\mathrm{T}}$$

则增量运动学模型为

$$\begin{bmatrix}\dot{x}_t\\ \dot{y}_t\\ \dot{\theta}_t\end{bmatrix}=\begin{bmatrix}\cos\theta_t & -\sin\theta_t & 0\\ \sin\theta_t & \cos\theta_t & 0\\ 0 & 0 & 1\end{bmatrix}\begin{bmatrix}(r\omega_{\mathrm{l}}+r\omega_{\mathrm{r}})/2\\ 0\\ (r\omega_{\mathrm{l}}-r\omega_{\mathrm{r}})/l\end{bmatrix} \tag{3.4}$$

设 Δt 为采样时间，式(3.4)积分得世界坐标系下机器人姿态坐标为

$$\begin{aligned}\begin{bmatrix}x_t\\ y_t\\ \theta_t\end{bmatrix}&=\begin{bmatrix}\cos\theta & -\sin\theta & 0\\ \sin\theta & \cos\theta & 0\\ 0 & 0 & 1\end{bmatrix}\begin{bmatrix}(r\omega_1+r\omega_2)\Delta t/2\\ 0\\ (r\omega_1-r\omega_2)\Delta t/l\end{bmatrix}+\begin{bmatrix}x_{t-1}\\ y_{t-1}\\ \theta_{t-1}\end{bmatrix}\\ &=\begin{bmatrix}\cos\theta(r\omega_1+r\omega_2)\Delta t/2\\ \sin\theta(r\omega_1+r\omega_2)\Delta t/2\\ (r\omega_1-r\omega_2)\Delta t/l\end{bmatrix}+\begin{bmatrix}x_{t-1}\\ y_{t-1}\\ \theta_{t-1}\end{bmatrix}\end{aligned} \tag{3.5}$$

上述模型是在理想条件下计算的，没有考虑机器人驱动控制器的速度控制误差。在实际应用中，由于电机驱动器本身的控制具有速度的控制误差(假定控制器速度控制精度为 5%)和速度调整误差，使上述模型采用积分求解里程计模型则会产生新附加误差。图 3.9 所示为运动学模型误差分布。图 3.9(a)考虑了 $\dot{x}_t$、$\dot{y}_t$ 和 $\dot{\theta}_t$ 误差情况下，机器人里程计的位置误差分布；图 3.9(b)考虑了 $\dot{\theta}_t$ 误差，而造成位置误差过大；图 3.9(c)考虑了 $\dot{x}_t$、$\dot{y}_t$ 误差，而造成转角误差过大。

3.3.2　微弧里程计模型

基于编码器的差动底盘里程计一般有两种：一种是直线模型，即在单位周期内，临近两个机器人状态移动认为是微直线过程；另一种是微弧模型，即在单位

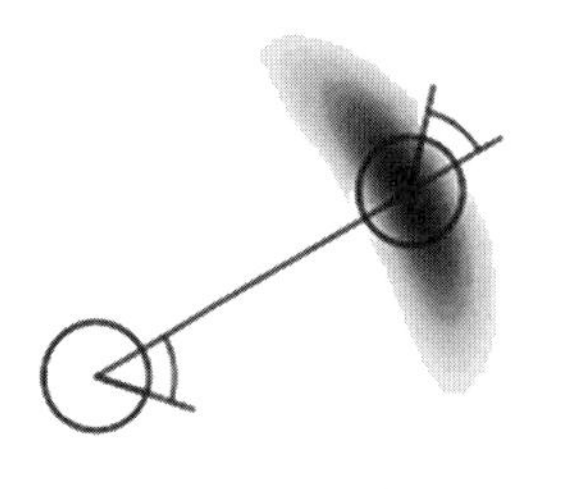

(a) 考虑$\hat{x}_t$、$\hat{y}_t$、$\hat{\theta}_t$误差里程计误差分布

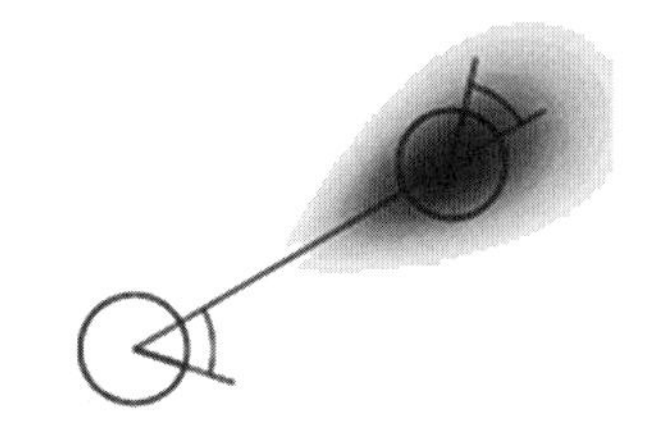

(b) 考虑$\hat{\theta}_t$误差里程计误差分布

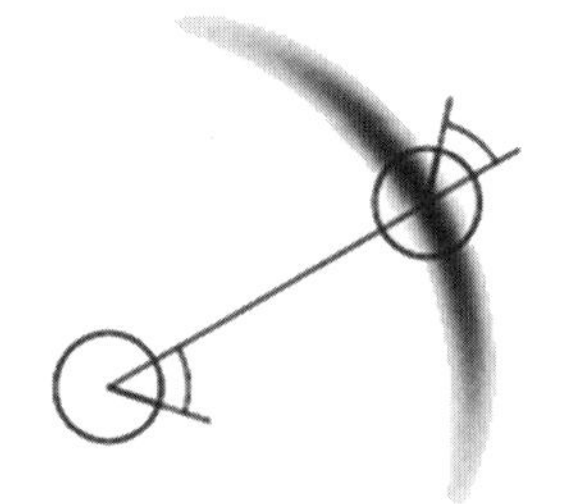

(c) 考虑$\hat{x}_t$、$\hat{y}_t$误差里程计误差分布

图 3.9　运动学模型误差分布

周期内，临近两个机器人状态移动认为是微弧。由于微弧里程计相对简单，所以本章以微弧里程计进行说明。

为了减小控制噪声带给里程计的不确定性误差，讨论理想条件下基于编码器的近似弧增量模型，机器人在单位周期内的运动姿态变化如图 3.10 所示。

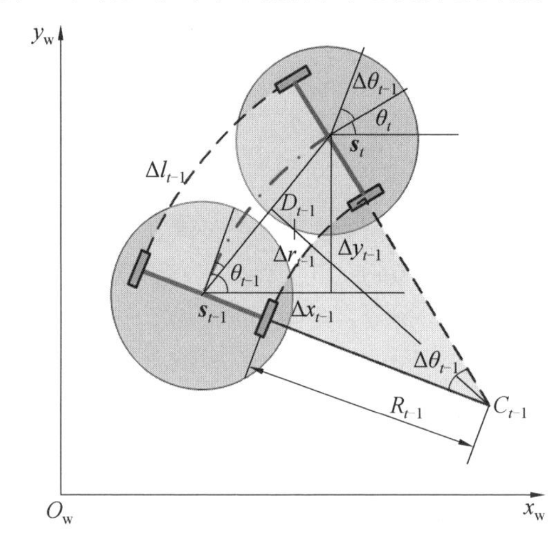

图 3.10　机器人在单位周期内的运动姿态变化

机器人在世界坐标系下由状态 $\boldsymbol{s}_{t-1}$ 运动到 $\boldsymbol{s}_t$，其中机器人状态 $\boldsymbol{s}_t=[x_t\ \ y_t\ \ \theta_t]^{\mathrm{T}}$，$C_{t-1}$ 为机器人移动的瞬时中心，Δl_{t-1}、Δr_{t-1} 分别为机器人左轮和右轮走过的弧长，D_{t-1} 为弧长对应的弦长，Δx_{t-1}、Δy_{t-1} 分别为位置间的 x_w 与 y_w 方向的增量，l 为轮间距。

机器人在运行中须考虑以下两种情况。

(1)当差动左右轮编码器增量不等时，即 $\Delta l_{t-1}\neq\Delta r_{t-1}$，机器人在采样时间 Δt 内的相对位置运动为瞬时弧过程。

$$\begin{cases}\Delta l_{t-1}=(l+R_{t-1})\Delta\theta_{t-1}\\ \Delta r_{t-1}=R_{t-1}\Delta\theta_{t-1}\end{cases}\tag{3.6}$$

所以

$$\begin{cases} \Delta\theta_{t-1}=\dfrac{(\Delta l_{t-1}-\Delta r_{t-1})}{l} \\ R_{t-1}=\dfrac{l\Delta r_{t-1}}{(\Delta l_{t-1}-\Delta r_{t-1})} \end{cases} \tag{3.7}$$

由相似三角形有

$$\frac{R_{t-1}}{\dfrac{l}{2}+R_{t-1}}=\frac{R_{t-1}\sin\dfrac{\Delta\theta}{2}}{\dfrac{D_{t-1}}{2}} \tag{3.8}$$

得出 $D_{t-1}=\dfrac{\Delta l_{t-1}+\Delta r_{t-1}l}{\Delta l_{t-1}-\Delta r_{t-1}}\sin\dfrac{\Delta\theta}{2}$，则机器人新位置 $\boldsymbol{s}_t$ 的增量为

$$\begin{cases} \Delta x_t=D_{t-1}\cos\vartheta_{t-1} \\ \Delta y_t=D_{t-1}\sin\vartheta_{t-1} \\ \theta_t=\theta_{t-1}-\Delta\theta_{t-1} \end{cases} \tag{3.9}$$

$\vartheta_{t-1}=\dfrac{\theta_{t-1}-\Delta\theta_{t-1}}{2}$，里程计模型为

$$\begin{cases} x_t=x_t+\Delta x_t \\ y_t=y_t+\Delta y_t \\ \theta_t=\theta_{t-1}-\Delta\theta_t \end{cases} \tag{3.10}$$

(2)当左右轮编码器增量相等时，即 $\Delta l_{t-1}=\Delta r_{t-1}$，机器人采样时间内为运动直线，则

$$\begin{cases} x_t=x_{t-1}+\Delta l_{t-1}\cos\theta_{t-1} \\ y_t=y_{t-1}+\Delta l_{t-1}\sin\theta_{t-1} \\ \theta_t=\theta_{t-1} \end{cases} \tag{3.11}$$

在理想条件下，一旦建立了误差模型，需要估计误差量化值，可一定程度补偿确定性误差，然而实际情况下，非确定误差在里程计模型中的累积误差占主要成分，只能通过统计测量进行估计量化。文献提出了一种基于编码器的 AKF (Augmented Kalman Filter)并综合外部输入的 EKF 跟踪里程计估计方法。本节采用运动学模型和里程计模型结合实验仿真验证了直线运动条件下不确定误差的增长情况，如图 3.11 所示。机器人运动速度 $v=30$ cm/s，$\omega_l=\omega_r=0$，采用粒子滤波器跟踪机器人位置的方法，粒子数为 500，环绕机器人位置的椭圆代表不确定性误差的方向(3σ)的不确定性，机器人直线运动过程中，y 方向的较远运动距离(≥1.8 m)不确定性误差增长比 x 方向更快，而机器人运动初期(1.8 m)x 方向误差增长快于 y 方向，观察椭圆的长径变化过程，发现不确定性误差在直线位置上具有累加效果。由于直线运动，方位角 θ 信息表现不明显。

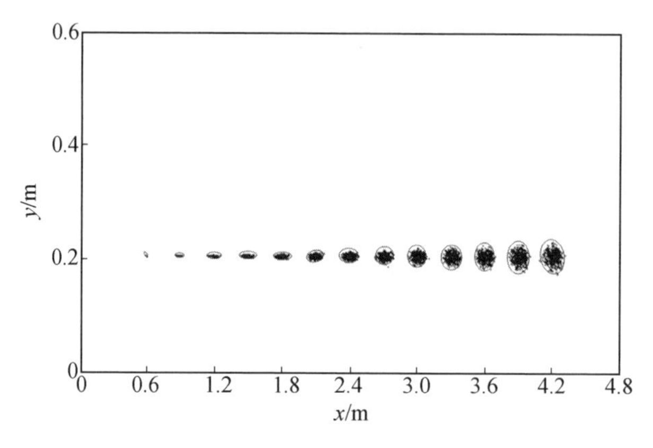

图 3.11　直线里程计累积误差分布

里程计圆弧运动累积误差如图 3.12 所示，$v_t=30$ cm/s，$\omega_t=3.6(°)/\mathrm{s}$，采用粒子滤波器进行跟踪实验，粒子数为 100，再次证明了运动初期机器人的运动方向的误差增长快于垂直方向，而较远距离的情况是垂直于运动的不确定性误差增长快于运动方向，注意这里椭圆主轴方向不与运动方向垂直，在角度变化上也具有一定的累积效果。

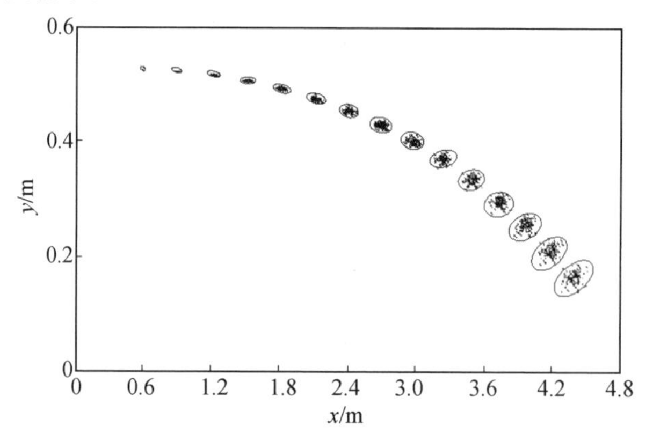

图 3.12　里程计圆弧运动累积误差

3.4　Mecanum 轮式机器人底盘

全向机器人由于不需要底盘旋转即可实现机器人全向运动，对于狭窄环境如物流库房、档案馆等具有高效运动优势，典型的如 Mecanum 底盘已经在航天、军工等领域的物流中成功应用，“航天海鹰”的 Mecanum 机器人工作现场如图 3.13所示。

图 3.13　“航天海鹰”的 Mecanum 机器人工作现场

Mecanum 轮由均分 45°的多个辊子与轮架组成，多个辊子包络成圆形，轮系由 2 对呈 45°镜像安装的 4 个轮子构成，通过不同脉轮运动形式驱动车体多项运动，全向模型运动方式如图 3.14 所示。

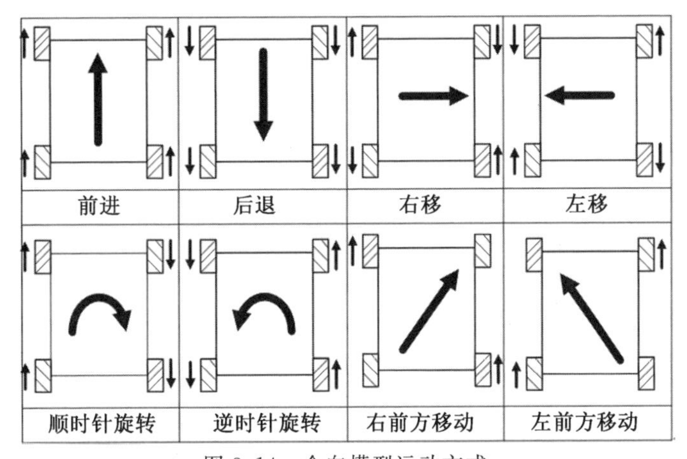

图 3.14　全向模型运动方式

3.4.1　Mecanum 轮式机器人平台

哈尔滨工业大学机器人研究所移动机器人课题组首先设计了一款 Mecanum 轮移动平台，包括车身总成、车架、独立悬架模块和轮系模块，其中两个前轮系模块直接固定到车架上，两个后轮系模块通过独立悬架模块固定到车架上，车身总成固连到车架上。全向机器人本体系统结构如图 3.15 所示。

机器人悬架设计采取前独立悬架和后非独立悬架组合形式，一方面可以解决路面不平导致的车轮悬空问题，避免车轮的磨损不均匀现象；另一方面，保证机器人的轮距和轴距定位参数不发生变化，保证其控制精度，避免出现跑偏现象。另外，悬架结构可以实现高度调节功能，保障机器人平台的垂直定位精度，以能够满足不同负载使用需求。

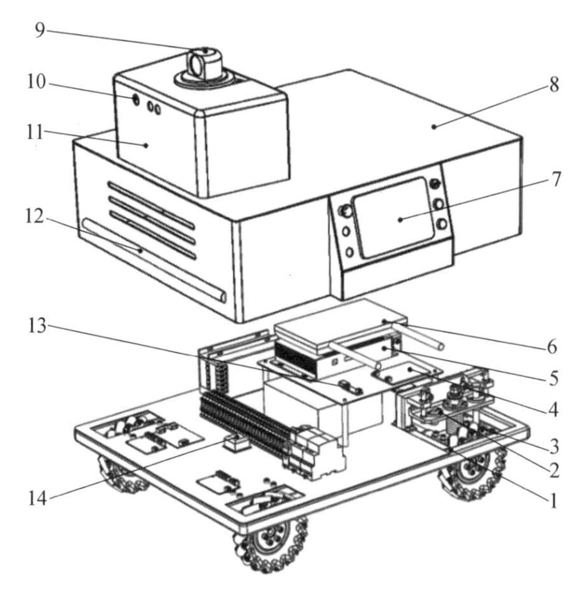

图 3.15　全向机器人本体系统结构

1—车架；2—独立悬架总成；3—轮系模块；4—电源管理模块；5—控制器；6—无线路由器；7—控制面板；8—外壳；9—激光传感器；10—视觉传感器；11—传感器支架；12—防撞条；13—USB－CAN 模块；14—IMU 惯性测量单元

独立悬架结构示意图如图 3.16 所示，包含连接支架、角板、升降螺板、升降调节杆、导向杆、自润滑轴承、弹簧轴、减震弹簧、导向套筒和限位组件，其中连接支架用于连接车架和悬架模块，固定升降螺板，通过 U 形槽连接角板，升降调节杆连接升降螺板和角板，用来调节角板的位置高度，进而调整悬架高度；弹簧轴上部连接限位组件和锁紧螺母，用于悬架运动的上限位，导向套筒固定在角板上，弹簧轴和导向套筒保持滑动摩擦关系，可以实现相对轴向运动，弹簧轴底部平面用于连接悬架模块和轮系模块；减震弹簧放置在角板和弹簧轴之间，是受压型弹簧，用于自适应地面调节轮系模块高度，而且起到缓冲减压的功能；导向杆固连到弹簧轴底部的平面上，与固连到角板上的自润滑轴承之间保持滑动摩擦关系，用于防止弹簧轴圆周方向转动和提高悬架总体刚度。

上述设计采用 Mecanum 轮组合运动形式，因此 4 个车轮独立驱动，可以实现机器人全方位移动，并且能够实时反馈机器人位姿信息。在模块通信上为保证各个电机模块独立工作，无耦合关系，并且尽量减少线束布置，通信协议采用 CAN 总线结构，4 个伺服驱动子模块独立挂载到 CAN 总线网络，同工控机之间通过 USB－CAN 子模块来完成通信。电机与减速器选择方案不再说明，机器人底盘电机采用直流伺服电机 70 W，额定转速 7 000 r，减速器采用抗震较好的行星轮减速器，减速比为 40∶1，使 4 个电机协同驱动 4 个麦克纳姆轮，推动机器人运转。

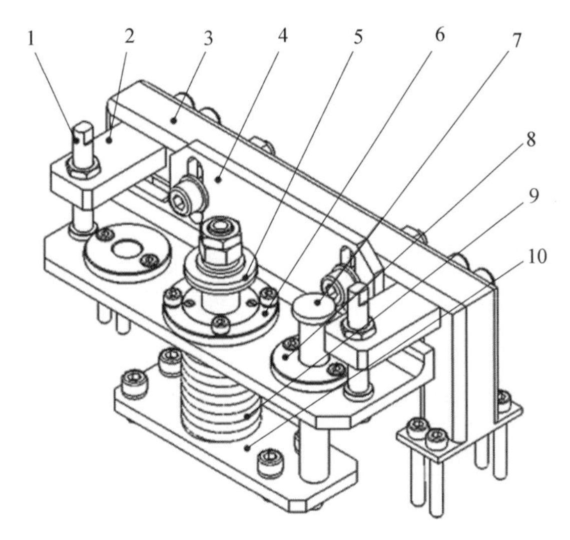

图 3.16 独立悬架结构示意图

1—升降调节杆;2—升降螺板;3—连接支架;4—角板;5—限位组件;

6—导向套筒;7—导向杆;8—自润滑轴承;9—减震弹簧;10—弹簧轴

基于 ARM 嵌入式芯片 STM32F103C8T6 设计直流有刷电机伺服驱动器,由伺服驱动器、编码器和电机组成闭环控制系统。采用 PI 电流环力矩控制、PD 速度控制和 PID 梯形位置控制策略,可以实现电机四象限运行,通信协议采用 CAN2.0B。Mecanum 轮驱动模块及系统如图 3.17 所示。

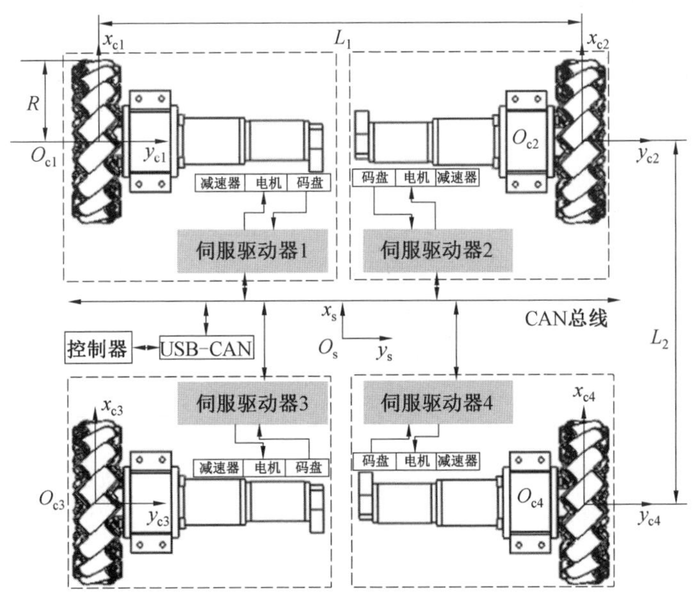

图 3.17 Mecanum 轮驱动模块及系统

3.4.2 驱动模块设计

为实现模块化和集成，根据电机参数设计驱动器模块，伺服驱动器性能参数见表 3.2。

表 3.2 伺服驱动器性能参数

参数	数值	参数	数值
供电电压	24～36 V	连续最大电流	8 A
最大硬件保护电流	12 A	保险丝电流	15 A
码盘脉冲最高频率	2 048 Hz	PWM 频率	40 kHz
通信接口	CAN，波特率 1 M，模式：CAN2.0B 扩展数据帧		

驱动器硬件电路设计以 STM32F103C8T6 嵌入式芯片作为主控芯片，硬件电路构成如图 3.18 所示。电机电流采样选用 13 位的 A/D Converter 将模拟信号转化为数字电流信号；码盘数据读取采用 TIM4 端口的 Encoder 模式进行速度和位置估算；芯片内部集成 CAN 控制器，选用 SN65HVD232D 作为外围 CAN 收发器，组成 CAN 通信硬件电路；电机控制 PWM 信号输出使用 TIM1 端口的 PWM 输出模式；输出信号经 IRS21867S 光耦放大对 H 桥电路进行控制；H 桥电路采用 4 个 IRFR1010Z 功放管组成。

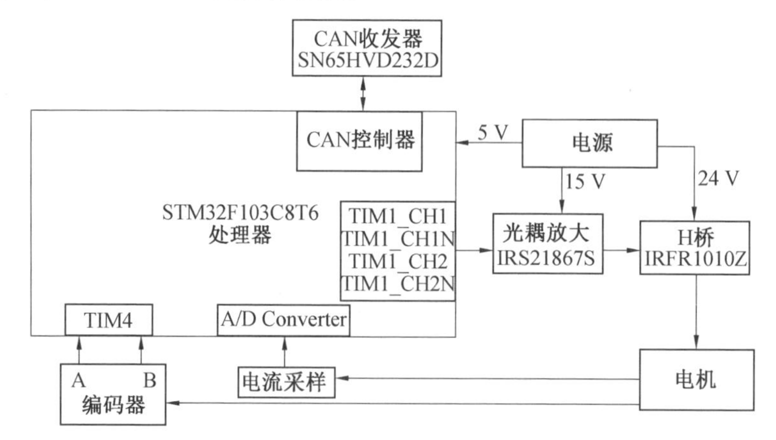

图 3.18 硬件电路构成

软件设计基于 Keil 开发环境，主要思想是采用定时器中断服务来完成电流、速度和位置闭环控制，各闭环控制的执行频率分别为 500 Hz、1 kHz 和20 kHz。软件流程图如图 3.19 所示，主要分为数据收发处理流程和电机伺服控制流程，数据收发处理主要是进行 CAN 总线数据接收和发送，以及对数据进行处理；伺

服控制流程主要是实现电机的三环伺服控制函数及电机状态(电流、速度、位置)信息采集读取。伺服驱动硬件如图3.20所示。

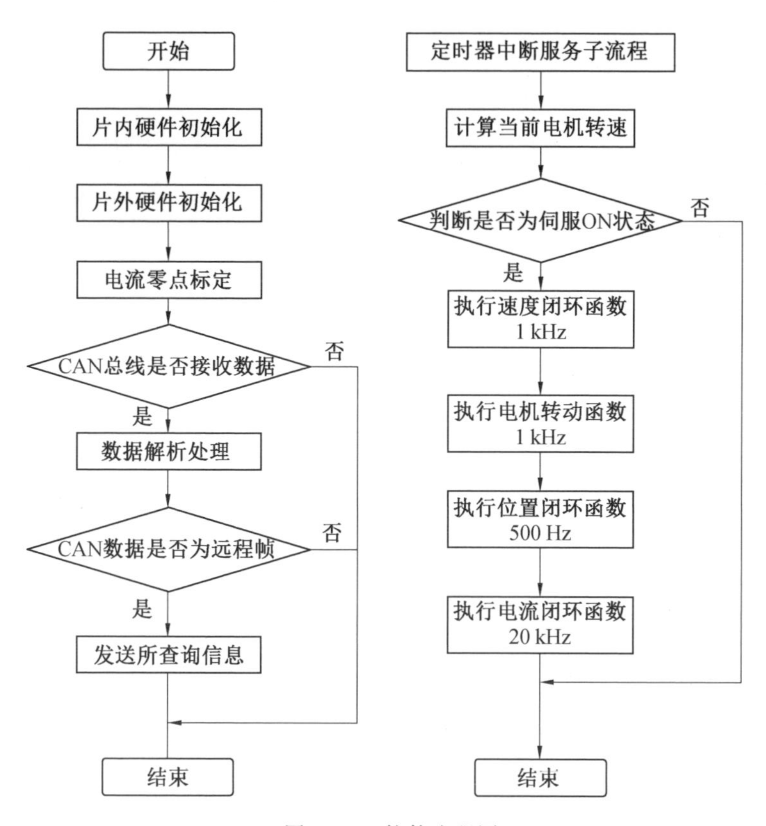

图3.19　软件流程图

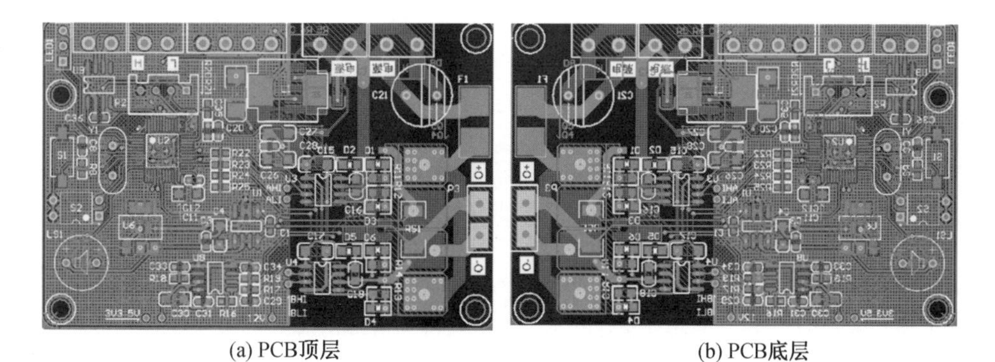

图3.20　伺服驱动硬件

(c) 硬件顶层

(d) 硬件底层

续图 3.20

经过对 PID 参数整定，调试以后速度闭环响应迅速，位置闭环有较高的位置控制精度，并且无超调量，加减速运行平稳。电流闭环由于采样电流不稳定，因此执行力矩控制输出不够稳定。

3.4.3 软件系统

软件系统设计基于 ROS 操作系统，ROS 操作系统是一个用于编程机器人软件的高度灵活的软件架构，该系统提供丰富的开源软件程序资源，可以供机器人系统开发者使用，而且创建程序间消息传递、程序包管理等机制，减轻开发者负担。该系统具备程序之间的弱耦合关系，建立发布和订阅等机制使程序完全相互独立，解除耦合，并且为多机协同提供方便的操作方法。

软件系统主要包括机器人运动控制、传感器数据获取以及处理、环境地图构建和导航，图 3.21 为机器人软件系统构成。设计采用独立节点设计思路，各个节点(node)仅负责对外发布话题(topic)或者订阅其他节点所发布的话题，相互之间无耦合关系。其中，方形框图表示节点，椭圆形框图表示对外发布的话题，虚线框表示功能模块。

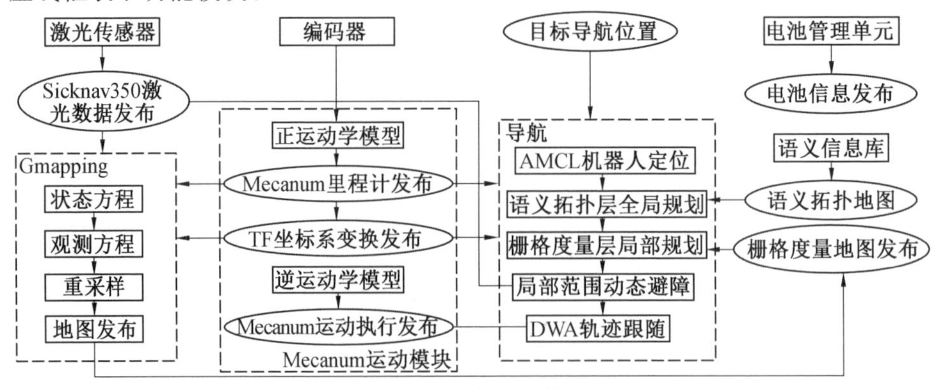

图 3.21 软件系统构成

Mecanum 运动模块包括 Mecanum 里程计节点(Mecanum_odometry)和运动控制节点(Mecanum_motor_control)。Mecanum 里程计节点是正运动学模型的程序实现,用于将编码器信号转化得到机器人的当前位姿信息,每隔 20 ms 对外发布机器人当前绝对位置信息,对外发布话题名为/odom,供其他节点订阅;运动控制节点从功能上讲实现订阅外部速度指令,将整车的速度信号转化为电机转速信号,采用自由状态机的发送机制通过串口发送到各个驱动器进行运动控制。Mecanum 运动模块流程图如图 3.22 所示。

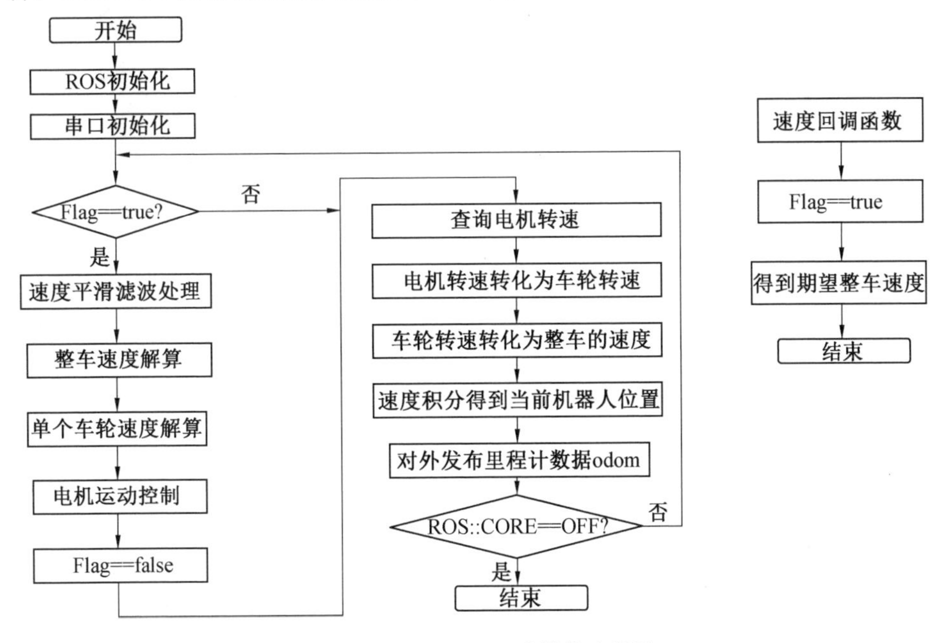

图 3.22 Mecanum 运动模块流程图

传感器数据包括激光传感器、视觉传感器和电池管理单元,包括 Sicknav350 激光节点、kinect 节点和电池管理节点。电池管理节点用于实现电池管理单元的电池信息采集发布,通过 RS485 总线以频率为 1 帧/min 将电池状态信息对外发布,发布的内容为电池的剩余电量百分比、单节电池电压和当前放电电流,具体的实现流程如图 3.23(a)所示;Sicknav350 激光节点配置激光传感器驱动,并且以 8 Hz 频率对外发布/scan 数据,具体的实现流程如图 3.23(b)所示;kinect 节点主要配置驱动以及对外发布单目图像信息和深度数据。

移动机器人软件框架基于 ROS 机器人操作系统构建,主要包括底层运动控制模块(motor_control)、传感信号采集模块(sensor)、环境地图构建模块(mapping)和导航模块(navigation),可以实现移动机器人在已知环境中完成机器人定位、指定目标位置路径规划及自主运动避障功能。本节实验中采用的全向机器人系统侧视图与俯视图如图 3.24 所示。基于 Rviz 软件建立可视化操作界面，其中包括显示机器人及环境实际状态的可视化窗口、运行节点详细信息、机器人位姿信息、运行时间信息，以及给定输入指令的操作窗口，如图 3.25 所示。

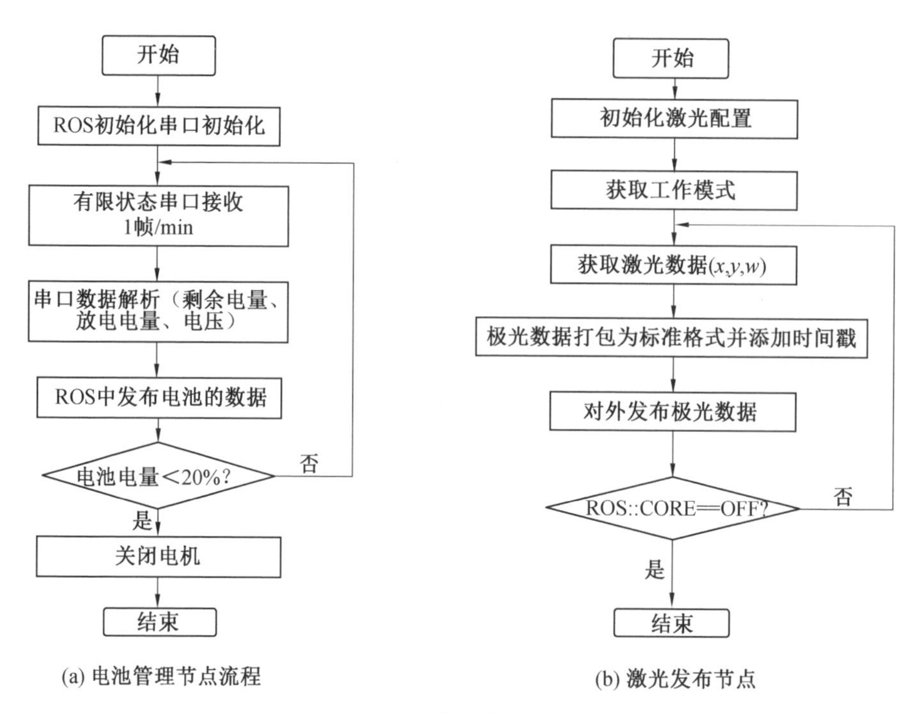

(a) 电池管理节点流程　　(b) 激光发布节点

图 3.23　传感模块节点

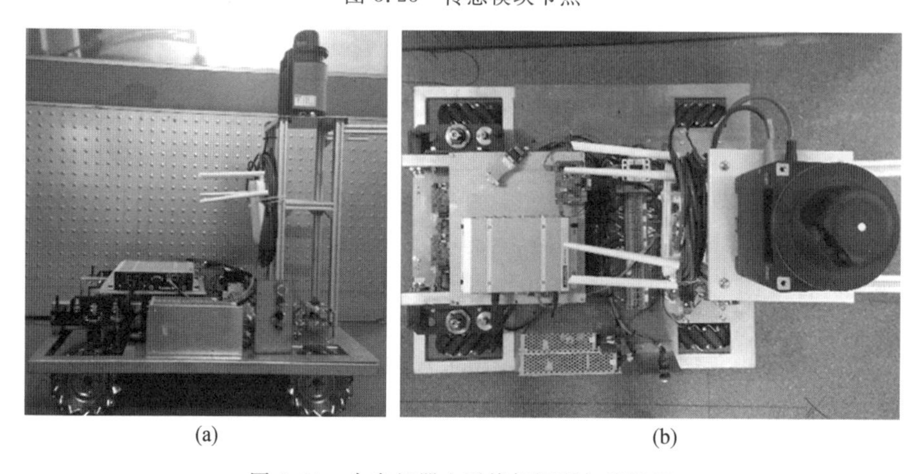

(a)　　(b)

图 3.24　全向机器人系统侧视图与俯视图

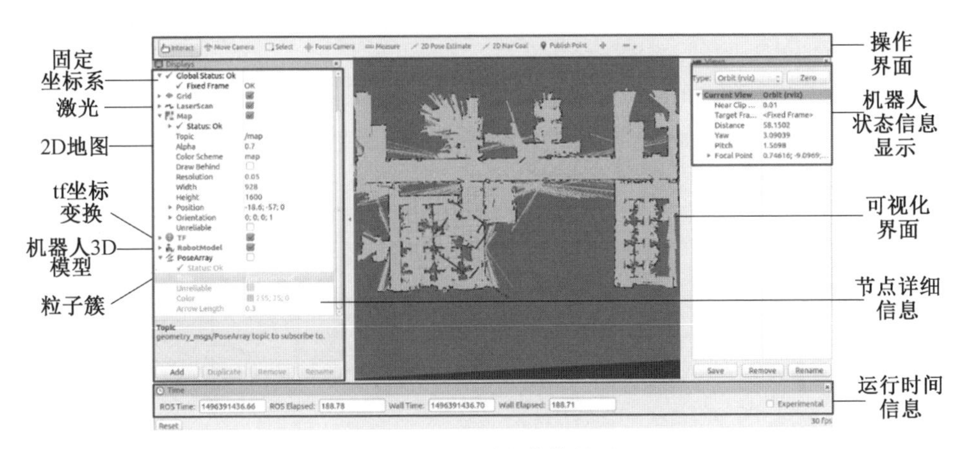

图 3.25　机器人软件界面

3.4.4　Mecanum 轮式机器人运动学模型

本节针对全方位移动机器人进行逆、正运动学建模，分别用于实现机器人的运动控制和世界坐标系下的位姿估计。

如图 3.26 所示，将机器人进行运动学模型简化得到整机的运动学模型和单车轮的运动学模型。$x_sO_sy_s$ 为机器人中心坐标系；$\boldsymbol{V}=[v_x\ \ v_y\ \ \omega_0]^{\mathrm{T}}$ 为机器人总体速度；$\boldsymbol{W}=[\omega_1\ \ \omega_2\ \ \omega_3\ \ \omega_4]^{\mathrm{T}}$ 为各车轮转动角速度；$x_cO_cy_c$ 为单车轮坐标系，O_c 为车轮中心位置，y_c 为车轮旋转轴，x_c 与 y_c 保持水平垂直关系；ω 为车轮旋转角速度；v_{roll} 为转速；α 为辊子轴线和 y_c 之间的夹角。

车轮移动速度可以由转动角速度和辊子的速度合成得到，选取车轮 2，如公式(3.12)所示。

$$\begin{bmatrix} v_{cx2} \\ v_{cy2} \end{bmatrix} = \begin{bmatrix} R & \cos\alpha \\ 0 & \sin\alpha \end{bmatrix} \begin{bmatrix} \omega_2 \\ v_{\mathrm{roll2}} \end{bmatrix} \tag{3.12}$$

由机器人整体移动速度可以得到单个车轮的移动速度，由 v 可解算得到单个车轮运动速度 ω，即

$$\begin{bmatrix} v_{cx2} \\ v_{cy2} \end{bmatrix} = \begin{bmatrix} 1 & 0 & l_1 \\ 0 & 1 & -l_2 \end{bmatrix} \begin{bmatrix} v_x \\ v_y \\ \omega_0 \end{bmatrix} \tag{3.13}$$

合并化解，可得到逆运动学方程并求得 ω_2，如式(3.14)所示。

$$\begin{bmatrix} R & \cos\alpha \\ 0 & \sin\alpha \end{bmatrix} \begin{bmatrix} \omega_2 \\ v_{\mathrm{roll2}} \end{bmatrix} = \begin{bmatrix} 1 & 0 & l_1 \\ 0 & 1 & -l_2 \end{bmatrix} \begin{bmatrix} v_x \\ v_y \\ \omega_0 \end{bmatrix} \tag{3.14}$$

同理可分析得到其他车轮的逆运动学方程，整理以后可以得到整车的逆运

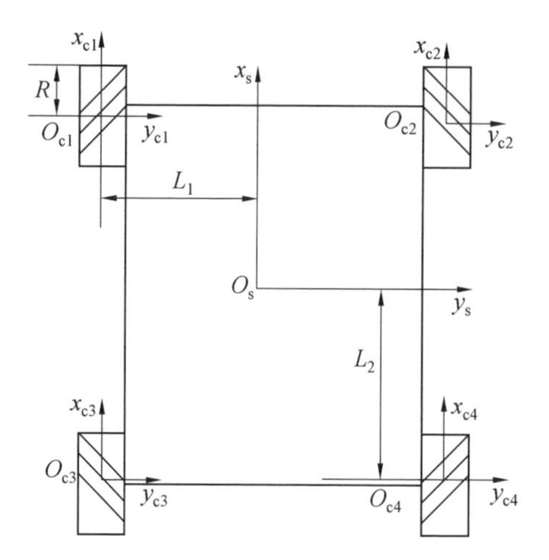

(a) 运动学简化模型

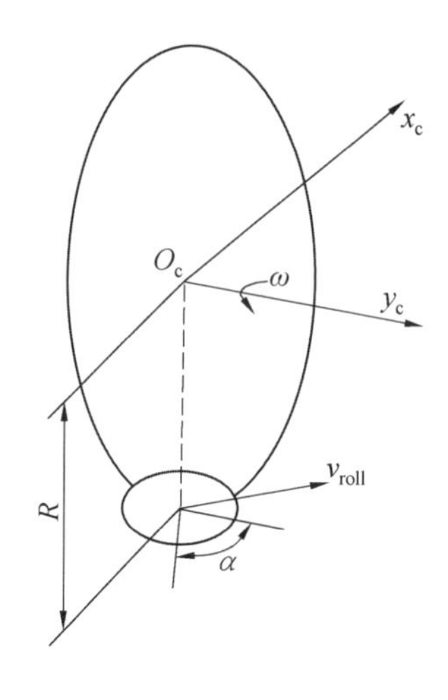

(b) 单轮简化模型

图 3.26　运动学模型

动学方程，即

$$\begin{bmatrix}\omega_1\\\omega_2\\\omega_3\\\omega_4\end{bmatrix}=\boldsymbol{K}\begin{bmatrix}v_x\\v_y\\\omega_0\end{bmatrix}=\begin{bmatrix}\frac{1}{R} & \frac{1}{R\tan\alpha} & \frac{-(l_1\tan\alpha+l_2)}{R\tan\alpha}\\\frac{1}{R} & \frac{-1}{R\tan\alpha} & \frac{l_1\tan\alpha+l_2}{R\tan\alpha}\\\frac{1}{R} & \frac{-1}{R\tan\alpha} & \frac{-(l_1\tan\alpha+l_2)}{R\tan\alpha}\\\frac{1}{R} & \frac{1}{R\tan\alpha} & \frac{l_1\tan\alpha+l_2}{R\tan\alpha}\end{bmatrix}\begin{bmatrix}v_x\\v_y\\\omega_0\end{bmatrix}$$

$$=\frac{1}{R}\begin{bmatrix}1 & 1 & -(l_1+l_2)\\1 & -1 & l_1+l_2\\1 & -1 & -(l_1+l_2)\\1 & 1 & l_1+l_2\end{bmatrix}\begin{bmatrix}v_x\\v_y\\\omega_0\end{bmatrix} \tag{3.15}$$

式中　R——车轮滚动半径；

l_1——轮距一半；

l_2——轴距一半。

由此，逆运动学模型可以由整车速度解算得到每个电机转速，进而实现运动控制，通过不同电机速度组合可以得到如图 3.14 所示典型运动方式，实现了 Mecanum 全方位移动特性。

3.4.5　Mecanum 底盘的里程计模型

机器人的位姿信息对于移动机器人定位、建图及导航至关重要，里程计模型

是用于位姿估算的有效工具之一，设计机器人的位姿信息主要通过编码器数据解算得到。由正运动学变换矩阵将从编码器得到的车轮位移转化为整车位移。

编码器通用的测速方法有 M 法、T 法、M/T 法和 F/V 法。其中，M 法是一种求编码器脉冲数与时间比值的方法，是一种平均值法，适用于高速旋转场合，位置分辨率越高，速度分辨率越高，M 法分辨率与速度无关。T 法是用两个脉冲所用时间来计算得到速度，也称周期法，在低速时，编码器两个脉冲时间间隔变长，误差较小，因此该方法适用于低速场合；M/T 法是结合 M 法和 T 法优势的测速方法，根据高速和低速不同场合切换测速方法；F/V 法是将数字信号转化成模拟电压信号进行速度计算的方法。机器人所选用电机额定转速为 7 000 r/min，因此属于高速场合，选用 M 法计算电机输出旋转速度。系统编码器采用旋转光电编码器，具体参数见表 3.3。

表 3.3　电机编码器参数

输出相	ABZ	输入波形	方波
脉冲数	512	相位差	90°±45°
倍频	4	电源电压	DC −(5～7) V±5%

根据 M 法可求得电机转速，即

$$n_i=(P_k-P_{k-1})/T \tag{3.16}$$

式中　T——采样周期；

n_i——电机 i 的转速(脉冲/秒)；

P_{k-1}、P_k——$k-1$、k 时刻码盘脉冲数。

由于输出到车轮速度需经过减速器减速，并且需要经过单位变换，可得最终车轮速度，如式(3.17)所示。

$$\omega_i=2\pi n_i/(NI)=2\pi(P_k-P_{k-1})/(NIT) \tag{3.17}$$

式中　N——编码器一圈脉冲数；

I——减速器减速比。

根据编码器模型可以得到各个车轮的转动速度，经由正运动学变换可以由 4 个车轮计算得到整车的当前速度。

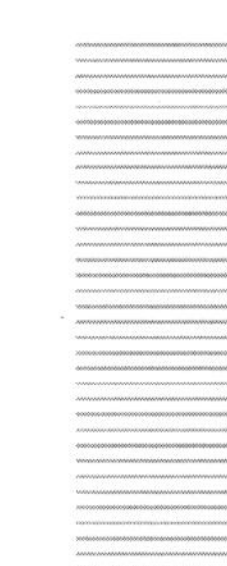

$$\begin{bmatrix} v_x \\ v_y \\ \omega_0 \end{bmatrix}=\frac{(\boldsymbol{K}^{\mathrm{T}}\cdot\boldsymbol{K})^{-1}\cdot\boldsymbol{K}'}{R}\begin{bmatrix} \omega_1 \\ \omega_2 \\ \omega_3 \\ \omega_4 \end{bmatrix}=\begin{bmatrix} 0.25 & 0.25 & 0.25 & 0.25 \\ -0.25 & 0.25 & -0.25 & 0.25 \\ 0.528 & 0.528 & 0.528 & 0.528 \end{bmatrix}\begin{bmatrix} \omega_1 \\ \omega_2 \\ \omega_3 \\ \omega_4 \end{bmatrix} \tag{3.18}$$

对速度进行积分，得到单位时间内机器人相对位姿变换为式

$$\begin{bmatrix} dx \\ dy \\ d\theta \end{bmatrix} = \begin{bmatrix} v_x \\ v_y \\ \omega_0 \end{bmatrix} T \tag{3.19}$$

式中　dx、dy、$d\theta$——机器人相对位姿变换。

将机器人模型简化为一质点，拥有 3 自由度位姿信息(x, y, θ)，建立机器人的绝对位姿变换模型，如图 3.27 所示，$x_w O_w y_w$ 为世界坐标系，$\boldsymbol{s}_t$ 为机器人在 t 时刻状态，其坐标为(x_t, y_t, θ_t)。设机器人在短暂时间内不会发生运动方向的突变，同时假设机器人运动过程中无滑动运动。利用微积分的思想，认为机器人起始位置为坐标原点，将机器人在单位时间内的相对位移叠加到机器人上一时刻位置，可以得到机器人当前的绝对位姿。

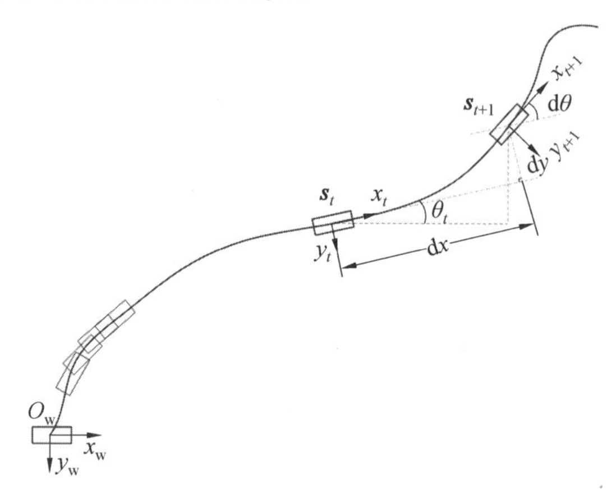

图 3.27　机器人绝对位姿变换模型

$$\begin{bmatrix} x_{t+1} \\ y_{t+1} \\ \theta_{t+1} \end{bmatrix} = \begin{bmatrix} x_t \\ y_t \\ \theta_t \end{bmatrix} + \begin{bmatrix} \cos\theta_t & -\sin\theta_t & 0 \\ \sin\theta_t & \cos\theta_t & 0 \\ 0 & 0 & 1 \end{bmatrix} \begin{bmatrix} dx \\ dy \\ d\theta \end{bmatrix} \tag{3.20}$$

式中　(x_t, y_t, θ_t)、$(x_{t+1}, y_{t+1}, \theta_{t+1})$——上一时刻、当前时刻绝对位置。

里程计获得的机器人位姿是根据机器人内部传感器测得，而机器人在运动过程中存在打滑、漂移等现象，因此里程计数据不能准确表达机器人的实际绝对位置，二者之间存在偏差。因此建立里程计概率模型，对机器人的实际位置进行概率估计，得到机器人位姿的概率分布 $p(\boldsymbol{s}_t|\boldsymbol{u}_t, \boldsymbol{s}_{t-1})$，其中 $\boldsymbol{s}_{t-1}$ 和 $\boldsymbol{s}_t$ 分别为机器人 $t-1$ 时刻和 t 时刻的绝对位姿，$\boldsymbol{u}_t$ 为机器人运动控制输入。

相对于一般的差速轮运动模型，由于本机器人采用全方位移动系统，平面运动完全解耦，因此对于单位时间内的运动可以简化为 x 方向移动、y 方向移动和 z 轴旋转运动。这里以 $t-1$ 时刻到 t 时刻单位时间 ΔT 内运动为例进行分析，如图 3.28 所示为机器人从 $\boldsymbol{s}_{t-1}$ 到 $\boldsymbol{s}_t$ 的运动分解。

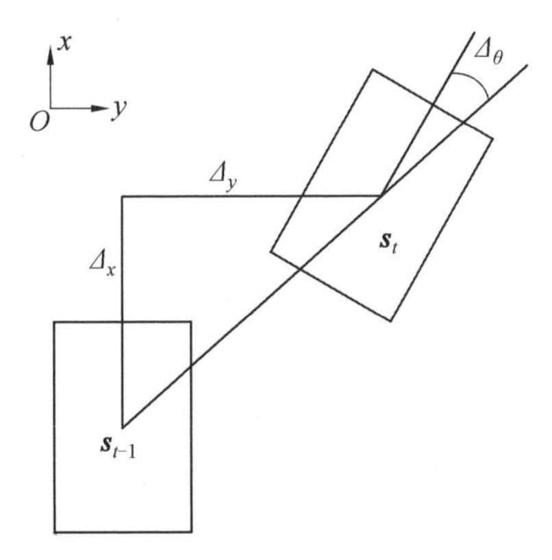

图 3.28　机器人从 $\boldsymbol{s}_{t-1}$ 到 $\boldsymbol{s}_t$ 的运动分解

里程计属于内部传感器，所测得的位姿数据可以用 $\bar{\boldsymbol{x}}_t=[\bar{x}_t\ \ \bar{y}_t\ \ \bar{z}_t]^{\mathrm{T}}$ 表达，因此可以通过公式得到 ΔT 时间相对运动$[\bar{\Delta}_x\ \ \bar{\Delta}_y\ \ \bar{\Delta}_\theta]^{\mathrm{T}}$。而实际上机器人的实际位姿和里程计测量值存在偏差，这里选取运动控制的输入作为里程计的实际位姿，用$\hat{s}_t=[x_t\ \ y_t\ \ \theta_t]^{\mathrm{T}}$ 表征机器人的实际位姿，同理可以得到实际上 ΔT 时间相对运动$[\hat{\Delta}_x\ \ \hat{\Delta}_y\ \ \hat{\Delta}_\theta]^{\mathrm{T}}$。

$$\begin{cases}\bar{\Delta}_x=\bar{x}_t-\bar{x}_{t-1}\\ \bar{\Delta}_y=\bar{y}_t-\bar{y}_{t-1}\\ \bar{\Delta}_\theta=\bar{\theta}_t-\bar{\theta}_{t-1}\end{cases}\tag{3.21}$$

$$\begin{cases}\hat{\Delta}_x=x_t-x_{t-1}\\ \hat{\Delta}_y=y_t-y_{t-1}\\ \hat{\Delta}_\theta=\theta_t-\theta_{t-1}\end{cases}\tag{3.22}$$

由于全方位移动平台运动之间无耦合关系，因此误差分布相互之间也无耦合关系，这里假设运动过程中误差分布独立，且服从正态分布，误差分布均值为 0，方差为 b^2，即 $N(0,b^2)$。里程计测量值和真值之间偏差为 ε，真值和测量值之间的关系为

$$\begin{cases}\hat{\Delta}_x=\bar{\Delta}_x+\varepsilon_{\alpha_1\Delta_x^2}\\ \hat{\Delta}_y=\bar{\Delta}_y+\varepsilon_{\alpha_1\Delta_y^2}\\ \hat{\Delta}_\theta=\bar{\Delta}_\theta+\varepsilon_{\alpha_1\Delta_\theta^2}\end{cases}\tag{3.23}$$

由于误差服从正态分布 ε，因此可以分别得到 x 方向移动、y 方向移动和 z

轴旋转的独立概率分布。由于相互独立,因此可以得到里程计联合误差概率 $p(\boldsymbol{s}_t|\boldsymbol{u}_t,\boldsymbol{s}_{t-1})$,即

$$\begin{cases} p_x = \varepsilon_{\alpha_1\Delta_x^2}(\bar{\Delta}_x - \hat{\Delta}_x) \\ p_y = \varepsilon_{\alpha_1\Delta_y^2}(\bar{\Delta}_y - \hat{\Delta}_y) \\ p_\theta = \varepsilon_{\alpha_1\Delta_\theta^2}(\bar{\Delta}_\theta - \hat{\Delta}_\theta) \end{cases} \tag{3.24}$$

$$p(\boldsymbol{s}_t|\boldsymbol{u}_t,\boldsymbol{s}_{t-1}) = p_x p_y p_\theta \tag{3.25}$$

3.4.6 全向模型运动验证

进行运动学仿真分析,将 solidworks 三维模型进行简化,简化运动不相关部件,生成悬架结构,导入到 ADAMS 软件中,根据约束关系添加运动副及约束,图 3.29 为导入到 ADAMS 中的全向移动平台简化模型。在车架和轮毂中心添加旋转运动副,小辊子轴心和轮毂中心之间添加旋转副,由于小辊子和路面之间不是连续地接触,因此小辊子与路面之间添加间断接触运动副,力的类型为接触力,小辊子和路面之间采用库仑摩擦模拟。表 3.4 所示为 ADAMS 间断接触约束参数设置。

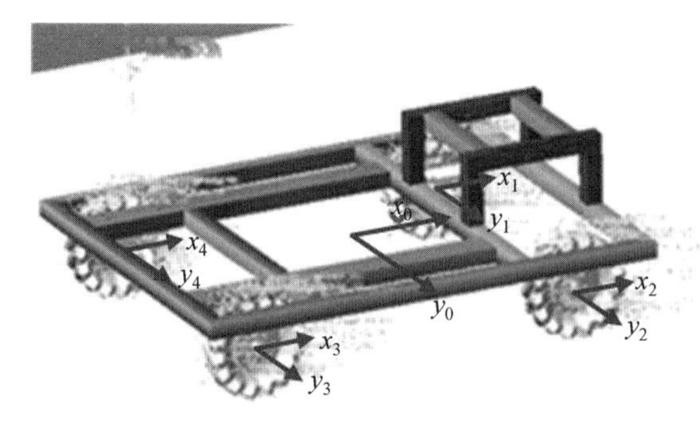

图 3.29 全向移动平台简化模型

表 3.4 ADAMS 间断接触约束参数设置

Impact 函数参数		Coulomb 函数参数	
刚度/(N·mm^{-1})	10 000	静态阻力转换速度/(mm·s^{-1})	0.1
阻尼/(Ns·mm)	50	动态阻力转换速度/(mm·s^{-1})	10.16
挤压深度/mm	0.1	静摩擦系数	0.3
力指数	1.5	动摩擦系数	0.25

对全方位移动平台沿 x 方向进行运动仿真,定义平台移动速度为 110 mm/s,无

y 方向移动及转动角速度，得到 4 个 Mecanum 轮转速，见表 3.5。x 方向运动仿真速度曲线图如图 3.30 所示。

表 3.5　x 方向移动车轮转速

整车速度	各车轮转速/((°)·s^{-1})			
$v_x=110$ mm/s	ω_1	ω_2	ω_3	ω_4
$v_y=\omega=0$	90	90	90	90

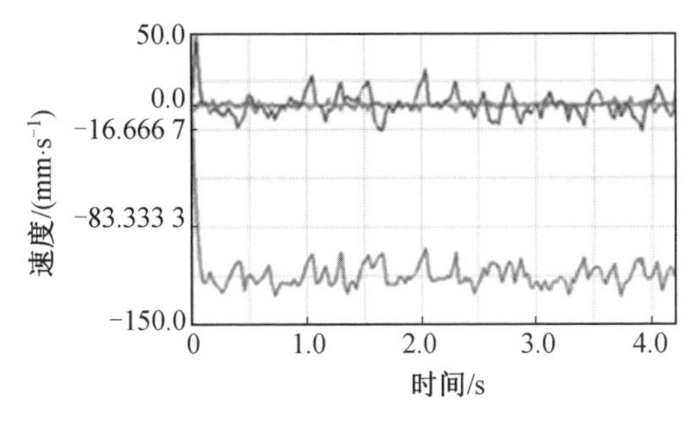

图 3.30　x 方向运动仿真速度曲线图

从图 3.30 可以看出，平台沿 x 方向速度起始阶段反向逐渐增长，最终趋于稳定，约为 110 mm/s，运动过程中速度出现波动，波动的最大幅值为 10.25 mm/s，波动的原因是由于 Mecanum 轮自身的结构特点所导致，辊子与地面交替接触使接触条件不断发生变化，其他方向速度也均在 0 附近出现波动，并且沿 x 方向位移基本上线性变化，沿 y 及 z 方向基本在 0 附近波动，满足预期要求。

3.4.7　机器人精度测试

针对机器人系统进行实验，测试系统的工作稳定性、持续工作时间和运动精度，以对机器人进行进一步调整及优化，满足后续的使用要求。

(1)耐久性测试。

耐久性测试主要是让机器人工作在极限工况下，对机器人的工作稳定性和持续工作的时间进行测试。实验环境、实验条件及测试的结果见表 3.6，从实验结果可知运行稳定且持续时间满足使用需求。

(2)运动精度测试。

运动精度测试主要是通过机器人跟随不同的路径，记录机器人实时的位置信息，然后生成实际轨迹，与预期的轨迹进行对比，测试机器人的运动精度，具体见表 3.7。

表 3.6　耐久性测试实验环境、实验条件及测试的结果

实验场所	哈尔滨工业大学机器人研究所 3 楼走廊及 305 室内	
电池状态	起始状态充满电	
负载情况	全负荷	除电机外所有负荷
运行速度	0.1～0.4 m/s	—
实验次数	5	5
跑飞次数	0	—
实验结果	运行极限时间 3 h	运行极限时间 12 h

表 3.7　运动精度测试

实验场所	哈尔滨工业大学机器人研究所 305 室		
实验路径	正方形(2.5 m×2.5 m)	直角三角形(边长 2.5 m)	8 字(边长 2.5 m)
速度	0.1～0.4 m/s	0.1～0.3 m/s	0.1 m/s
最大累积误差	8 cm	20 cm	25 cm

如图 3.31 所示,机器人跟随不同路径纵向、横向运动线性度较好,倾斜方向移动线性度较为一般。从图中可以看出,随着速度增加机器人累积误差逐渐增加,速度过大会导致机器人运行不稳定。导致以上问题出现的原因主要有以下几方面:首先,Mecanum 轮自身特性导致整车在运动过程中每个车轮不仅受纵向力,还受到侧向力影响,受力不平衡会出现滑移现象;其次,受地面不平度影响,由于悬挂设计载荷高于当前载荷,减震弹簧选择刚度太大,使得悬挂作用微弱,会出现车轮悬空现象,进而导致整车移动方向发生不可预见变化。

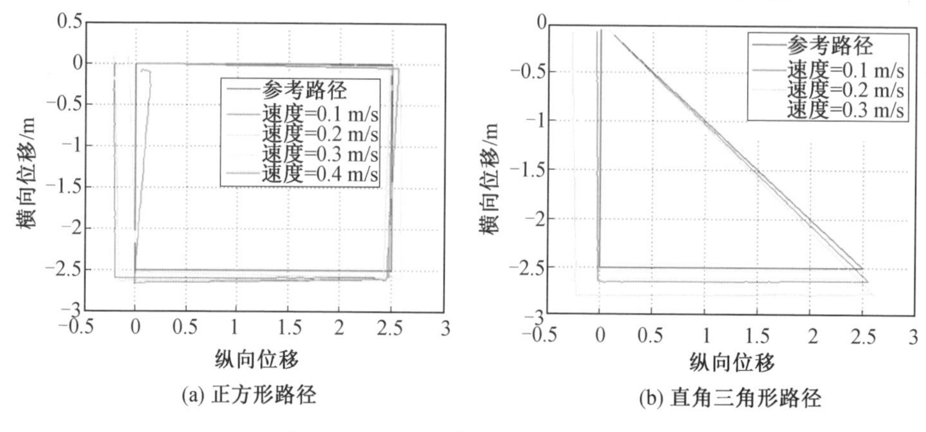

(a) 正方形路径　(b) 直角三角形路径

图 3.31　运动精度测试(彩图见附录)

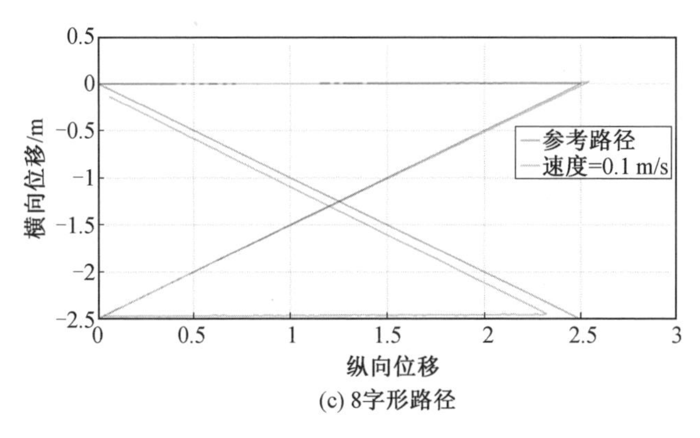

(c) 8字形路径

续图 3.31

经过上述针对机器人本体的测试实验可以表明机器人平台工作稳定，精度可以满足室内环境感知需求。

3.5　本章小结

本章结合科研项目，面向智能家居环境、狭小环境的运动约束，开展了两种室内典型移动机器人典型底盘系统研究工作，结合环境感知需求，分别讨论了差动底盘和全向底盘的机构、硬件和软件系统设计与研制。进一步建立了相应的运动学和里程计模型，并结合仿真和实验进行运动误差分析。本章所述内容分析了两类机器人针对环境的运行特点，为后续研究机器人感知提供技术支撑。

第4章

室内环境几何特征

本章探讨了机器人的2D激光建图中数据的特征检测问题，针对2D激光建图产生的扫描点冗余数据问题，研究了线段、角点和圆弧特征检测方法，采用几何特征描述环境，降低了冗余数据，有效提升了解地图描述稳定性。先后采用假设检验方法对激光数据划分，通过带权重的最小二乘法提取了线段及圆弧特征，以Mahalanobis准则与Hotelling T2实现线段及圆弧特征的检测等工作，实现多几何特征同步检测，并通过真实实验环境进行特征提取和评价，本章算法具有强稳定性特点，是机器人对环境二维数据感知的重要部分。

4.1 概 述

室内移动机器人环境感知是复杂系统，需要多种传感器实时获取周边环境信息，通过感知算法给出合理决策。室内移动机器人多用于仓储、生产、服务等场景，这些场景地面平坦，机器人可完成若干个固定位置的重复移动，所以多采用 2D 激光传感器实现机器人导航。2D 激光传感器可同时测量目标距离与方位角，虽然缺少高度信息，但成本低，算法成熟度高，较视觉传感器具有更高的实时性，在室内移动机器人，如自动导引运输车(Automated Guided Vehicle，AGV)、清扫机器人及室内巡检机器人的定位导航及环境感知领域中广泛使用。

在基于 2D 激光传感器的室内导航算法中，特征是移动机器人位姿更新与环境感知的重要因素，稳定的环境特征对于移动机器人的定位、闭环检测以及环境中实体表征等具有重要的意义。基于 2D 激光传感器的特征主要包含直线、角点和圆弧等，用于表征实际环境中的走廊踢脚线、室内角落和立柱等。2D 激光传感器的几何特征具有稳定性和不变性较好、占用存储空间小、运算速度快等优势。稳定的特征提取在室内移动机器人领域十分重要，如何在冗余的 2D 传感器数据中提取几何特征是本章讨论的重点。

4.2 2D 激光传感器特征提取方法

基于 2D 激光测距传感器的 SLAM 算法如 Cartographer 和 Gmapping 等算法，是机器人场景感知的基础，已在实际场景建图中获得较好的实时性和稳定性。随着场景规模和复杂度增大，二维地图数据存储量增大，为地图更新和匹配带来计算量问题。为此需要在二维激光点云数据提取几何特征，一方面采用几何特征描述地图，信息量大为减低，地图质量损失也不大；另一方面可作为路标提升机器人全局定位和闭环检测精度。

室内移动机器人主要使用在相对结构化环境中，即地面、墙面、障碍物表面的材料粗糙度、刚度、强度、颜色均匀统一，且结构及尺寸变化规律、稳定，环境信息固定、可知、可描述。2D激光传感器在该环境中可提取的主要特征包括角点特征、线段特征及圆弧特征。针对角点提取方法主要有多尺度角点探测器与曲率尺度空间。前者将2D激光传感器的扫描点降噪，转为图像，采用Harris小波检测提取角点，该方法提取环节复杂，会引入其他误差；后者将曲率尺度空间引入2D激光传感器扫描点中，该方法适用于笛卡儿坐标系，2D激光传感器扫描点在极坐标系下更有优势。Weber于2000年提出了锚点提取算法APR(Anchor Point Relation)，将锚点作为路标，实现机器人定位。Yan等人于2012年通过提取、匹配角点特征获取机器人定位信息，但该角点提取方法需其他特征支持。

针对线段特征提取的方法有Split－Merge算法，该算法采用递归方式，计算量与拐点数量成正比。Ransac算法的随机选点过程影响算法效率。Hough算法受2D激光扫描点噪声的影响，在Hough空间形成的曲线交点较为离散，难以区分接近的线段。Noyer等人于2010年利用2D激光传感器扫描点在极坐标系下的几何不变性提取线段特征。Borges等人于2004年在Split－Merge的基础上提出SMF(Split－Merge Furry)方法提取线段特征，不用拐点的聚类信息实现线段部分的提取。Su Yong等人于2010年将线段作为路标，通过Rao－Blackwellized粒子滤波器实现移动机器人的室内SLAM。Pfister等人于2003年采用基于权值的线段拟合提取线段特征，通过假设检验实现线段特征融合。Syed Riaz等人于2012年通过提取角点特征与线段特征构建特征地图，与地图上的特征匹配实现移动机器人定位导航。上述2D激光传感器特征提取方法应用于点、线场景，不适合带有曲线的环境。

目前，越来越多的室内环境不再是单一的点、线环境，曲线设计也逐步出现在建筑设计中。针对曲线环境，Feng等人于2009年使用无迹卡尔曼滤波器估计室内环境中的曲线特征，该方法在混合复杂的室内环境中运算量较大。Pedro等人于2006年采用曲率估计方法提取角点、线段及圆弧特征，适用于笛卡儿坐标系。Liu等人与Pedro等人类似，采用局部曲率尺度方法提取角点、线段及圆弧特征。

上述每种算法都有其使用场景及各自特点，表4.1给出了2D激光传感器扫描点特征提取算法的综合比较。

表4.1　2D激光传感器扫描点特征提取算法的综合比较

算法	角点	线段	圆弧
Weber(2000年)	√		
Yan(2012年)	√	√	
Noyer(2010年)		√	

续表4.1

算法	角点	线段	圆弧
Borges(2004 年)		√	
Su Yong(2010 年)		√	
Pfister(2003 年)		√	
Syed Riaz(2012 年)	√	√	
Feng(2009 年)			√
Pedro(2006 年)	√	√	√
Liu(2010 年)	√	√	√

现阶段的 2D 激光传感器特征提取方法大多将特征作为路标,应用到室内移动机器人定位及闭环检测等算法中。实际上 2D 激光传感器扫描点特征提取可以应用于室内语义的快速理解,指导室内移动机器人执行更为复杂的语义任务。

4.3 特征识别

室内物体可通过角点、线段、曲线或多边形描述。2D 激光传感器数据包含若干个扫描点,每个扫描点表征的环境由该点及其左右邻域共同组成。将这些描述环境的扫描点通过特征提取,转化为室内的角点特征、线段特征及圆弧特征。特征识别过程如图 4.1 所示。

基于 2D 激光传感器扫描点的特征提取首先完成扫描点聚类,同时通过降采样构建 2D 多维数据空间;然后,在 2D 多维数据空间中采用统计学方法搜索当前扫描点的左右邻域(边界扫描点仅搜索单边邻域)判断当前扫描点所在的特征,同时构建当前扫描点左右邻域的概率空间;其次,比较当前扫描点左右邻域的概率空间,确定当前扫描点特征概率;最终,通过概率比较,得到当前扫描点的特征。

2D 激光传感器扫描点在其扫描平面上按角度分辨率进行排列,扫描点的极坐标可表示为

$$s_k=(\rho_k,\varphi_k),\ k=1,2,3,\cdots,N$$

式中 N——扫描点数量。

假设(ρ_k,φ_k)服从高斯分布,且相互独立,则

$$\rho_k\sim N(\mu_{\rho k},\sigma_\rho^2),\quad \varphi_k\sim N(\mu_{\varphi k},\sigma_\varphi^2)$$

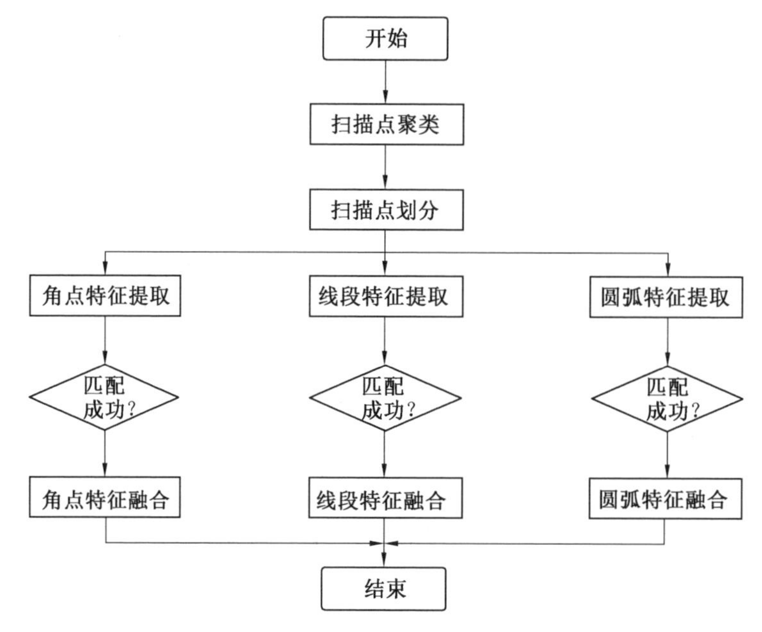

图 4.1　特征识别过程

4.3.1　构建多维数据空间

在室内环境中,物体与物体之间,物体与墙壁之间是分开的,对于 2D 激光传感器扫描点,如果物体与墙壁(或其他物体)是相连的,按照统一物体处理。通过环境聚类,将属于同一物体的表面分开并归为一类。为了提取 2D 激光扫描点特征,对 2D 激光传感器扫描点做降采样处理,其目的在于:

(1)有利于凸显主要特征,从 2D 激光传感器扫描点中提取特征。

(2)抑制噪声。

为构建多维数据空间,首先将 2D 激光传感器扫描点聚类,得到不同表面的扫描点。在聚类结果的基础上,通过一维高斯核对各个维度上的扫描点做卷积,实现降采样处理。2D 激光传感器扫描点极坐标表示如图 4.2 所示。

4.3.2　特征区域划分

在第 n 维数据空间下,2D 激光传感器的每个扫描点与左右邻域内的扫描点共同组成了特征,通过假设检验的方法,估计当前扫描点及其左右邻域范围内扫描点的特征种类。

(1)扫描点邻域内特征。

在极坐标下,通过角分线插值判断当前点是否属于线段特征,其插值函数为

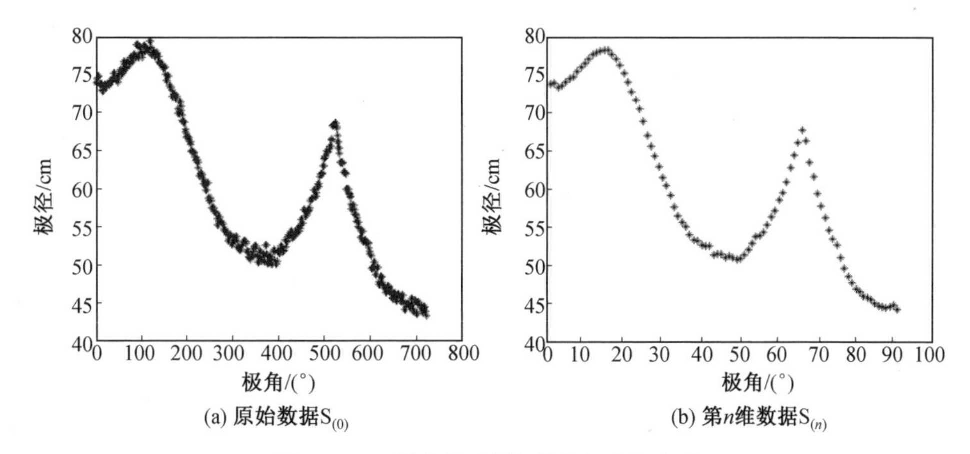

图 4.2　2D 激光传感器扫描点极坐标表示

$$\hat{\rho}_{i\pm j}=\frac{\rho_i\rho_{i\pm 2j}}{\rho_i+\rho_{i\pm 2j}}\sqrt{2(1+\cos(2j\Delta\varphi))} \tag{4.1}$$

式中　ρ_i——当前扫描点极径；

$\hat{\rho}_{i\pm j}$——当前扫描点左右邻域内的第 j 个扫描点极径估计值，加号为左邻域，减号为右邻域；

$\rho_{i\pm 2j}$——从第 i 个扫描点开始的第 $2j$ 个扫描点的极径。

如果是线段环境，$\hat{\rho}_{i\pm j}$ 为 $\rho_{i\pm j}$ 的无偏估计，且 ρ_i 相互独立。根据假设检验方法，可以得到

$$H_0:\sigma^2\leqslant\sigma_\rho^2,\quad H_1:\sigma^2>\sigma_\rho^2 \tag{4.2}$$

成立条件 H_0 为当前扫描点，为当前所在环境中线段上的点；拒绝条件 H_1 为前扫描点，属于圆弧、角点或其他特征。

在第 i 个扫描点邻域内，满足$(\hat{\rho}_{i\pm j}-\rho_{i\pm j},\hat{\rho}_{i\pm(j-1)}-\rho_{i\pm(j-1)},\cdots,\hat{\rho}_{i\pm 1}-\rho_{i\pm 1})$为总体 $N(0,2\sigma_\rho^2)$的一个分布，且满足

$$\frac{(n-1)}{2\sigma_\rho^2}D_{\Delta\rho}^2\sim\chi^2(n-1) \tag{4.3}$$

式中　$D_{\Delta\rho}^2$——ρ 的样本方差；

n——当前扫描点邻域内扫描点的数量。

则样本均值 $\overline{X}_{\Delta\rho}$ 为

$$\overline{X}_{\Delta\rho}=\frac{\sum_{j=1}^{n}(\hat{\rho}_{i\pm j}-\rho_{i\pm j})}{n} \tag{4.4}$$

邻域内，与当前扫描点距离越近的扫描点相关性越高，所以扫描点的概率函数服从与距离相关的正态分布，即

$$p_{i\pm j}=\frac{1}{\sigma_{\mathrm{d}}\sqrt{2\pi}}\mathrm{e}^{-\frac{(d_{i\pm j}-\mu_{\mathrm{d}})}{2\sigma_{\mathrm{d}}^{2}}} \tag{4.5}$$

式中　$p_{i\pm j}$——第 j 个扫描点对当前扫描点的影响；

$d_{i\pm j}$——第 j 个扫描点到当前扫描点的距离；

μ_{d}——对第 i 个扫描点影响的平均距离；

σ_{d}——对距离分布的影响，样本方差为

$$D_{\Delta\rho}^{2}=\sum_{k=1}^{j}(\hat{\rho}_{i\pm k}-\rho_{i\pm k}-\overline{X}_{\Delta\rho})^{2}p_{i\pm k} \tag{4.6}$$

其中，μ_{d}、σ_{d} 为人为设置初值。

在样本空间内已知方差，可选择统计量为

$$\chi^{2}=\frac{(n-1)D_{\Delta\rho}^{2}}{2\sigma_{\rho}^{2}} \tag{4.7}$$

式中　$D_{\Delta\rho}^{2}$——$2\sigma_{\rho}^{2}$ 的无偏估计，在成立条件下，$\frac{D_{\Delta\rho}^{2}}{2\sigma_{\rho}^{2}}\approx 1$，邻域内扫描点数量为 n。

所以接受域 H_0 为

$$\chi^{2}\leqslant\chi_{\alpha_{H_0}}^{2}(n-1) \tag{4.8}$$

邻域内扫描点满足式(4.8)即为线段特征。

拒绝域 H_1 为

$$\chi^{2}>\chi_{\alpha_{H_0}}^{2}(n-1) \tag{4.9}$$

邻域扫描点满足式(4.9)即为线段外特征。

(2)当前扫描点特征。

估计当前扫描点特征验证方法与扫描点邻域内特征方法类似，即采用 χ^2 假设检验方法。对当前扫描点特征提取采用左右邻域扫描点向中心投影的方法，投影方法与式(4.1)相近，即

$$\hat{\rho}_{i_j}=\frac{\rho_{i-j}\rho_{i+j}}{\rho_{i-j}+\rho_{i+j}}\sqrt{2(1+\cos(2j\Delta\theta))} \tag{4.10}$$

式中　ρ_{i+j}——当前扫描点左邻域内第 j 个扫描点极径；

ρ_{i-j}——当前扫描点右邻域内第 j 个扫描点极径；

$\hat{\rho}_{i_j}$——邻域内第 j 个扫描点对当前扫描点极径的估计。

在线段环境下，$\hat{\rho}_{i_j}$ 是 ρ_i 的无偏估计，满足 $(\hat{\rho}_{i_j}-\rho_i)-N(0,2\sigma_{\rho}^{2})$，$\hat{\rho}_{i_j}-\rho_i$ 满足独立同分布。根据 χ^2 假设检验有

$$H_0:\sigma^{2}\leqslant\sigma_{\rho}^{2},\quad H_1:\sigma^{2}>\sigma_{\rho}^{2} \tag{4.11}$$

若当前扫描点满足接受域 H_0 则为线段、圆弧或其他特征，反之拒绝域 H_1 为角点特征。

扫描点估计的样本空间为$(\hat{\rho}_{i_j}-\rho_i,\hat{\rho}_{i_{j-1}}-\rho_i,\cdots,\hat{\rho}_{i_1}-\rho_i)$。对均值、方差影响的概率及统计量同公式(4.4)～(4.7)。所以在拒绝域 H_1 上满足

$$\chi^2 \geqslant \chi^2_{a_{\mu 1}}(n-1) \tag{4.12}$$

满足式(4.12)的扫描点为角点特征，不满足则可能为角点以外的特征。

在得到当前扫描点的邻域特征以及自身特征后，需估计当前扫描点所在的环境特征。当前扫描点 2D 环境特征查询表见表 4.2，其中 L 表示线段特征，R 表示圆弧特征，P 表示角点特征，第一列括号中的特征表示对当前扫描点左右邻域的特征估计，括号外特征表示当前扫描点的特征估计。通过表 4.2 可估计每个扫描点的当前特征，得到特征的区域划分，不符合表 4.2 的点为其他特征点。

表 4.2　当前扫描点 2D 环境特征查询表

特征	L	R	P
$(L, L), R$	√		
$(L, R), R$	√		
$(R, R), R$		√	
$(L, L), P$			√
$(L, R), P$			√
$(R, R), P$			√

4.3.3　角点特征提取

角点特征表示为

$$\boldsymbol{P}=[x_P \ \ y_P \ \ \phi_P \ \ C_P]^{\mathrm{T}}$$

式中　$[x_P \ \ y_P]^{\mathrm{T}}$——角点笛卡儿坐标；

ϕ_P——角点方向；

C_P——角点的凹凸性。

由于 2D 激光传感器扫描点相对离散，不能保证扫描点一定会在角点上，2D 激光传感器扫描的角点特征如图 4.3 所示。

在极坐标系下，为估计角点的具体位置，需验证角点特征所在区域的凹凸性。凸角点为其邻域内的最小值；凹角点为其邻域内的最大值，即

$$C_P=\sum_{k=1}^{j}(\rho_{P_i}-\hat{\rho}_{i_k})P_{i\pm k} \tag{4.13}$$

式中　ρ_{P_i}——角点极径；

$\hat{\rho}_{i_k}$——角点左右邻域对角点的估计值，见式(4.10)。

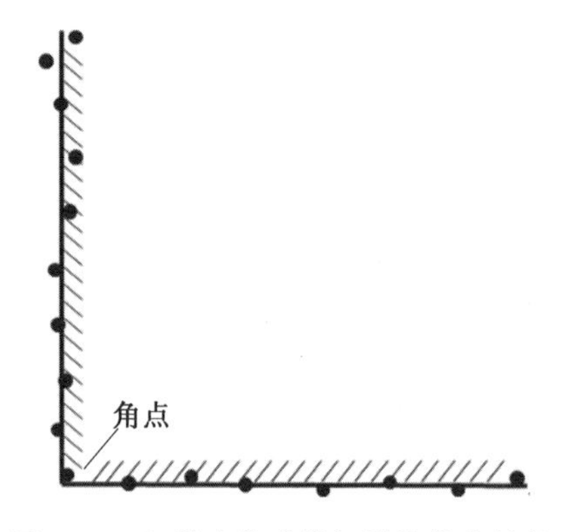

图 4.3　2D 激光传感器扫描的角点特征

如果 $C>0$，则角点为凹角点，否则为凸角点。

由于 2D 激光传感器扫描点的离散性，需在原始数据 $S_{(0)}$ 上搜索角点及其邻域内最大值或最小值，重新估计角点的位置。2D 激光传感器扫描角点估计示意图如图 4.4 所示。图 4.4 以凸角点区域为例，抛物线上 3 点 $P_{-1}(\varphi_0-\Delta\varphi,\ \rho_{-1})$、$P_0(\varphi_0,\ \rho_0)$、$P_1(\varphi_0+\Delta\varphi,\ \rho_1)$ 分别为极径最小扫描点及其左右相邻的点。$\Delta\varphi$ 为扫描点之间的角度间隔。假设最近的 3 个扫描点满足抛物线方程 $\rho=at^2+bt+c$，则将 P_{-1}、P_0 及 P_1 代入抛物线方程，得到对角点的估计值 $P_{\min}(\varphi_{\min},\rho_{\min})$，其中 $\rho_{\min}$ 为

$$\rho_{\min}=\frac{(\rho_1-\rho_{-1})^2}{8(2\rho_0-\rho_1-\rho_{-1})}+\rho_0 \tag{4.14}$$

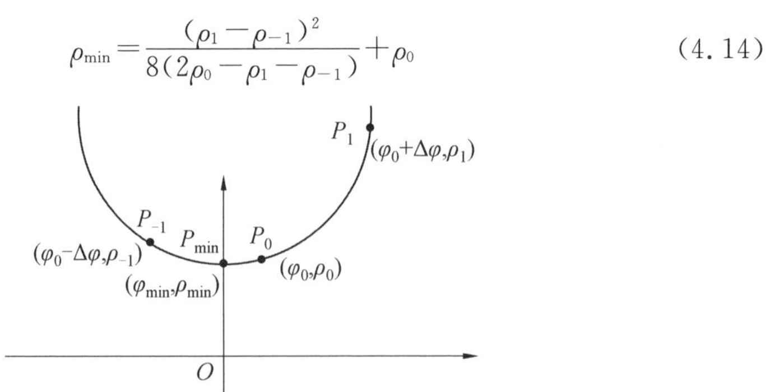

图 4.4　2D 激光传感器扫描角点估计示意图

角点特征对应的方向 $\varphi_{\min}$ 为

$$\varphi_{\min}=\frac{\rho_1-\rho_{-1}}{2(\rho_0-\rho_1-\rho_{-1})}\times\Delta\varphi\times\varphi_0 \tag{4.15}$$

角点位置估计为$(\varphi_{\min},\rho_{\min})$，最终到笛卡儿坐标系下得到$(x_P,\ y_P)$。

为解决角点特征在匹配过程中的方向问题，需确定角点特征主方向。由于角点特征左右邻域内的扫描点分布不均匀，需分别求出角点左右邻域的梯度，并确定左右两侧的方向，最后通过两侧邻域的方向确定角点方向。

角点两侧邻域的方向，可以通过在不同维度数据空间计算得到，即

$$\phi_{\text{左右邻域}} = \arctan 2\left(\frac{1}{M-1}\sum_{i=1}^{i=M-1}\frac{y_{i+1}-y_{i-1}}{x_{i+1}-x_{i-1}}\right) \tag{4.16}$$

式中　$\phi_{\text{左右邻域}}$——左右邻域的方向；

(x_{i-1}, y_{i-1})与(x_{i+1}, y_{i+1})——左右邻域内扫描点；

M——邻域内扫描点数量。

则角点的方向可计算为

$$\phi_P = (\phi_{\text{左}} + \phi_{\text{右}})/2 \tag{4.17}$$

4.3.4　线段特征提取

线段环境扫描点满足式(4.8)，线段特征可表示为

$$\boldsymbol{L} = [d_L \;\; \varphi_L \;\; P_{Ls} \;\; P_{Le}]^{\mathrm{T}}$$

式中　d_L——2D 激光传感器所在笛卡儿坐标系原点到线段的距离；

φ_L——线段特征的倾斜角的垂直方向；

P_{Ls}——线段特征起点；

P_{Le}——线段特征终点。

线段特征如图 4.5 所示，线段在笛卡儿坐标系下的方程为

$$d_L = x_i \cos \varphi_L + y_i \sin \varphi_L \tag{4.18}$$

其中，$d_L > 0$，$-\pi < \varphi_L < \pi$，$x_i = \rho_i \cos \varphi_i$，$y_i = \rho_i \sin \varphi_i$。

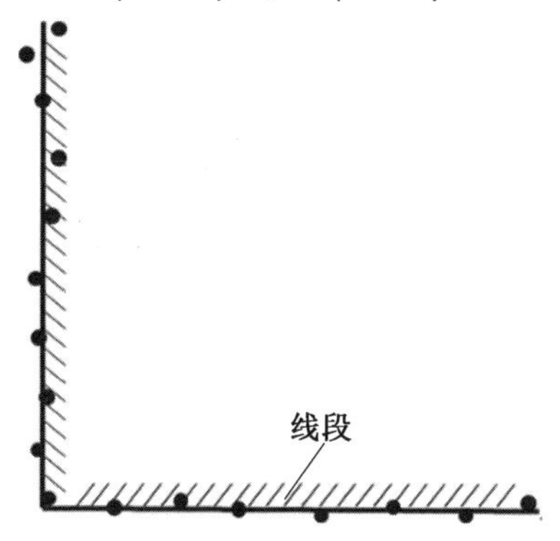

图 4.5　2D 激光传感器扫描的线段特征

4.3.1 节中，通过假设检验划分出若干区域，通过带权值约束的最小二乘法提取线段特征，将式(4.18)转换为

$$\varepsilon^2 = \sum_{i=s}^{e}(x_i \cos \varphi_L + y_i \sin \varphi_L - d_L)^2 \tag{4.19}$$

式中　s 与 e——区域的端点。

将式(4.19)改写为矩阵形式为

$$\varepsilon^2 = \boldsymbol{J}^{\mathrm{T}}\boldsymbol{S}\boldsymbol{J} \tag{4.20}$$

其中，$\boldsymbol{J}=\begin{bmatrix}\alpha\\ \beta\\ d_L\end{bmatrix}$，$\alpha=\cos\varphi_L$，$\beta=\sin\varphi_L$，$\boldsymbol{S}=\boldsymbol{D}^{\mathrm{T}}\boldsymbol{D}$，$\boldsymbol{D}=\begin{bmatrix}x_s & y_s & -1\\ \vdots & \vdots & \vdots\\ x_e & y_e & -1\end{bmatrix}$。

由于 $\alpha^2+\beta^2=1\alpha^2+\beta^2=1$，引入拉格朗日乘子 λ，得

$$\varepsilon^2 = \boldsymbol{J}^{\mathrm{T}}\boldsymbol{S}\boldsymbol{J}-\lambda(\boldsymbol{J}^{\mathrm{T}}\boldsymbol{C}\boldsymbol{J}-1) \tag{4.21}$$

其中，$\boldsymbol{C}=\begin{bmatrix}1 & 0 & 0\\ 0 & 1 & 0\\ 0 & 0 & 0\end{bmatrix}$，满足 $\boldsymbol{J}^{\mathrm{T}}\boldsymbol{C}\boldsymbol{J}=1$。

令 $\dfrac{\partial\varepsilon^2}{\partial\hat{\boldsymbol{J}}}=0$，得

$$\boldsymbol{S}\boldsymbol{J}-\lambda\boldsymbol{C}\boldsymbol{J}=0 \tag{4.22}$$

式中 $\boldsymbol{S}$——正定矩阵；

$\boldsymbol{J}$——特征向量，对应最小特征值 λ。

当 α 与 β 确定以后，可以求得

$$\varphi_L=\arctan(\beta,\alpha) \tag{4.23}$$

得到线段特征 d_L。最后，将特征线段转换到全局坐标系下。

根据文献提出的误差传播方法，输入及输出可通过最小化隐含的关系方程 $F(\boldsymbol{I},\boldsymbol{O})$ 给出，其中 $\boldsymbol{I}$ 为输入向量，$\boldsymbol{O}$ 为输出向量。

将协方差带入，$\boldsymbol{\Sigma}_I$ 为 $\boldsymbol{I}$ 的协方差矩阵，$\boldsymbol{\Sigma}_L$ 为 $\boldsymbol{O}$ 的协方差矩阵，则有

$$\boldsymbol{\Sigma}_L=\left(\frac{\partial g(\boldsymbol{I},\boldsymbol{O})}{\partial\boldsymbol{O}}\right)^{-1}\left(\frac{\partial g(\boldsymbol{I},\boldsymbol{O})}{\partial\boldsymbol{I}}\right)^{\mathrm{T}}\boldsymbol{\Sigma}_I\left(\frac{\partial g(\boldsymbol{I},\boldsymbol{O})}{\partial\boldsymbol{I}}\right)\left(\left(\frac{\partial g(\boldsymbol{I},\boldsymbol{O})}{\partial\boldsymbol{O}}\right)^{-1}\right)^{\mathrm{T}} \tag{4.24}$$

其中，$g=\dfrac{\partial F}{\partial\boldsymbol{O}}=\left(\dfrac{\partial F}{\partial\varphi_L},\dfrac{\partial F}{\partial d_L}\right)$，$\boldsymbol{\Sigma}_I=\sigma^2\begin{bmatrix}\boldsymbol{d} & 0 & 0\\ \vdots & \vdots & \vdots\\ 0 & 0 & \boldsymbol{d}\end{bmatrix}$，$\boldsymbol{d}=\begin{bmatrix}\sigma_{x_i}^2 & \sigma_{x_iy_i}^2\\ \sigma_{x_iy_i}^2 & \sigma_{y_i}^2\end{bmatrix}$，令

$$F(\boldsymbol{I},\boldsymbol{O})=\sum_{i=s}^{e}(x_i\cos\varphi_L+y_i\sin\varphi_L-d_L)^2 \tag{4.25}$$

最后得到 $\boldsymbol{\Sigma}_L$。

4.3.5 圆弧特征提取

在 4.3.2 节中，确定圆弧区域划分，圆弧特征如图 4.6 所示。圆弧 R 的特征向量为 $\boldsymbol{R}=[\varphi_R\ \ \rho_R\ \ r]^{\mathrm{T}}$，圆弧的极坐标公式为

$$\rho_R^2+\rho_i^2-2\rho_R^2\rho_i\cos(\varphi_R-\varphi_i)=r^2 \tag{4.26}$$

式中 φ_R——圆心极角，$\varphi_R\sim N(\mu_{\varphi R},\sigma_{\varphi R}^2)$；

ρ_R——圆心极径，$\rho_R\sim N(\mu_{\rho R},\sigma_{\rho R}^2)$；

r——圆的半径，$r \sim N(\mu_r, \sigma_r^2)$。

图 4.6　2D 激光传感器扫描的圆弧特征

提取圆弧特征之前，要验证圆弧特征的凹凸性。多维数据空间上，如果圆弧特征满足式(4.27)，即该区域为圆弧特征。

$$E = \sum_{k=1}^{j} (\hat{\rho}_{i\pm k} - \rho_{i\pm k} - \overline{X}_{\Delta\rho}) p_{i\pm k} \tag{4.27}$$

其中，$\hat{\rho}_{i\pm k}$，$\overline{X}_{\Delta\rho}$及 $p_{i\pm k}$分别由式(4.1)、式(4.4)与式(4.5)计算。

当 $E>0$ 时该区域为凸区域，$E<0$ 时该区域为凹区域。

将圆弧特征的极坐标方程(4.26)整理，可得

$$\varepsilon_i = \rho_R^2 + x_i^2 + y_i^2 - 2\rho_R x_i \cos\varphi_R - 2\rho_R y_i \sin\varphi_R - r^2 \tag{4.28}$$

其中，$i \in [m, n]$。

将式(4.28)简化为最小二乘法形式为

$$\varepsilon^2 = \sum_{i=m}^{n} (a\boldsymbol{x}^{\mathrm{T}}\boldsymbol{x} + \boldsymbol{b}^{\mathrm{T}}\boldsymbol{x} + c)^2 \tag{4.29}$$

其中，$\boldsymbol{x} = [x_i \quad y_i]^{\mathrm{T}}$，$a=1$，$\boldsymbol{b} = [-2\rho_R\cos\varphi_R \quad -2\rho_R\sin\varphi_R]^{\mathrm{T}}$，$c = \rho_R^2 - r^2$。

将式(4.29)重新整理为矩阵

$$\varepsilon^2 = \boldsymbol{H}^{\mathrm{T}}\boldsymbol{Q}\boldsymbol{H} \tag{4.30}$$

其中，$\boldsymbol{H} = [1 \quad \boldsymbol{b}(1,1) \quad \boldsymbol{b}(2,1) \quad c]^{\mathrm{T}}$，$\boldsymbol{Q} = \boldsymbol{D}^{\mathrm{T}}\boldsymbol{D}$，$\boldsymbol{D} = \begin{bmatrix} x_m^2 + y_m^2 & x_m & y_m & -1 \\ \vdots & \vdots & \vdots & \vdots \\ x_n^2 + y_n^2 & x_n & y_n & -1 \end{bmatrix}$。

由于 $\boldsymbol{b}^2(1,1) + \boldsymbol{b}^2(2,1) - 4c = 4r^2$，引入拉格朗日乘子 λ，得

$$\varepsilon^2 = \boldsymbol{H}^{\mathrm{T}}\boldsymbol{Q}\boldsymbol{H} - \lambda(\boldsymbol{H}^{\mathrm{T}}\boldsymbol{C}\boldsymbol{H} - 4r^2) \tag{4.31}$$

其中

$$\boldsymbol{C} = \begin{bmatrix} 0 & 0 & 0 & -2 \\ 0 & 1 & 0 & 0 \\ 0 & 0 & 1 & 0 \\ -2 & 0 & 0 & 0 \end{bmatrix}$$

满足 $\boldsymbol{H}^{\mathrm{T}}\boldsymbol{C}\boldsymbol{H}=4r^2$。

令$\dfrac{\partial \varepsilon^2}{\partial \boldsymbol{H}}=0$ 得

$$\boldsymbol{QH}-\lambda\boldsymbol{CH}=0 \tag{4.32}$$

其中,$\boldsymbol{Q}$ 为正定矩阵,特征向量 $\boldsymbol{H}$ 对应绝对值最小特征值 λ。

圆弧特征

$$\theta=\arctan(\boldsymbol{H}(2,1)/\boldsymbol{H}(1,1))$$

$$\rho=\sqrt{\frac{\boldsymbol{H}^2(1,1)+\boldsymbol{H}^2(2,1)}{4\boldsymbol{H}^2(0,1)}}$$

$$r=\sqrt{\frac{\boldsymbol{H}^2(1,1)+\boldsymbol{H}^2(2,1)}{4\boldsymbol{H}^2(0,1)}-\frac{\boldsymbol{H}(3,1)}{\boldsymbol{H}(0,1)}}$$

根据式(4.24),计算圆弧特征协方差矩阵 $\boldsymbol{\Sigma}_R$,$\boldsymbol{g}=\dfrac{\partial F}{\partial \boldsymbol{O}}$,$\boldsymbol{\Sigma}_1=\begin{bmatrix}\boldsymbol{d} & 0 & 0\\ \vdots & \vdots & \vdots\\ 0 & 0 & \boldsymbol{d}\end{bmatrix}$,

$\boldsymbol{d}=\begin{bmatrix}\sigma_{x_i}^2 & \sigma_{x_iy_i}^2\\ \sigma_{x_iy_i}^2 & \sigma_{y_i}^2\end{bmatrix}$,令

$$F(\boldsymbol{I},\boldsymbol{O})=\sum_{i=m}^{n}(\rho_R^2+x_i^2+y_i^2-2\rho_R x_i\cos\varphi_R-2\rho_R y_i\sin\varphi_R-r^2)^2 \tag{4.33}$$

其中,$\boldsymbol{g}=\begin{bmatrix}\dfrac{\partial F}{\partial\theta} & \dfrac{\partial F}{\partial\rho} & \dfrac{\partial F}{\partial r}\end{bmatrix}^{\mathrm{T}}$。

代入计算得到 $\boldsymbol{\Sigma}_R$。

4.4 特征匹配

由于2D激光传感器扫描点噪声影响,造成提取的特征误分割,为提取到稳定特征,需匹配、融合提取特征。通过特征匹配判断两特征是否属于同一物体的表面。本节主要介绍角点特征、线段特征及圆弧特征的匹配。

4.4.1 角点特征匹配

角点特征 $\boldsymbol{P}=[x_P\ \ y_P\ \ \phi_P\ \ C_P]^{\mathrm{T}}$ 为点特征,点的匹配主要比较凹凸性、位置及方向。两次采集到角点特征可表示为 $\boldsymbol{P}_1=[x_{P_1}\ \ y_{P_1}\ \ \phi_{P_1}\ \ C_{P_1}]^{\mathrm{T}}$ 与 $\boldsymbol{P}_2=[x_{P_2}\ \ y_{P_2}\ \ \phi_{P_2}\ \ C_{P_2}]^{\mathrm{T}}$。

首先,比较角点的距离及角点的凹凸性,即

$$d_{P_1P_2}=\sqrt{(x_{P_1}-x_{P_2})^2+(y_{P_1}-y_{P_2})^2}<\text{DIS\_THRES}\ \&\&\ C_{P_1}\times C_{P_2}>0 \tag{4.34}$$

式中 $d_{P_1P_2}$——$\boldsymbol{P}_1$ 与 $\boldsymbol{P}_2$ 的距离；

DIS_THRES——距离的阈值。

然后，将 $\boldsymbol{P}_1$ 与 $\boldsymbol{P}_2$ 左右邻域内的扫描点按 ϕ_{P_1} 与 ϕ_{P_2} 化为同一方向，以 $\boldsymbol{P}_1$ 与 $\boldsymbol{P}_2$ 为中心，通过距离最近原则查找左右邻域对应点，计算对应扫描点距离，根据误差传递公式计算 $\boldsymbol{P}_1$ 与 $\boldsymbol{P}_2$ 距离的标准差 $\sigma_{d_{P_1P_2}}$。那么，对应点的距离的标准差应小于 $3\sigma_{d_{P_1P_2}}$。由于均值未知，检验接受域 $H_0:\sigma_{\mathrm{d}}<\sigma_{d_{P_1P_2}}$，其中 σ_{d} 为全部对应点的距离的标准差。选择的统计量为

$$\chi^2=\frac{(n-1)\sigma_{\mathrm{d}}^2}{9\sigma_{d_{P_1P_2}}^2} \tag{4.35}$$

式中 n——对应点个数。

对于给定的 α，使得 $\chi^2\geqslant\chi_\alpha^2(n-1)$ 为小概率事件。若满足 $\chi^2\geqslant\chi_\alpha^2(n-1)$，则拒绝 H_0。

4.4.2 线段特征匹配

2D 激光传感器扫描点噪声会导致线段特征分段，为获取稳定、准确线段特征，需通过匹配判断，将分段的线段特征融合。两次提取的线段特征可以表示为 $\boldsymbol{L}_1=[d_{L1}\ \ \varphi_{L1}\ \ P_{Ls1}\ \ P_{Le1}]^{\mathrm{T}}$ 与 $\boldsymbol{L}_2=[d_{L2}\ \ \varphi_{L2}\ \ P_{Ls2}\ \ P_{Le2}]^{\mathrm{T}}$。两次提取的线段特征应满足：在移动机器人平移、旋转过程中，2D 激光传感器扫描同一区域中线段特征不会消失。线段匹配遵守两个准则：

(1)两次提取的同一线段特征存在相交的区域，即满足

$$(\boldsymbol{L}_1,\boldsymbol{L}_2)\notin(P_{Ls1}<P_{Ls2})\cup(P_{Ls1}>P_{Ls2}) \tag{4.36}$$

其中，(P_{Ls1},P_{Le1})与(P_{Ls2},P_{Le2})表示两次提取的线段特征起点与终点。

(2)2D 激光传感器连续两次扫描在同一物体上提取的线段特征应满足 Mahalanobis 准则。$\boldsymbol{l}_1=[d_{L1}\ \ \varphi_{L1}]^{\mathrm{T}}$ 与 $\boldsymbol{l}_2=[d_{L2}\ \ \varphi_{L2}]^{\mathrm{T}}$ 分别表示两段线段特征，两线段的协方差矩阵为 $\boldsymbol{\Sigma}_{L1}$ 与 $\boldsymbol{\Sigma}_{L2}$。另 $\Delta\boldsymbol{l}=\boldsymbol{l}_1-\boldsymbol{l}_2$，得到

$$\Delta\boldsymbol{l}^{\mathrm{T}}(\boldsymbol{\Sigma}_{L1}+\boldsymbol{\Sigma}_{L2})\Delta\boldsymbol{l}<\chi_\alpha^2(n) \tag{4.37}$$

对于 $n=2$ 的 χ^2 分布，在置信度为 90%的条件下，式(4.37)的阈值可取 4.605。满足这两个条件线段特征匹配成功。

4.4.3 圆弧特征匹配

圆弧特征同样因噪声分段，需要匹配、融合。$\boldsymbol{r}_1=[\varphi_{R1}\ \ \rho_{R1}\ \ r_1]^{\mathrm{T}}$ 与 $r_2=[\varphi_{R2}\ \ \rho_{R2}\ \ r_2]^{\mathrm{T}}$ 分别为两段圆弧特征，且两段圆弧特征相互独立。如果两段圆弧属于同

一圆弧，则两段圆弧特征向量相同，即 $\boldsymbol{r}_1=\boldsymbol{r}_2$，且协方差矩阵应相同。根据假设检验有

$$H_0:\boldsymbol{r}_1=\boldsymbol{r}_2 \tag{4.38}$$

根据多元统计学非中心 Hotelling T^2 基本性质，检验统计量为

$$F=\frac{(n+m-2)-p+1}{(n+m-2)p}T^2-F(p,n+m-p-1) \tag{4.39}$$

$$T^2=(n+m-2)\left[\sqrt{\frac{m}{n+m}}(\boldsymbol{r}_1-\boldsymbol{r}_2)\right]^{\mathrm{T}}\boldsymbol{S}^{-1}\left[\sqrt{\frac{m}{n+m}}(\boldsymbol{r}_1-\boldsymbol{r}_2)\right]$$

式中　n——圆弧特征 $\boldsymbol{r}_1$ 的扫描点数量；

m——圆弧特征 $\boldsymbol{r}_2$ 的扫描点数量。

根据 4.3.5 节内容，可以计算得到两段圆弧特征的协方差矩阵，其中 $\boldsymbol{\Sigma}_{R1}$ 为圆弧特征 $\boldsymbol{r}_1$ 的协方差矩阵，$\boldsymbol{\Sigma}_{R2}$ 为圆弧特征 $\boldsymbol{r}_2$ 的协方差矩阵。$\boldsymbol{S}=n\boldsymbol{\Sigma}_{R1}+m\boldsymbol{\Sigma}_{R2}$，$p$ 为 $\boldsymbol{S}$ 的维数。

通过式(4.39)计算最终得到 F。对于给定的显著水平 α，如果 $F_\alpha<F(p,n+m-p-1)$，则接受 H_0，$\boldsymbol{r}_1$ 与 $\boldsymbol{r}_2$ 属于同一圆弧。

4.5　回环检测

移动机器人在 SLAM 过程中，由于先验知识的匮乏和环境的不确定性，机器人在移动过程中需判断当前区域是否被访问过，并以此判断环境是否需要更新，即回环检测。通过 2D 激光传感器扫描点提取的特征融合、轮廓匹配及特征比较实现特征更新。

4.5.1　特征融合

角点特征融合求解全部属于同一位置的角点特征的均值。而对于线段或圆弧特征，特征融合需将属于同一表面的不同段特征融合为同一特征。4.4 节中，特征匹配通过假设检验方法实现。本节中，线段及圆弧特征融合通过每个特征各自的权重实现。

本节中，将协方差矩阵作为线段特征与圆弧特征的权重。假设特征 $\boldsymbol{V}_1$（表示线段或圆弧特征），…，$\boldsymbol{V}_m$ 属于同一物体表面的特征向量。特征权重可定义为

$$\boldsymbol{U}_i=\boldsymbol{\Sigma}_{O_i}^{-1}\left(\sum_{j=i}^{m}\boldsymbol{\Sigma}_{O_i}^{-1}\right)^{-1} \tag{4.40}$$

式中　m——特征数量；

$\boldsymbol{\Sigma}_{O_i}$——特征协方差矩阵；

$\boldsymbol{U}_i$——第 i 个特征的部分权重。

由于特征的稳定性与扫描点数量相关，因此特征的另一部分权重由扫描点数量决定，即

$$L_i = n_i / M \tag{4.41}$$

式中　n_i——第 i 个特征的扫描点数量；

M——全部特征的扫描点总数。

将两种权重融合，得到第 i 个特征的权重表示为

$$\boldsymbol{M}_i = \lambda L_i \boldsymbol{I} + \boldsymbol{U}_i \tag{4.42}$$

最后得到的特征权重为

$$\boldsymbol{W}_i = \boldsymbol{M}_i / \sum_{j=1}^{m} \boldsymbol{M}_j \tag{4.43}$$

特征的向量融合可表示为

$$\boldsymbol{V} = \sum_{j=1}^{m} (\boldsymbol{V}_j \boldsymbol{M}_j) \tag{4.44}$$

式中　$\boldsymbol{V}$——融合特征的向量。

融合之后的特征的协方差矩阵为

$$\boldsymbol{\Sigma}_V = \sum_{j=1}^{m} (\boldsymbol{\Sigma}_{\boldsymbol{V}_j} \boldsymbol{M}_j) \tag{4.45}$$

最后，分别得到融合之后的线段特征或圆弧特征向量 $\boldsymbol{V}$ 与协方差矩阵 $\boldsymbol{\Sigma}_V$。

4.5.2　轮廓匹配

2D 激光传感器扫描点可用于表示室内环境中某位置的局部轮廓信息，如图 4.7所示，圆圈表示移动机器人。机器人在室内环境移动过程中，当前位置的轮廓信息与邻近位置轮廓信息重合。所以，通过匹配移动机器人当前位置的轮廓信息与邻近位置轮廓信息，判断移动机器人是否经过当前位置。

匹配过程可以表示为

$$\boldsymbol{D}[e] = \frac{1}{N} \sum_{i=1}^{N} | \rho_{c_i} - \rho_{s_i} |, \quad e \in [0, N-1] \tag{4.46}$$

式中　ρ_{c_i}——当前位置第 i 个扫描点的极径；

ρ_{s_i}——邻近位置第 i 个扫描点的极径，$i = \mathrm{MOD}(i+\varepsilon, N)$；

N——2D 激光传感器扫描点的数量；

$\mathrm{MOD}(i+e, N)$——$i+e$ 对 N 的取模；

$\boldsymbol{D}$——不同极径差值的绝对值之和取均值向量。

$\boldsymbol{D}[e]$的最小值用于判断两次扫描轮廓是否匹配。匹配条件可表示为

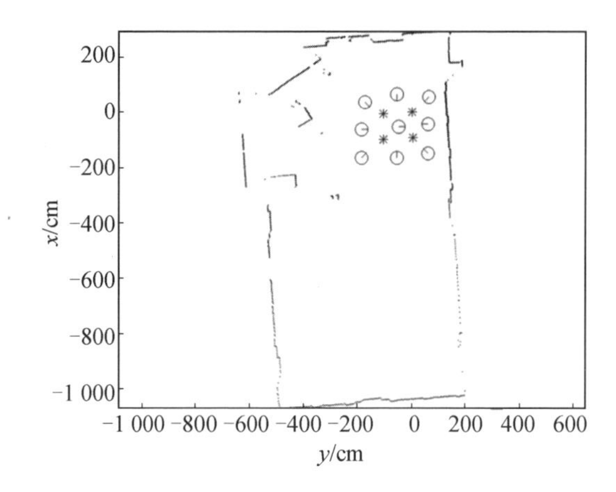

图 4.7 标识与轮廓

$$L=\begin{cases}1 & M_{\min(D[e])}<\text{THRES\_LAYOUT\_DIFF}\cap M_{\min(D[e])}>\text{THRES\_NUM\_STATIC}\\0 & \text{其他}\end{cases}\tag{4.47}$$

式中 $M_{\min(D[e])}$——$|\rho_{ci}-\rho_{\mathrm{MOD}(i+e,N)}|$满足$|\rho_{c_i}-\rho_{\mathrm{MOD}(i+e,N)}|<$THRES_RHO_DIFF 的数量，THRES_RHO_DIFF、THRES_LAYOUT_DIFF 与 THRES_NUM_STATIC 为阈值。

如果 $L=1$，表示两次扫描轮廓匹配成功，e 为当前移动机器人朝向与邻近机器人朝向的差值。最小的 $\boldsymbol{D}[e]$可以表示服务机器人与标识相对距离。

4.5.3 特征比较

在室内环境中，在不同位置可能存在类似的轮廓，因此在轮廓匹配成功之后，需比较在轮廓上是否有相同特征。4.5.2 节中，通过计算式(4.45)与式(4.46)得到距离 $\boldsymbol{D}[e]$与方向差 e。在此基础上，分别提取 2D 激光传感器扫描点中的特征，通过特征比较，确定机器人是否经过当前区域。

移动机器人两次经过同一区域时，在距离上的差异应小于匹配成功得到的 $\boldsymbol{D}[e]$。所以，可以利用假设检验比较相同特征间的距离。对于角点特征，距离表示为

$$\hat{D}_P=((x_{Pr}-x_{Ps})^2+(y_{Pr}-y_{Ps})^2)^{0.5}$$

式中 $(x_{Pr},\ y_{Pr})$与$(x_{Ps},\ y_{Ps})$——移动机器人邻近位置两次提取的角点位置。

对于线段特征，距离表示为

$$\hat{D}_L=|d_{Lr}-d_{Ls}|$$

式中 d_{Lr}与d_{Ls}——移动机器人邻近位置两次提取线段的距离。

圆弧特征与角点特征类似，距离表示为

$$\hat{D}_R=((x_{Rr}-x_{Rs})^2+(y_{Rr}-y_{Rs})^2)^{0.5}$$

式中　(x_{Rr}, y_{Rr})与(x_{Rs}, y_{Rs})——移动机器人邻近位置两次提取的圆心位置。

同种特征之间相互独立,根据 t 检验,未知方差 $\hat{D}_P$、$\hat{D}_L$ 与 $\hat{D}_R$ 的情况下,规定特征之间的距离应小于 $2\boldsymbol{D}[e_m]$,检验 H_0:

$$H_0: \overline{D}_P<2\boldsymbol{D}[e_m],\quad \overline{D}_L<2\boldsymbol{D}[e_m],\quad \overline{D}_R<2\boldsymbol{D}[e_m] \tag{4.48}$$

式中　$\overline{D}_P$、$\overline{D}_L$ 与 $\overline{D}_R$——$\hat{D}_P$、$\hat{D}_L$ 与 $\hat{D}_R$ 的均值,当匹配成功时,e_m 为 e 的取值。

选取统计量

$$t=\frac{\overline{D}-2\boldsymbol{D}[e_m]}{s}\sqrt{n} \tag{4.49}$$

式中　$\overline{D}$——$\overline{D}_P$、$\overline{D}_L$ 与 $\overline{D}_R$ 各自的均值;

s——样本方差;

n——同种特征数量。

计算统计量 t,如果 $t\leqslant t_\alpha(n-1)$,移动机器人检测到闭环;否则,移动机器人未检测到闭环。否则,通过闭环检测,可用图优化的方法实现地图更新。

4.6　实验结果及分析

实验结果从特征提取准确性与构建地图的效果两个方面验证上述算法的有效性。实验分为三个部分。第一部分为复杂环境特征提取实验,通过建图及采集特征评估每种特征的偏差,验证每个特征的准确性;第二部分为特征融合,在室内环境中融合属于同一表面的特征,并给出融合后特征误差,验证算法有效性;第三部分为大规模环境闭环检测实验,通过线段特征误差验证闭环检测的效果。

本节提出的算法基于 ROS 实现,使用的 2D 激光传感器为 UTM－30LX。算法用到的主要参数 $\sigma_\rho=1$ cm,$\sigma_\varphi=0.1°$。

4.6.1　复杂环境特征提取融合实验

本实验在结构化环境中测试特征提取效果。图 4.8 为在模拟环境下提取特征构建的特征地图,其中图 4.8(a)表示原始栅格地图,黑色的圆圈为 2D 激光传感器扫描点;图 4.8(b)表示特征地图,数字表示角点特征位置,紫色的线段为线段特征,蓝色的圆为圆弧特征。坐标原点如图 4.8(b)所示。移动机器人围绕 9 根圆柱体顺时针移动,经过特征融合,共形成 16 个角点、16 段线段及 9 个圆弧特征,具体信息见表 4.3。表 4.4、表 4.5 给出线段及圆弧估计值与真实值的比较。

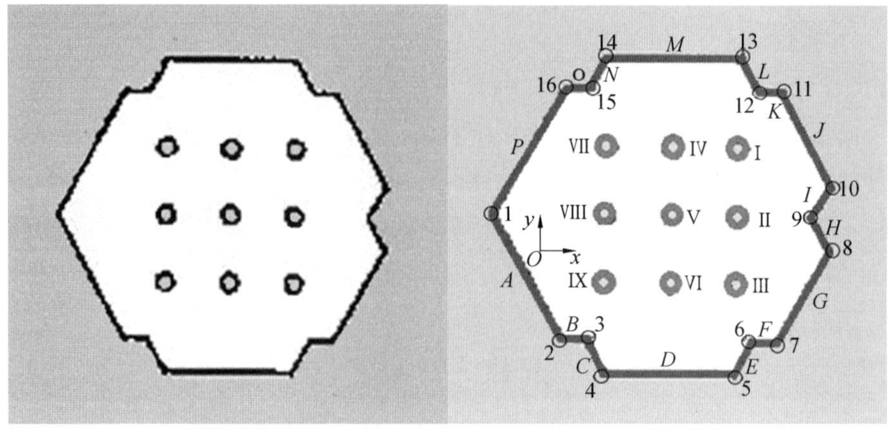

图 4.8　特征地图(彩图见附录)

表 4.3　角点特征统计　　m

序号	特征	估计值	真实值	序号	特征	估计值	真实值
1	x_P	−0.896	−0.9	9	x_P	4.345	4.333
	y_P	0.504	0.523		y_P	0.47	0.455
2	x_P	0.205	0.182	10	x_P	4.654	4.654
	y_P	−1.485	−1.473		y_P	0.933	0.962
3	x_P	0.606	0.616	11	x_P	3.818	3.837
	y_P	−1.51	−1.482		y_P	2.448	2.437
4	x_P	0.918	0.898	12	x_P	3.474	3.496
	y_P	−2.051	−2.059		y_P	2.472	2.501
5	x_P	3.053	3.057	13	x_P	3.171	3.193
	y_P	−2.035	−2.043		y_P	2.991	2.975
6	x_P	3.394	3.369	14	x_P	0.949	0.949
	y_P	−1.564	−1.593		y_P	3.048	3.061
7	x_P	3.777	3.786	15	x_P	0.628	0.631
	y_P	−1.554	−1.537		y_P	2.538	2.536
8	x_P	4.648	4.658	16	x_P	0.241	0.212
	y_P	−0.114	−0.093		y_P	2.522	2.523

表 4.4　线段特征统计　m

序号	特征	估计值	真实值	序号	特征	估计值	真实值
A	φ_L	209.466	208.52	I	φ_L	326.544	328.07
	d_L	0.546	0.55		d_L	3.379	3.366
B	φ_L	271.352	269.804	J	φ_L	28.7	27.485
	d_L	1.524	1.536		d_L	4.531	4.532
C	φ_L	209.055	208.614	K	φ_L	83.48	82.896
	d_L	0.195	0.201		d_L	2.859	2.84
D	φ_L	269.45	270.169	L	φ_L	30.466	29.905
	d_L	2.041	2.035		d_L	4.257	4.275
E	φ_L	325.492	326.724	M	φ_L	88.466	87.99
	d_L	3.669	3.676		d_L	3.074	3.063
F	φ_L	271.432	270.064	N	φ_L	149.199	150.651
	d_L	1.644	1.625		d_L	0.754	0.758
G	φ_L	329.136	328.869	O	φ_L	92.936	93.35
	d_L	4.04	4.031		d_L	2.494	2.475
H	φ_L	25.731	24.375	P	φ_L	150.224	150.483
	d_L	4.132	4.142		d_L	1.038	1.055

表 4.5　圆弧特征统计表　m

序号	特征	估计值	真实值	序号	特征	估计值	真实值
Ⅰ	φ_R	26.639	26.287	Ⅳ	φ_R	37.785	36.732
	d_R	3.524	3.54		d_R	2.579	2.561
	r	0.147	0.15		r	0.160	0.15
Ⅱ	φ_R	9.019	9.628	Ⅴ	φ_R	14.036	14.469
	d_R	3.189	3.182		d_R	2.062	2.08
	r	0.151	0.15		r	0.148	0.15
Ⅲ	φ_R	348.515	350.498	Ⅵ	φ_R	342.255	340.953
	d_R	3.214	3.23		d_R	2.100	2.087
	r	0.157	0.15		r	0.158	0.15

续表4.5

序号	特征	估计值	真实值	序号	特征	估计值	真实值
Ⅶ	φ_R	59.566	59.813	Ⅸ	φ_R	326.739	328.665
	d_R	1.856	1.863		d_R	1.112	1.126
	r	0.149	0.15		r	0.147	0.15
Ⅷ	φ_R	28.009	29.673				
	d_R	1.065	1.065				
	r	0.153	0.15				

假设检验的方法提取的角点特征比较稳定，真实角点的位置与估计角点的最大偏差不超过0.03；真实线段角度特征值的估计值最大误差不超过2°，线段距离特征值的估计值最大误差不超过0.02；真实圆弧角度特征值估计值不超过3°，距离特征值的误差不超过0.02，半径特征值误差不超过0.04。

4.6.2 大规模环境的特征提取实验

在某政府办公大楼营业厅中建立综合地图，移动机器人依靠定位及闭环检测方法构建出栅格地图，在栅格地图基础上提取角点、线段及圆弧特征。通过与特征真实值的比较，验证特征提取、匹配及融合方法在大规模地图构建中的有效性。图4.9给出了走廊与大厅地图信息，主要包含墙壁、门、桌椅等环境特征，这些特征通过角点、线段及圆弧特征描述，分别由阿拉伯数字、字母及罗马数字组成。

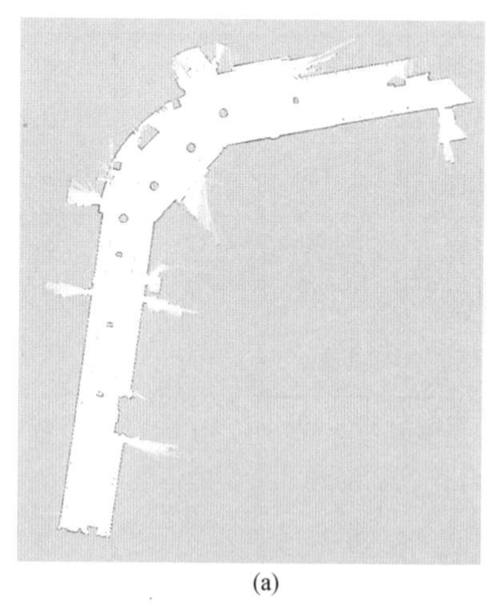

(a)

图4.9　大规模环境中的角点特征提取与融合

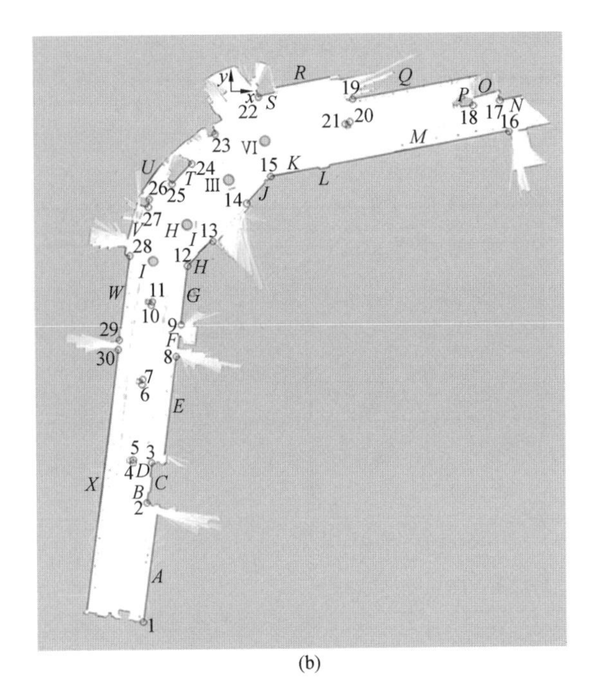

(b)

续图 4.9

表 4.6～4.8 分别给出大规模环境中的角点、线段及圆弧特征。地图的下半部分为走廊，上半部分为办公大厅，走廊环境中的墙壁距离较长，激光传感器不能在一次扫描中得到完整墙壁，机器人需要在移动过程中依靠线段特征提取、匹配及融合得到完整的墙壁线段特征，圆弧特征获取方法类似。在该环境下，提取的角点特征与真实值相比，最大的误差不超过 0.05；真实线段角度特征值估计值最大误差不超过 2°，线段距离特征值最大误差不超过 0.1；真实圆弧角度特征值估计值不超过 2°，距离特征值的误差不超过 0.05，半径特征值误差不超过 0.05。算法中将不明显的角点及线段特征全部去除，仅保留特征明显的特征。

表 4.6　大范围角点特征提取统计　　m

序号	特征	估计值	真实值	序号	特征	估计值	真实值
1	x_P	−10	−10.047	4	x_P	−10.915 2	−10.953 2
	y_P	−48.8	−48.801		y_P	−33.803 1	−33.789 1
2	x_P	−9.532 5	−9.538 5	5	x_P	−10.810 2	−10.834 2
	y_P	−37.642 5	−37.692 5		y_P	−33.421 0	−33.406
3	x_P	−9.036 7	−9.002 7	6	x_P	−9.932 4	−9.883 4
	y_P	−33.814 7	−33.835 7		y_P	−26.328 4	−26.286 4

续表4.6

序号	特征	估计值	真实值	序号	特征	估计值	真实值
7	x_P	−9.893 2	−9.943 2	19	x_P	10.505 5	10.504 5
	y_P	−26.002 1	−25.965 1		y_P	0.264 2	0.310 2
8	x_P	−6.58	−6.541	20	x_P	10.211	10.186
	y_P	−23.8	−23.843		y_P	−1.853 6	−1.818 6
9	x_P	−6.14	−6.101	21	x_P	9.761 2	9.721 2
	y_P	−20.7	−20.746		y_P	−1.973 6	−1.971 6
10	x_P	−8.940 3	−8.928 3	22	x_P	1.47	1.437
	y_P	−18.935 5	−18.943 5		y_P	0.567	0.615
11	x_P	−8.882 1	−8.885 1	23	x_P	−2.588 7	−2.593 7
	y_P	−18.532 7	−18.534 7		y_P	−2.896 3	−2.875 3
12	x_P	−5.42	−5.432	24	x_P	−4.953 2	−4.966 2
	y_P	−15.2	−15.15 3		y_P	−5.650 3	−5.649 3
13	x_P	−3.03	−3.029	25	x_P	−6.874 7	−6.836 7
	y_P	−12.9	−12.873		y_P	−7.563 4	−7.519 4
14	x_P	0.394 0	0.347	26	x_P	−9.043 2	−9.071 2
	y_P	−9.350 1	−9.328 1		y_P	−8.963 0	−8.931
15	x_P	2.62	2.665	27	x_P	−9.203 3	−9.240 3
	y_P	−6.97	−7.006		y_P	−9.681 4	−9.632 4
16	x_P	25.6	25.621	28	x_P	−11	−10.967
	y_P	−2.91	−2.9		y_P	−14.3	−14.302
17	x_P	24.723 1	24.675 1	29	x_P	−12.103	−12.147
	y_P	0.068 1	0.085 1		y_P	−22.224 8	−22.251 8
18	x_P	22.107 8	22.126 8	30	x_P	−12.2	−12.225
	y_P	−0.404	−0.435		y_P	−23.1	−23.06

表 4.7　大范围线段特征提取统计　　m

序号	特征	估计值	真实值	序号	特征	估计值	真实值
A	φ_L	171.885 8	172.486 8	M	φ_L	279.970 3	280.440 3
	d_L	3.011 9	3.089 9		d_L	7.298 4	7.314 4
B	φ_L	173.217 1	173.589 1	N	φ_L	279.205 2	278.860 2
	d_L	5.019 9	5.096 9		d_L	3.887 8	3.808 8
C	φ_L	170.223 2	170.049 2	O	φ_L	283.485 9	283.050 9
	d_L	2.907 1	2.848 1		d_L	4.824 1	4.922 1
D	φ_L	171.384 9	171.037 9	P	φ_L	279.570 3	279.480 3
	d_L	3.869 4	3.778 4		d_L	4.074 0	4.116
E	φ_L	172.568 6	172.849 6	Q	φ_L	280.008 8	280.131 8
	d_L	3.446 5	3.367 5		d_L	1.565 7	1.482 7
F	φ_L	174.289 4	174.384 4	R	φ_L	100.567 6	100.425 6
	d_L	4.109 5	4.190 5		d_L	0.810 0	0.804
G	φ_L	172.541 9	172.671 9	S	φ_L	102.627 3	102.210 3
	d_L	3.401 2	3.336 2		d_L	0.231 9	0.284 9
H	φ_L	317.574	317.617	T	φ_L	314.874 5	314.467 5
	d_L	6.392 2	6.303 2		d_L	0.509 3	0.440 3
I	φ_L	311.845 2	312.020 2	U	φ_L	143.388 7	142.900 7
	d_L	7.588 5	7.557 5		d_L	2.942 2	2.946 2
J	φ_L	316.798 5	316.313 5	V	φ_L	162.646	163.074
	d_L	6.688 0	6.753		d_L	6.931 9	6.877 9
K	φ_L	280.348 7	280.824 7	W	φ_L	172.349 3	172.435 3
	d_L	7.327 3	7.237 3		d_L	8.998 3	9.076 3
L	φ_L	280.487 6	280.895 6	X	φ_L	172.328 8	171.929 8
	d_L	7.513 6	7.502 6		d_L	9.007 2	9.079 2

表 4.8　大范围圆弧特征提取统计　m

序号	特征	估计值	真实值	序号	特征	估计值	真实值
Ⅰ	φ_R	300.276	300.297	Ⅲ	φ_R	244.448	243.853
	d_R	4.145	4.105		d_R	12.635	12.647
	r	0.457	0.45		r	0.459	0.45
Ⅱ	φ_R	258.964 6	257.678	Ⅳ	φ_R	300.276	301.813
	d_R	7.366	7.342		d_R	4.145	4.186
	r	0.451	0.45		r	0.448	0.45

4.7　本章小结

本章主要研究 2D 激光传感器室内机器人特征提取，通过假设检验对 2D 点云数据进行划分；通过带权重的最小二乘法提取线段及圆弧特征，并通过 Mahalanobis 准则与 Hotelling T2 实现线段及圆弧特征的匹配；以特征协方差及特征上的扫描点数量为权重，实现回环检测。本章的方法具有以下特点：

(1)多种特征检测：在 2D 激光传感器扫描点中一次性提取角点、线段以及圆弧特征。

(2)稳定性：通过特征识别、特征匹配及回环检测，得到稳定的特征，实验结果表明，每种特征与真实值的误差较小。

(3)适应性：实验结果表明本章的方法在多场景中特征提取的效果较好，具有较好的适应性。

第5章

室内场景行人检测

机器人作业的实际动态场景中动态目标主要以行人为主，机器人首先需要解决行人检测和跟踪问题，对机器人动态环境建模和探索获得有效信息具有重要意义。本章研究了一种基于轻量化网络语义分割的行人检测和轨迹预测方法。针对动态物体轮廓，设计了一种轻量级的语义分割网络，进一步结合马尔可夫模型与网格地图模型研究一种行人轨迹预测方法，并通过实验和数据集验证了动态目标的有效性。本章研究内容在机器人环境感知中的行人感知方面具有重要借鉴意义。

5.1　概　述

大型医院、车站和工厂等公共场所室内动态因素主要是行人，行人具有运动、形态不确定性，所以在机器人室内建图过程中，一般是静态环境为主。21 世纪初卡内基梅隆大学等单位将动态特种跟踪技术与场景建图分开进行，解决室内动态建图技术难题。机器人建图或导航技术与不同动态场可能相关，需要进行人员检测与定位，如移动辅助作业型机器人；也可能无关，如巡检机器人对路过行人需进行安全距离或预测移动状态等检测。无论何种情况，均需要进行行人检测。在完成行人的动态检测之后，移动机器人在动态环境中要执行任务必须具备良好的避障能力，预测行人也是另一个技术难点。行人预测既可以让移动机器人更好地对行人进行追踪，也可以让移动机器人在导航时更好地避障。

5.2　基于视觉极线约束的动态物体检测

移动机器人在室内环境中运动时，其搭载的视觉传感器不可避免地会观测到行人等动态物体，而目前多数视觉 SLAM 算法仅适用于静态环境，这导致动态物体上提取的特征点会严重影响机器人的定位精度，甚至造成定位失败。另外，定位是建图的先决条件，高精度的定位结果有利于保障建图的质量，避免出现错位、重影等问题。因此，进行动态物体检测有利于提高移动机器人的定位精度与建图效果。考虑到语义分割可获得物体像素区域但无法判断其运动属性，而动态物体上提取的特征点通常不满足相机投影的几何约束，本章采用极线约束与语义分割相结合的算法进行动态物体检测。

光流法是动态物体检测中常用的算法，静态背景的光流场具有一致性，而动态物体的光流场杂乱无章。在动态物体检测方面，常用的光流法可以分为稀疏光流法与稠密光流法。稀疏光流法在图像上提取一定数目的特征点进行光流追踪，速度较快，但无法获得动态物体的像素区域。本节采用稀疏光流法对相邻图像帧的特征点进行光流匹配，采用极线约束筛选动态特征点而非光流场，以此提高筛选的准确性。

语义分割是计算机视觉领域的研究热点，它的主要任务是对图像中的每一个像素点进行分类划分，进而将整张图像分割为若干个语义类别的区域，是理解图像内容的关键技术。尽管语义分割能够从图像中识别出物体的类别并划分出像素区域，但其无法判断该物体是否处于运动状态，因此将极线约束与语义分割相结合进行动态物体检测。该算法主要分为两个线程：动态特征点筛选线程和语义分割线程。动态特征点筛选线程通过 LK 光流法跟踪建立起相邻两张图像帧的数据关联，为减少光流法的误匹配，剔除特征点邻域像素的灰度差异过大的点对，接着采用八点法计算相邻图像帧之间的粗略位姿，根据极线约束筛选出动态特征点。语义分割线程将当前帧图像输入训练好的卷积神经网络模型，输出图像的分类结果。动态物体判定环节统计每个类别物体像素区域内动态特征点的比例，如果动态特征点比例大于设定的阈值，则认为该物体为动态物体。

5.2.1 基于光流法的帧间追踪

为使用极线约束筛选动态特征点，需要获得相邻两张图像的位姿变换。本节在上一帧 RGB 图像上提取 GFTT 特征点，采用 LK 光流法进行追踪，获取相邻两帧图像的数据关联，根据特征点邻域灰度差异剔除部分误匹配点对，最后采用 RANSAC 与八点法计算出相邻帧图像的粗略位姿。

(1)LK 光流追踪。

GFTT 特征点是 Harris 特征点的改进，是一种基于自相关矩阵响应值的特征点提取方法。该特征点提取耗时小、追踪效果好，常与光流法配合使用，因此选择 GFTT 特征点用于动态特征点筛选。光流指的是图像上像素点位置随时间变化的关系，对于相邻的两帧图像可以使用光流法追踪特征点的位置变化，进而获得上一帧图像和当前帧图像特征点的匹配关系，光流法追踪原理示意图如图 5.1 所示。

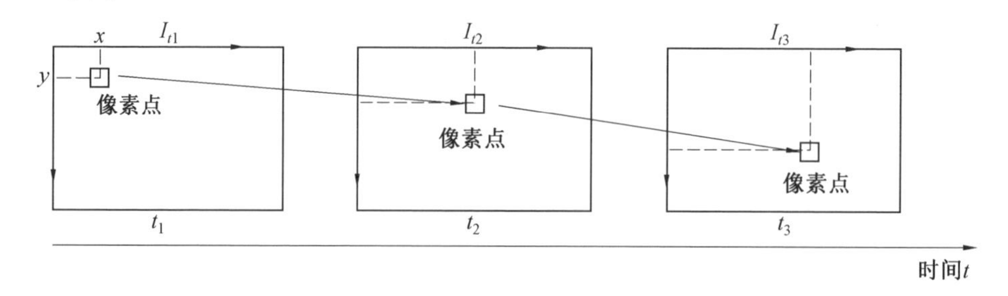

图 5.1 光流法追踪原理示意图

光流法基于灰度不变假设，即不考虑光照、相机曝光等因素的影响，认为同一空间点在相邻图像帧上的灰度值是相等的。另外，光流法基于时间连续假设，认为用于光流追踪的两帧图像时间间隔很小，像素点没有大幅度的位移。

假设 t 时刻坐标为(x, y)的像素点灰度值为 $I(x, y, t)$。经过 $\mathrm{d}t$ 时间后，该像素点移动至$(x+\mathrm{d}x, y+\mathrm{d}y)$处，像素点的灰度值为 $I(x+\mathrm{d}x, y+\mathrm{d}y, t+\mathrm{d}t)$，根据光流法的假设条件，可得

$$I(x+\mathrm{d}x, y+\mathrm{d}y, t+\mathrm{d}t)=I(x, y, t) \tag{5.1}$$

对等号右侧进行一阶泰勒展开可得

$$I(x+\mathrm{d}x, y+\mathrm{d}y, t+\mathrm{d}t)\approx I(x, y, t)+\frac{\partial I}{\partial x}\mathrm{d}x+\frac{\partial I}{\partial y}\mathrm{d}y+\frac{\partial I}{\partial t}\mathrm{d}t \tag{5.2}$$

根据灰度不变假设，前后两个时刻的灰度值相等，将其同时消去可得

$$\frac{\partial I}{\partial x}\mathrm{d}x+\frac{\partial I}{\partial y}\mathrm{d}y=-\frac{\partial I}{\partial t}\mathrm{d}t \tag{5.3}$$

将式(5.3)等号两侧同时除以 $\mathrm{d}t$ 可得

$$\frac{\partial I}{\partial x}\frac{\mathrm{d}x}{\mathrm{d}t}+\frac{\partial I}{\partial y}\frac{\mathrm{d}y}{\mathrm{d}t}=-\frac{\partial I}{\partial t} \tag{5.4}$$

式中　$\frac{\partial I}{\partial x}$、$\frac{\partial I}{\partial y}$——像素点在 x、y 方向的梯度，分别记为 I_x、I_y；

$\frac{\mathrm{d}x}{\mathrm{d}t}$、$\frac{\mathrm{d}y}{\mathrm{d}t}$——像素点在 x、y 方向的运动速度，分别记为 u、v；

$\frac{\partial I}{\partial t}$——像素灰度随时间的变化量，记为 I_t。

将式(5.4)写为矩阵形式为

$$[I_x \quad I_y]\begin{bmatrix}u\\v\end{bmatrix}=-I_t \tag{5.5}$$

在计算过程中通常认为一个小窗口内的像素都具有相同的运动趋势，假设小窗口的大小为 $\omega\times\omega$，即一共有 ω^2 个像素点，可构建 ω^2 个方程，即

$$[I_x \quad I_y]_k\begin{bmatrix}u\\v\end{bmatrix}=-I_{tk}, \quad k=1,\cdots,\omega^2 \tag{5.6}$$

整理得

$$\boldsymbol{A}\begin{bmatrix}u\\v\end{bmatrix}=-\boldsymbol{b} \tag{5.7}$$

其中

$$\boldsymbol{A}=\begin{bmatrix}[I_x \quad I_y]_1\\ \vdots \\ [I_x \quad I_y]_k\end{bmatrix}, \boldsymbol{b}=\begin{bmatrix}I_{t1}\\ \vdots \\ I_{tk}\end{bmatrix} \tag{5.8}$$

上述方程是关于 u、v 的超定方程，将其转化为最小二乘法问题可得到像素

点在图像坐标系的移动速度为

$$\begin{bmatrix} u \\ v \end{bmatrix} = -(\mathbf{A}^{\mathrm{T}}\mathbf{A})^{-1}\mathbf{A}^{\mathrm{T}}\boldsymbol{b} \tag{5.9}$$

当时间 t 为间断的时刻，根据式(5.9)能够计算出前一帧图像特征点在当前帧图像的像素坐标，以此达到追踪的目的。另外，考虑到图像的非凸性以及相机移动过快的情况，为了提高特征点追踪过程的稳定性，采用多层金字塔的 LK 光流进行追踪，通过图像金字塔的缩放将像素点的大位移转化为多步小位移，以此保证光流法的时间连续性。

(2)误匹配点对的剔除。

LK 光流法追踪可以快速建立相邻图像帧之间特征点的数据关联，避免了特征点描述子的计算与匹配，具有较高的实时性。然而，光流法基于灰度不变假设与时间连续假设，在实际环境中不可避免会因光照、曝光、运动过快的因素造成一定数目的误匹配点对，为避免将误匹配点对判断为动态特征点，根据匹配点对邻域的灰度差异将误匹配点对剔除。

通过 LK 光流法获取相邻帧图像的特征点匹配关系后，依次遍历每一个匹配的点对，根据两个特征点邻域像素的灰度差异筛选误匹配点对，剔除匹配关系。如图 5.2 所示，假设像素点 A 与像素点 B 为前后两帧图像中匹配的特征点，其中 A 点在图像中的坐标为(x, y)，B 点在图像中的坐标为(u, v)。A 点的灰度值为 I_A，B 点的灰度值为 I_B。为了判断点 A 与点 B 是否为误匹配点对，选择特征点八邻域内的像素灰度值作为判断依据，分别记 A 点邻域内的像素点坐标为 $A_1(x-1, y-1)$，$A_2(x-1, y)$，$A_3(x-1, y+1)$，$A_4(x, y-1)$，$A_5(x, y+1)$，$A_6(x+1, y-1)$，$A_7(x+1, y)$，$A_8(x+1, y+1)$，同理标记 B 点邻域内的像素坐标。由于特征点 A 与特征点 B 在图像中的坐标是已知的，那么可以求出 A_i、B_i，$i=1, 2, \cdots, 8$ 的像素坐标，进而获取其灰度值。

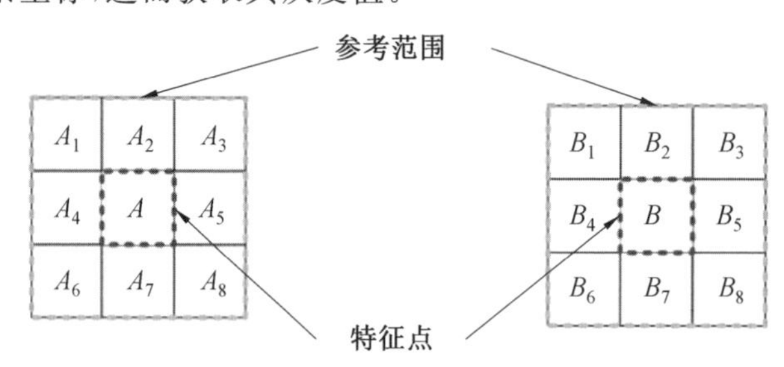

图 5.2　特征点匹配质量评价示意图

对特征点匹配效果判断的主要方法是计算其邻域像素的灰度差异 diff，该指标为特征点邻域内对应像素点灰度差绝对值的和，其计算公式为

$$\text{diff} = \sum_{i=1}^{8} abs(I_{Ai} - I_{Bi}) \tag{5.10}$$

如果 diff 超过设定的阈值，则认为特征点 A 与特征点 B 为误匹配点对，去除两点的匹配关系，避免其参与粗略位姿估计与动态特征点筛选。通过误匹配点对的剔除可以在一定程度上增加 LK 光流法追踪的稳定性，同时也可以避免将误匹配点对识别为动态特征点而影响动态物体判定，经过筛选后的匹配点对将用于粗略位姿估计与动态特征点识别，在实际环境中 LK 光流法的帧间追踪效果如图 5.3 所示。

(a) 上一帧提取的特征点

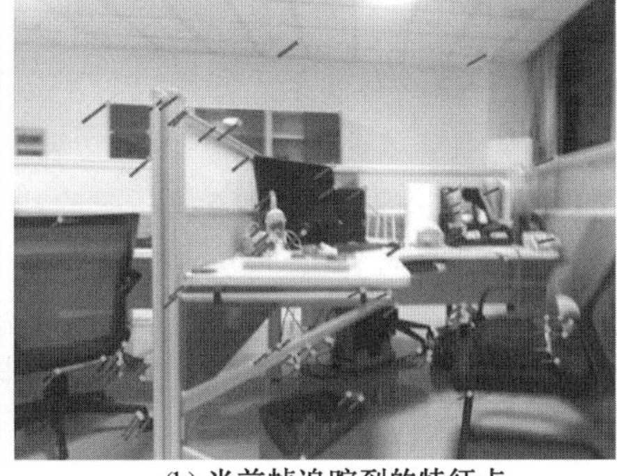

(b) 当前帧追踪到的特征点

图 5.3　LK 光流法的帧间追踪效果

5.2.2　动态特征点筛选

通过剔除误匹配点对，已经获得上一帧图像与当前帧图像更为准确的 2D－2D 匹配关系，这些匹配点对用于计算两帧图像之间的粗略位姿。之所以称为“粗略位姿”，是因为在这些匹配关系中存在动态特征点的匹配，这些错误的匹配关系会影响位姿计算的精度。

本节采用 RANSAC 算法与八点法计算基础矩阵 $\boldsymbol{F}$，即从所有的匹配点对中随机选择 8 对计算基础矩阵 $\boldsymbol{F}$，并计算该基础矩阵所包含的内点数目，经过多次迭代，选择包含内点数目最多的基础矩阵作为最终的基础矩阵 $\boldsymbol{F}$。获取基础矩阵 $\boldsymbol{F}$ 后，即可根据极线约束进行动态特征点筛选。

顾名思义，八点法计算基础矩阵 $\boldsymbol{F}$ 需要 8 个匹配的点对，假设两张图像中的一对匹配特征点为 A_i 和 B_i，其归一化坐标分别为 $\boldsymbol{A}_i=(x_i,\ y_i,\ 1)$，$\boldsymbol{B}_i=(u_i,\ v_i,\ 1)$，根据 2D－2D 的极线约束关系，可得

$$\boldsymbol{A}_i\boldsymbol{F}\boldsymbol{B}_i^{\mathrm{T}} = (x_i, y_i, 1)\begin{bmatrix} e_1 & e_2 & e_3 \\ e_4 & e_5 & e_6 \\ e_7 & e_8 & 1 \end{bmatrix}\begin{bmatrix} u_i \\ v_i \\ 1 \end{bmatrix} = 0 \tag{5.11}$$

令$[e_1\ e_2\ e_3\ e_4\ e_5\ e_6\ e_7\ e_8\ 1]^T=e$，整理可得

$$[x_iu_i\quad y_iu_i\quad u_i\quad x_iv_i\quad y_iv_i\quad v_i\quad x_i\quad y_i\quad 1]e=0 \tag{5.12}$$

考虑8对匹配的特征点，可列出如下方程：

$$\begin{bmatrix} x_1u_1 & y_1u_1 & u_1 & x_1v_1 & y_1v_1 & v_1 & x_1 & y_1 & 1 \\ x_2u_2 & y_2u_2 & u_2 & x_2v_2 & y_2v_2 & v_2 & x_2 & y_2 & 1 \\ \vdots & \vdots & \vdots & \vdots & \vdots & \vdots & \vdots & \vdots & \vdots \\ x_8u_8 & y_8u_8 & u_8 & x_8v_8 & y_8v_8 & v_8 & x_8 & y_8 & 1 \end{bmatrix} \begin{bmatrix} e_1 \\ e_2 \\ e_3 \\ \vdots \\ e_8 \\ 1 \end{bmatrix} =0 \tag{5.13}$$

该方程中共有8个未知数，因此基础矩阵$\boldsymbol{F}$能够通过8个匹配的特征点求解得出，从而获取两张图像的相对位姿变换。

使用极线约束筛选动态特征点的几何模型如图5.4所示，其中I_1、I_2为不同视角的两张图像，其相对位姿变换使用基础矩阵$\boldsymbol{F}$进行描述。点A为图像I_1上的特征点，其在图像I_2上对应的特征点为点B，两者通过LK稀疏光流法建立匹配关系。O_1、O_2分别为拍摄两张图像时相机光心所处的位置，连接O_1A、O_2B并延长交于一点P，点P则为特征点A与特征点B观测到的三维空间点。A、B、P三点在空间中确定的平面为基平面，两个成像平面I_1、I_2与基平面的交线l_1、l_2为极线。

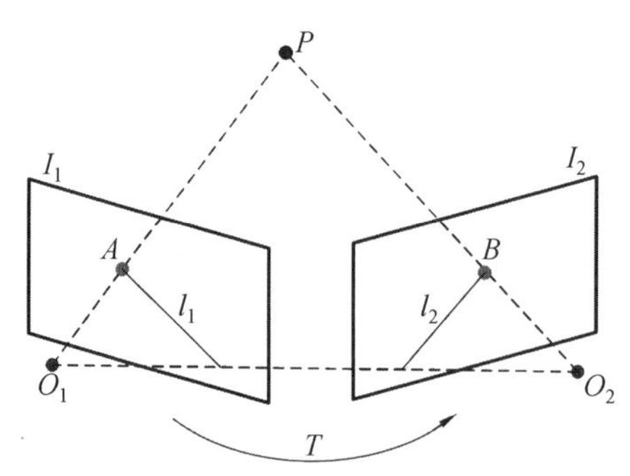

图5.4 动态特征点筛选模型

使用基础矩阵$\boldsymbol{F}$可以将前一帧中的特征点A映射到当前帧中相应的搜索区域，即极线l_2，极线l_2为图像I_2中与特征点A相匹配的特征点可能存在的位置。通过LK光流法追踪得到的特征点A的匹配点为点B，如果空间点P为静态点，则特征点B在极线l_2上或距离l_2较近，如果空间点为动态点，则特征点B到极线l_2的距离较远。因此，通过计算特征点到极线的距离判断其是否为动态特征点。

设点A与点B分别表示前一帧与当前帧图像中匹配的特征点，它们在各自图像中的坐标分别为$A=(x,y)$，$B=(u,v)$，则齐次坐标可表示为：$\boldsymbol{A}'=$

$[x \quad y \quad 1]$，$\boldsymbol{B}'=[u \quad v \quad 1]$。特征点 A 经过基础矩阵 $\boldsymbol{F}$ 映射到当前帧的极线 l_2 可通过如下公式计算得到

$$l_2=\begin{bmatrix}\boldsymbol{X}\\\boldsymbol{Y}\\\boldsymbol{Z}\end{bmatrix}=\boldsymbol{FA}'=\boldsymbol{F}\begin{bmatrix}x\\y\\1\end{bmatrix} \tag{5.14}$$

式中 $\boldsymbol{F}$——I_1、I_2两张图像对应的基础矩阵；

$\boldsymbol{X}$、$\boldsymbol{Y}$、$\boldsymbol{Z}$——极线 l_2的线矢量。

匹配点 B 到其对应极线 l_2的距离 D 可以通过如下公式计算得到

$$\boldsymbol{D}=\frac{|\boldsymbol{B}'^{\mathrm{T}}\boldsymbol{FA}'|}{\sqrt{\|\boldsymbol{X}\|^2+\|\boldsymbol{Y}\|^2}} \tag{5.15}$$

根据距离 D 的大小对特征点进行筛选，如果距离 D 大于预设的阈值 ε，则认为空间点 P 位于动态物体上，特征点 A、特征点 B 为动态特征点。动态特征点筛选算法见表 5.1。

表 5.1 动态特征点筛选算法

算法：基于极线约束的动态特征点筛选算法伪代码
输入：上一帧 RGB 图像 img0，当前帧 RGB 图像 img1
输出：动态特征点集合 S_0，静态特征点集合 S_1
1. 提取上一帧图像的 GFTT 特征点 P_0＝goodFeaturesToTrack(img0)
2. 细化提取的特征点到亚像素级别 P_0＝cornerSubPix(P_0)
3. 使用 LK 光流法追踪当期帧图像的特征点
P_1＝calcOpticalFlowPyrLK(P_0，img0，img1)
4. 根据邻域像素差异，剔除误匹配点
5. 计算粗略的基础矩阵 $\boldsymbol{F}$＝findFundamentalMat(P_0，P_1)
6. for p_0，p_1 in P_0，P_1 do
7. $I=\boldsymbol{F}*p_0$
8. D＝CalcuDistance2EpipolarLine(p_1，I)
9. if $D>$thresh then
10. push p_1 into S_0
11. else
12. push p_1 into S_1
13. end if
14. end for

5.3 基于语义分割的动态物体轮廓确定

在5.2节中根据匹配点到极线的距离进行动态特征点的筛选，动态特征点对应的三维空间点位于动态物体上。尽管基于极线约束的筛选方法能够有效识别出动态特征点，但其无法获得动态物体的像素轮廓，为避免将动态物体构建到环境地图中，本节采用语义分割的方法将图像分割为不同的像素类别，以此获得动态物体较为准确的像素区域。

5.3.1 轻量化语义分割网络的设计

基于卷积神经网络的语义分割常采用编码—解码结构，即将整个神经网络分为编码与解码两个阶段。编码阶段一般通过卷积操作进行下采样，获取图像的上下文信息，逐步提取图像的高维特征，通常使用图像分类领域较为成熟的神经网络作为基础框架。解码阶段常采用反卷积操作进行上采样，逐步将图像还原至初始尺寸，恢复图像细节并实现像素点的语义分类。为保证视觉SLAM算法的实时性，本节设计了一种轻量级的语义分割网络。

(1)轻量级语义分割网络框架设计。

本节设计的轻量级语义分割模型如图5.5所示，该网络分为编码器模块和解码器模块。编码器模块采用MobileNetV2作为基础网络进行图像高维特征的提取，解码器模块借鉴RefineNet多分辨率融合的思想，采用链式残差池化(Chained Residual Pooling,CRP)模块扩大感知范围，逐步融合信息并进行上采样，实现像素点类别预测。

(2)编码模块。

Mobilenet系列的网络框架最早由Google公司发布，其目的是设计轻量级、高实时性的网络框架，可用于机器人的控制器上。MobilenetV2网络是MobilenetV1网络的改进版本，该网络设计了一个带有线性瓶颈层的反向残差结构。反向残差结构以一个低维特征向量作为输入，它首先被扩展到高维，然后用轻量级的深度卷积进行过滤，可以显著减少推理过程中所需的内存占用。本节的轻量级语义分割网络编码器模块以MobilenetV2为基础框架，根据需求对每层的结构参数进行适当调整，编码模块的网络结构见表5.2。

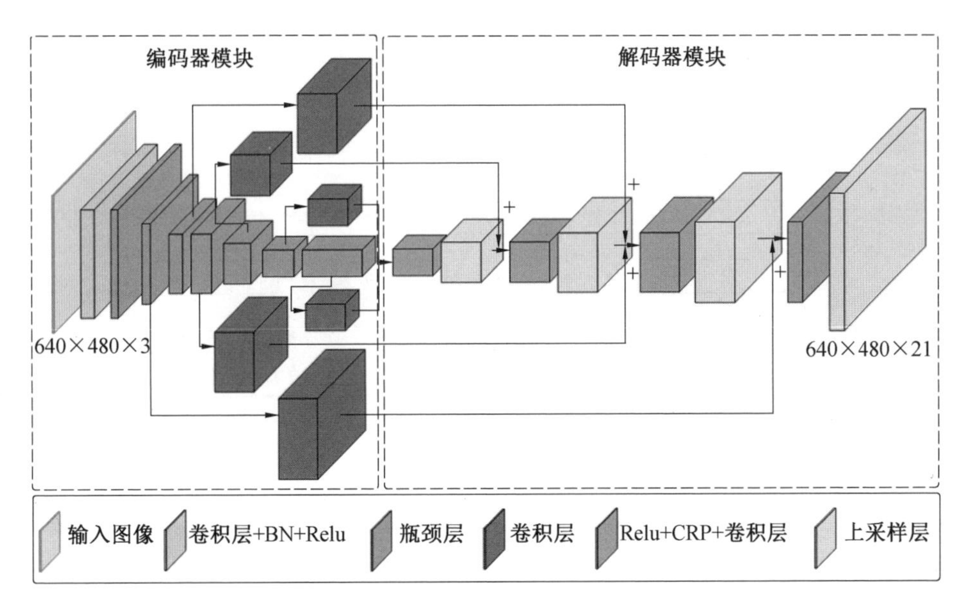

图 5.5　轻量级语义分割模型

表 5.2　轻量级语义分割网络编码模块

输入	操作	t	c	n	s
640×480×3	卷积层	—	32	1	2
320×240×32	瓶颈层	1	16	1	1
320×240×16	瓶颈层	6	24	2	2
160×120×24	瓶颈层	6	32	3	2
80×60×32	瓶颈层	6	64	4	1
80×60×64	瓶颈层	6	96	3	2
40×30×96	瓶颈层	6	160	3	2
20×15×160	瓶颈层	6	320	1	1

表 5.2 中输入项为张量的维度，t 为通道的倍增系数，c 为输出通道数，n 为该模块的重复次数，s 为该模块第一次使用的步长。本节将 MobilenetV2 分为 8 层，逐步提取图像的高维特征，在解码阶段，使用后 6 层图像逐步融合与细化，充分利用编码器提取的图像信息。

(3)解码模块。

解码模块的设计参考了 RefineNet 的 CRP 模块并对其进行轻量化，如图5.6 所示。

CRP 模块的主要作用是扩大感知范围，从更大的区域提取图像高维特征。

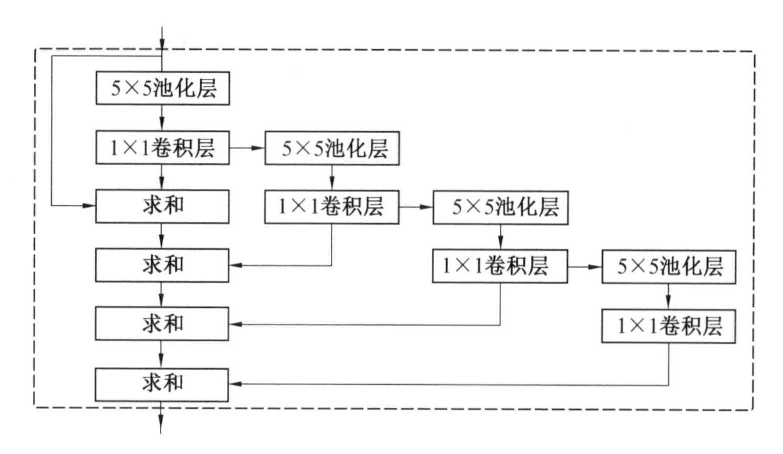

图 5.6　CRP 模块

特征图像经过 ReLU 激活函数后输入到 CRP 模块，CRP 模块通过池化对图像大小进行压缩，以此提取核心特征，再经过卷积处理得到新的特征图。新特征图在进行下一轮池化与卷积操作之前，通过残差连接与原始特征图进行融合，由此形成链式残差池化结构。

为降低语义分割网络的计算量，采用 1×1 大小的卷积替换原始 CRP 模块中的 3×3 大小卷积，经过实验发现该操作并不会明显影响语义分割网络的性能，但提升了语义分割网络的推理速度。这是因为在解码模块使用了编码阶段的 6 张特征图像，这 6 张特征图像具有低层次和高层次特征，另外，CRP 的池化层具有收集上下文信息、扩展感知范围的功能，因此无须使用大内核的卷积增加感受野。

5.3.2　语义分割网络的训练与结果分析

(1)数据集。

为验证轻量化语义分割网络的有效性，使用 PASCAL VOC2012 数据集对该语义分割网络进行训练。PASCAL VOC2012 数据集是计算机视觉领域中常用的数据集，该数据集可用于语义分割、目标检测等任务，对于语义分割任务。将背景统计在内共有 21 类目标种类，其中训练集 2 913 张，验证集 1 449 张，图像分辨率大致为 500 像素×300 像素。为了增强模型的泛化能力，同时使用了 VOC 的增广数据集 SBD，SBD 数据集的训练集包含 8 498 张图像，验证集包含 2 857张图像。从 SBD 增广数据集中去除 PASCAL VOC2012 数据集已经出现的部分图像，将两个数据集合并为 VOC2012_AUG 数据集，该数据集共有12 031 张标注图像，训练语义分割网络时使用其中的 10 582 张。

(2)训练参数设置。

使用服务器对语义分割网络进行训练,该服务器配有 NVIDIA GTX1080Ti 显卡,显示内存为 11 G。服务器配置的训练环境为 CUDA10.2 和 CUDNN7.6.5,语义分割网络采用 PyTorch 1.8.0 搭建。在训练集图像传入语义分割网络前,进行了缩放、翻转、裁剪等图像增强操作。训练过程中采用 Adam 算法进行优化处理,该算法可以使神经网络快速收敛,初始学习率为 0.01,衰减参数为0.000 5,迭代 2×10^5 次,选择在验证集上分割效果最好的网络模型进行保存。语义分割网络的训练过程分两个阶段:①仅训练编码器部分;②附加解码器训练整个神经网络。训练完成后,对最优网络模型进行时间测试,对于 640 像素×480 像素分辨率的图像,该模型前向传播推理耗时为 17 ms,可以满足视觉 SLAM 系统对实时性的要求。

(3)评价指标。

在语义分割领域,平均交并比(mean Intersection over Union,mIoU)是常用的评价指标,它能计算出所有物体类别真值和预测类别交集与并集之比的平均值,其数值越逼近于 1 表示语义分割模型精度越高。平均交并比凭借其简洁高效、代表性强的特点在语义分割领域使用极其广泛,是衡量网络精度的标准评价指标,因此选择平均交并比指标对语义分割模型进行评估。

假设某个语义分割任务需要将图像中的像素点分为 k 类,将类别真值为 i 类但预测为 j 类的像素点的数目为 p_{ij},类别真值为 i 预测值也为 i 类的像素点的数目为 p_{ii},则平均交并比可描述为

$$\mathrm{mIoU}=\frac{1}{k}\sum_{i=1}^{k}\frac{p_{ii}}{\sum_{j=1}^{k}p_{ij}+\sum_{j=1}^{k}p_{ji}-p_{ii}} \tag{5.16}$$

(4)实验结果与分析。

为验证该模型的泛化能力,训练完成的轻量级语义分割模型在实际场景的图像进行语义分割实验,实际场景的语义分割结果如图 5.7 所示。从实验结果可以看出,设计的轻量级语义分割网络能够有效地完成语义分割任务,可以较为准确地识别出图像中物体的轮廓,具备良好的泛化能力。

为验证语义分割模型的准确性与时效性,选择平均交并比与前向传播耗时两个指标进行分析,选择轻量级语义分割网络与 LEDNet、SegNet、ENet 在测试集图像上进行实验,实验结果见表 5.3。

(a) 原始图像

(b) 语义分割结果

图 5.7 实际场景的语义分割结果

表 5.3 轻量化语义分割网络实验结果对比

网络模型	mIoU/%	前向传播耗时/ms
语义分割网络	74.6	17
LEDNet	61.3	14
SegNet	54.1	67
ENet	57.2	34

从实验结果可以看出，设计的语义分割网络在耗时上比 SegNet、ENet 小，在分割精确度上比 SegNet、ENet 高，这是因为网络使用了编码器的多层特征图像，同时精简了网络参数，与 LEDNet 相比，语义分割网络耗时稍长，但精度更具有优势。

综上所述，设计的轻量级语义分割网络可以在精度与耗时上实现良好的权衡，满足机器人视觉 SLAM 系统对语义分割精度与实时性的要求。

5.3.3 动态物体像素区域的确定

在进行动态物体检测时，图像数据同时传入动态特征点筛选线程和语义分割线程，但语义分割线程耗时较长，通常情况为动态特征点筛选结束后等待语义分割完成。语义分割结果将图像划分为多个物体区域，在进行动态物体判定时，依次遍历每一个物体区域，统计该物体区域内静态特征点与动态特征点的数目，计算出动态特征点的比例，如果动态特征点比例高于阈值，则判定该物体为动态物体，将所用动态物体轮廓区域累加得到图像的动态物体掩码，动态物体像素区域确定的算法流程如图 5.8 所示。

5.3.4 实验验证

为验证动态物体检测算法的有效性，使用实际环境下采集的动态场景图像进行实验，图像采集传感器为 Kinect v2 传感器。输入相邻两帧图像，依次进行

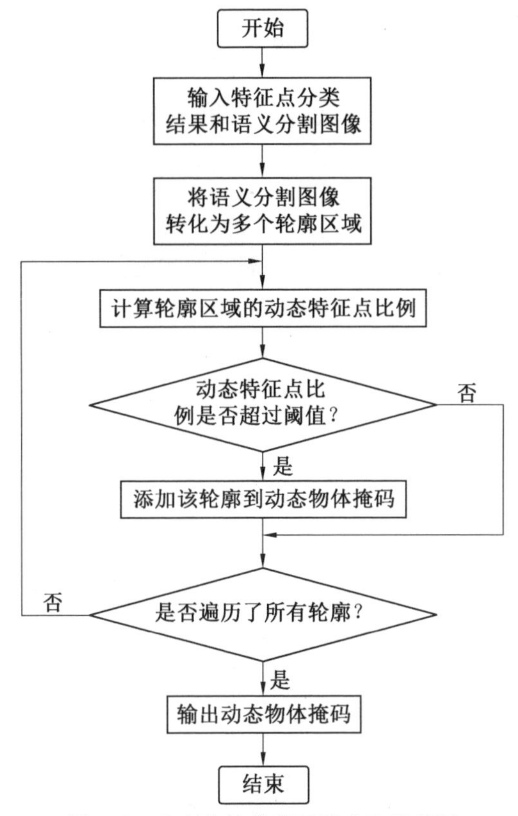

图5.8　动态物体像素区域确定流程图

动态特征点筛选、语义分割、动态物体轮廓确定。

采用极线约束筛选动态特征点的实验效果如图5.9所示，图5.9(a)与图5.9(b)为连续的两帧图像。算法执行时，在图5.9(a)中提取特征点，使用光流法进行追踪，建立相邻两帧图像的数据关联，使用极线约束筛选动态特征点。图5.9(c)为特征点优化结果，其中，红色特征点被判断为动态点，绿色特征点被判断为静态点。实验验证了极限约束方法对动态特征筛选有效性。

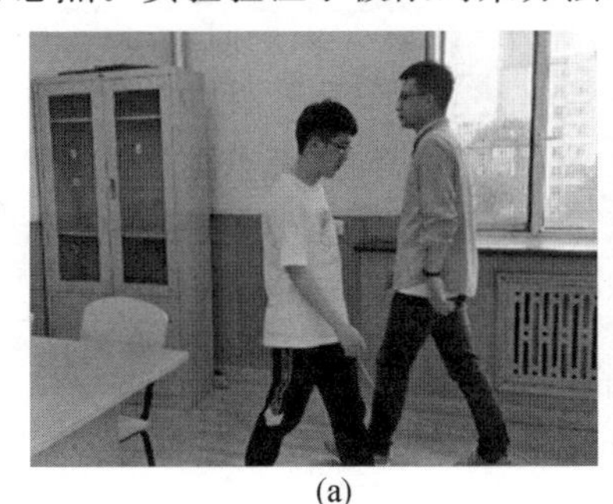
(a)

(b)

图5.9　极线约束筛选动态特征点

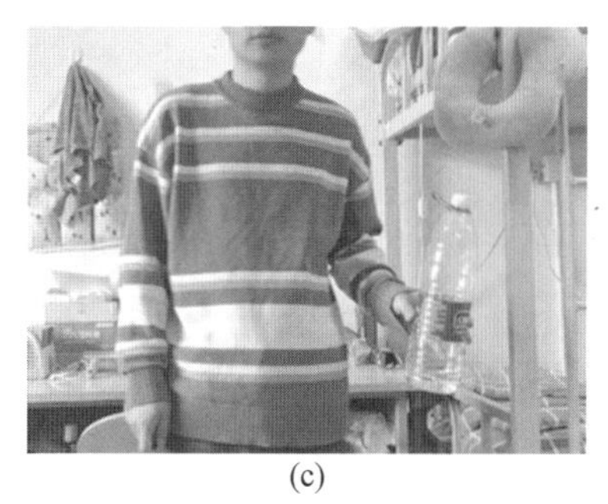

(c)

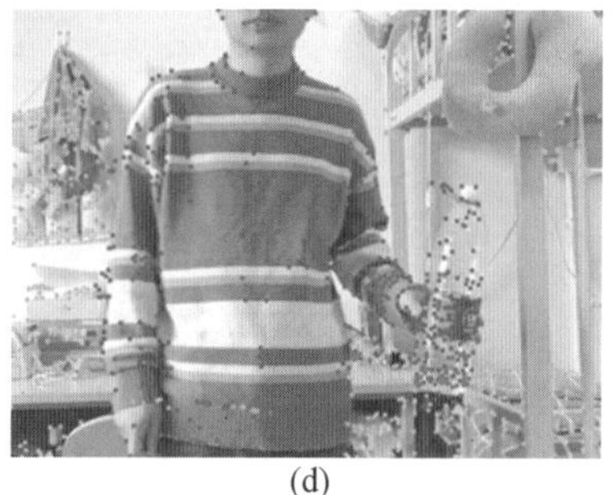

(d)

续图 5.9

语义分割确定动态物体轮廓实验如图 5.10 所示，图 5.10(a)为当前帧图动态特征点筛选结果，图 5.10(b)为当前帧图像语义分割的结果，不同类别的物体像素区域使用不同的颜色表示。根据语义分割结果，统计物体轮廓内的动态特征点与静态特征点数目，如果动态特征点占比超过阈值，则判断该物体为动态物体，图 5.10(c)为动态物体检测结果。由实验结果可知，语义分割结果较为准确，根据轮廓区域内动态特征点比例能够有效地检测出动态物体。

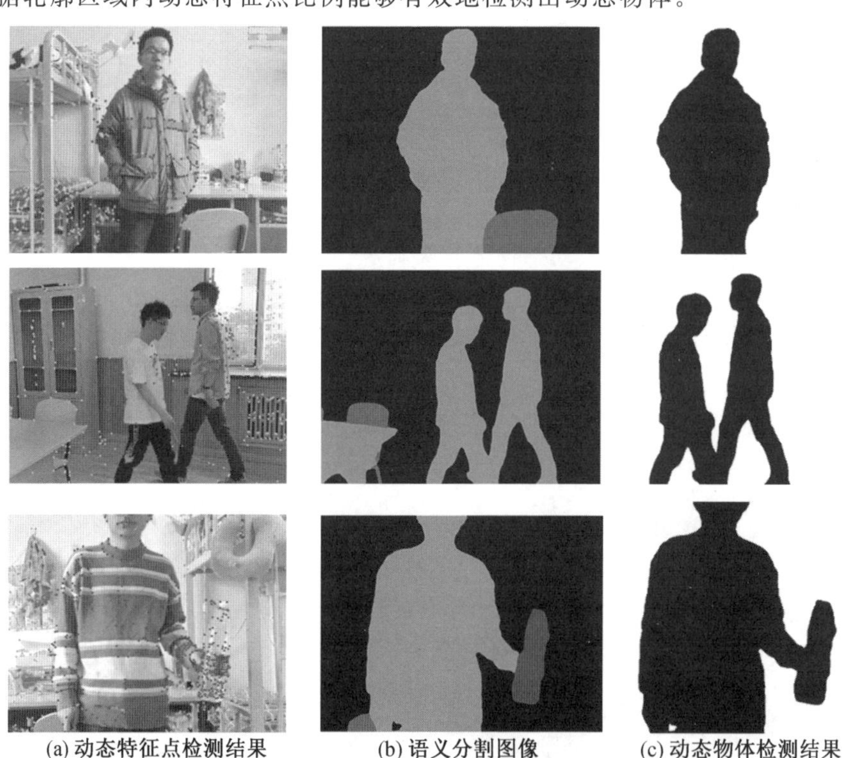

(a) 动态特征点检测结果　(b) 语义分割图像　(c) 动态物体检测结果

图 5.10　语义分割确定动态物体轮廓

5.4　基于马尔可夫的行人预测

在完成动态行人检测之后，对于行人未来位置的预测也非常重要。移动机器人在动态环境中要执行任务也必须具备良好的避障能力。为了提前避开行人可能的未来轨迹，预测行人轨迹也是移动机器人轨迹规划中的重点。行人的轨迹受意识驱动——行人的目标点及环境特征最终决定了行人的轨迹，单纯分析轨迹可能会过度预测造成错误，对行人进行分类并理解环境对行人的影响是优化行人轨迹预测的一个方向。根据行人轨迹的预测结果，移动机器人可以更好地完成在密集环境中的导航与避障。移动机器人的导航主要有两个方面可以利用行人轨迹预测结果：

(1)进行全局路径规划时，学习在这一场景下历史行人轨迹，从而使移动机器人做出类似行人的路径规划，完成移动机器人的社交性导航。

(2)在局部路径规划时，移动机器人可以利用行人的轨迹预测结果来提前躲避行人。对行人轨迹的预测既可以为移动机器人目标跟踪提供修正，也可以使机器人更好地避开其他行人。

行人预测方法示意图如图 5.11 所示，首先在一个环境中通过全景俯视摄像头采集行人轨迹数据，并且将整个环境网格化；其次通过历史轨迹及网格地图建立马尔可夫模型，从而进行行人轨迹预测。

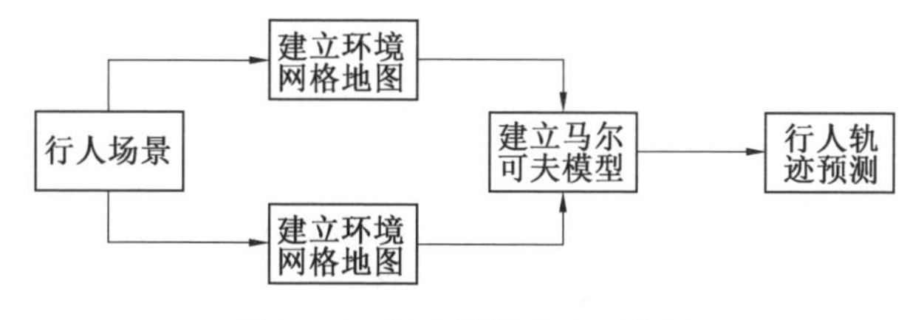

图 5.11　行人预测方法示意图

5.4.1　马尔可夫模型

马尔可夫过程认为如果一个系统的某一状态信息包含了所有相关的历史，在当前状态可知的前提下则所有的历史信息都不再需要，即认为该状态具有马尔可夫性。假设所有状态的集合为$\{S_1,S_2,\cdots,S_n\}$，则可以用下面的状态转移概率公式来描述马尔可夫性，即

$$p_{ss'}=P[S_{t+1}=s'\mid S_t=s] \tag{5.17}$$

式中　S_t——当前时刻的状态；

S_{t+1}——下一时刻的状态。

状态转移矩阵定义了所有状态的转移概率，即

$$p=\begin{bmatrix} p_{11} & \cdots & p_{1n} \\ \vdots & & \vdots \\ p_{n1} & \cdots & p_{nn} \end{bmatrix} \tag{5.18}$$

式中 p_{ij}——从 i 状态转移到 j 状态的概率。

马尔可夫奖励过程则定义了奖励 R，S 状态下的奖励是某一时刻 t 处在状态 s 下在下一个时刻 $t+1$ 能获得的奖励期望，其奖励值R_S为

$$R_S=E[R_{t+1}\mid S_t=s] \tag{5.19}$$

如果考虑模型对于近期目标与远期目标的平衡，需要引入衰减系数 $\gamma(0<\gamma<1)$，衰减系数表现了未来可能获得的奖励在当前时刻的衰减情况，衰减系数接近 0 则表示模型趋于短视，衰减系数接近 1 则表示模型偏重长远奖励，则收获 G_t为在一个马尔可夫链上从当前时刻开始考虑衰减的奖励总和，如式(5.20)所示：

$$G_t=R_{t+1}+\gamma R_{t+2}+\cdots=\sum_{k=0}^{\infty}\gamma^k R_{t+k+1} \tag{5.20}$$

5.4.2　基于网格地图的行人预测

根据马尔可夫过程以及马尔可夫奖励过程的思想，可以利用历史行人轨迹数据进行行人轨迹预测。对全部的行人轨迹数据来说，将其按照一定规律聚类后其数据的混乱程度会降低，从而使数据更具有规律性、更容易预测。本节将所有数据按照起点簇进行分类，对于不同簇起点出发的行人轨迹可以建立不同的马尔可夫过程，根据历史数据计算马尔可夫过程的状态转移概率矩阵，再根据状态转移概率矩阵来预测行人轨迹。首先将环境网格化，每一个网格都是马尔可夫过程中的一个状态，假设从某一簇出发的所有轨迹总共有 i 条，$T=\{T_1,T_2,\cdots,T_i\}$，其中进入 S_t状态的轨迹中，通过计算其离开 S_t状态时的速度方向来判断其将会进入的下一个状态 S_{t+1}。计算状态转移矩阵则是用进入某一个状态的轨迹数量除以进入当前状态的轨迹总数，假设当前网格为 W_0，可能进入的下一个网格的集合为$\{W_1,W_2,\cdots,W_8\}$，进入每一个网格的轨迹数量为$\{N_1,N_2,\cdots,N_8\}$，则

$$p_{0j}=P[S_{t+1}=W_j\mid S_t=W_0]=\frac{N_j}{\sum_{j=1}^{8}N_j} \tag{5.21}$$

按照上述方法可以计算出从某一簇起点出发的所有轨迹的状态转移概率矩阵。以图 5.12 为例，假设有 3 条轨迹从某一簇起点出发并经过 S_1状态，其中有 1 条轨迹 T_1离开 S_1状态时的方向指向 S_3状态，有 2 条轨迹 T_2、T_3离开 S_1状态时

的方向指向 S_4 状态，则 $p_{13}=1/3$，$p_{14}=2/3$，S_1 状态到其他状态的状态转移概率均为0。

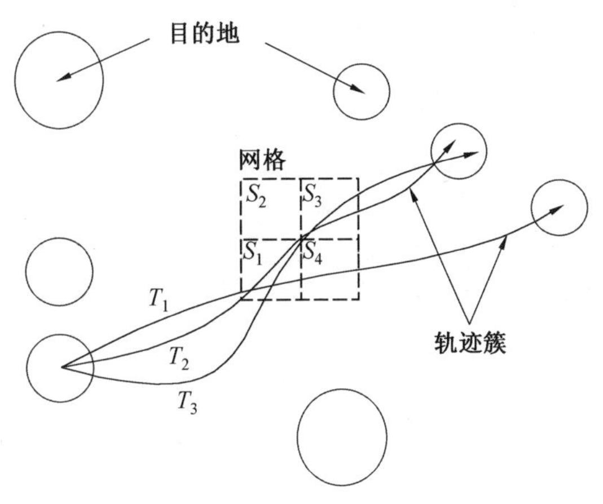

图5.12 状态转移概率计算示意图

根据马尔可夫过程及历史信息，可以从行人的起点和当前网格来推断行人后续可能出现的网格概率以及最终达到终点簇的概率，在某一时刻概率最大的状态即为行人可能达到的真实状态。假设行人的起点簇为 D_i，行人在某一个时刻处于 S_j 状态，则后续行人到达某一个状态 S_k 的概率为

$$P(D_i, S_j, S_k) = \prod_{n=j}^{k} (p_{jk} \mid d = D_i) \tag{5.22}$$

这种预测方法仅仅使用了当前时刻的信息，会丢失前序时刻的信息。为了应用所有前序时刻的信息，将前序时刻的信息赋予时间权重 $\lambda_t(0<\lambda_t<1)$ 并叠加，可以得到考虑前序时刻信息的最终概率值。

$$P'(D_i, S_j, S_k) = \sum_{n=0}^{j} \lambda_t^{\,j-n} \cdot P(D_i, S_n, S_k) \tag{5.23}$$

5.4.3 行人预测实验结果

对于行人预测的验证结果一般需要选取视野相对较大的场景，本章选择在学生公寓前采集的数据集。将网格尺寸设置为40像素×40像素，可以得到32个×18个网格构成的网格地图，每个网格对应马尔可夫过程的状态。图5.13显示了通过某一个网格的所有轨迹，其中蓝色表示当前显示的网格，“+”表示起点，“○”表示终点，不同颜色的轨迹代表了从不同起始目的地簇出发的轨迹。比如标注的红色轨迹为从公寓门口出发并经过这一网格的全部轨迹，而在计算从公寓出发并从右上方进入这一网格的状态转移概率时只需要考虑全部红色轨迹即可。

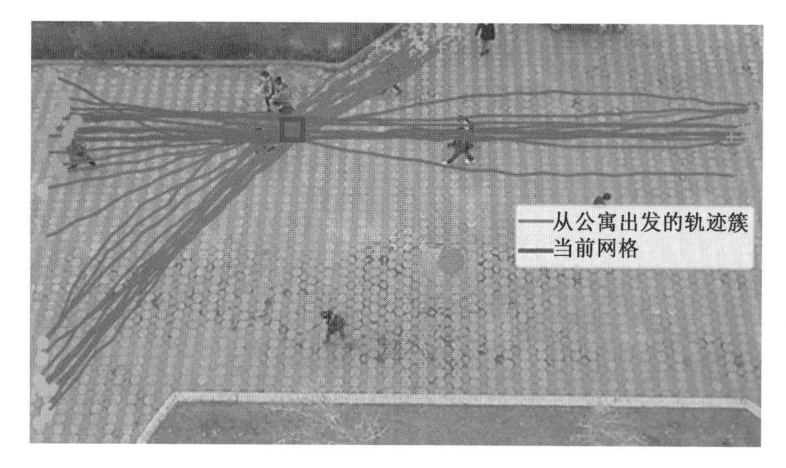

图 5.13　经过某一网格的行人轨迹(彩图见附录)

根据马尔可夫过程统计训练集中的轨迹可以获得从不同起始目的地簇出发的状态转移矩阵,接着对于测试集某一条具体轨迹的预测则变成了寻找其未来某一时刻状态的概率最大值。对于测试集中某条轨迹在某个时刻(红色点所在处)未来可能到达的状态如图 5.14 所示,不同颜色的方框代表不同时刻可能所处的状态,方框被颜色填满的程度表示概率的大小。从图中可以看出,马尔可夫过程结合历史数据的方法可以正确预测这一行人的未来轨迹,并且这一轨迹在左下方向上出现的可能性也得到了体现。

图 5.14　对某条轨迹的栅格地图预测(彩图见附录)

对于行人轨迹预测验证来说,一般是用过去 9 个时刻的信息预测未来 12 个时刻的数据。本章所用数据集中采样间隔为 0.4 s,即利用过去 3.6 s 的信息来预测未来 4.8 s 的轨迹。对数据集中某一位置在第 9 时刻后可能出现位置的概率集合如图 5.15 所示,图中蓝色圆圈为行人轨迹起点,蓝色轨迹为行人的前 9

个采样点，红色圆圈为开始预测的时间点，绿色轨迹为后续的真实位置，蓝色深色位置为预测概率较高的位置。从图中可以看出，深蓝色位置基本体现了对行人未来运动趋势的预测。

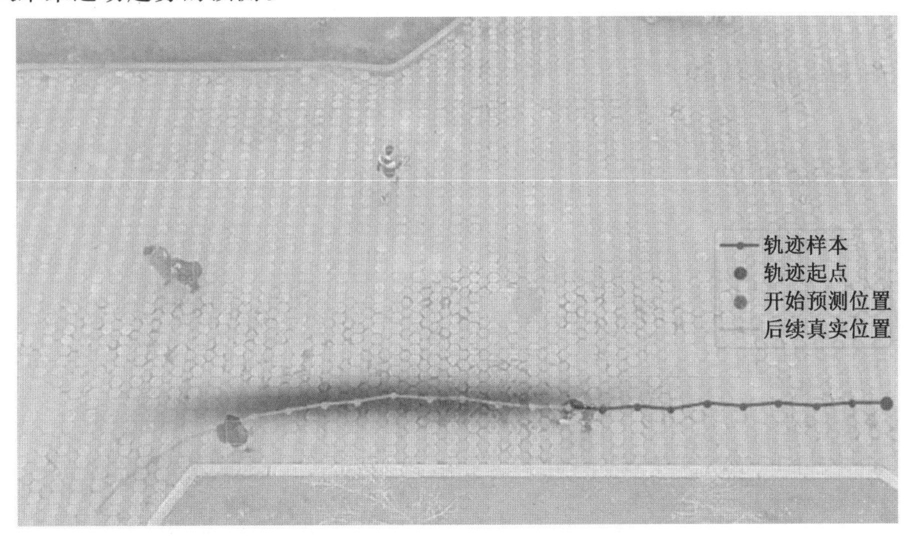

图 5.15　对某一行人轨迹在第 9 时刻后的预测(彩图见附录)

对数据集中某一条轨迹确定时刻的预测如图 5.16 所示，蓝色圆圈为行人轨迹起点，蓝色轨迹为行人的前 9 个采样点，红色圆圈为开始预测的时间点，绿色圆圈为第 21 时刻的真实位置。蓝色热力图代表了本章中的方法对第 21 时刻预测的概率结果(颜色越深代表概率越大)，红色“+”是热力图的最大值所在位置，即为第 21 时刻的预测位置。

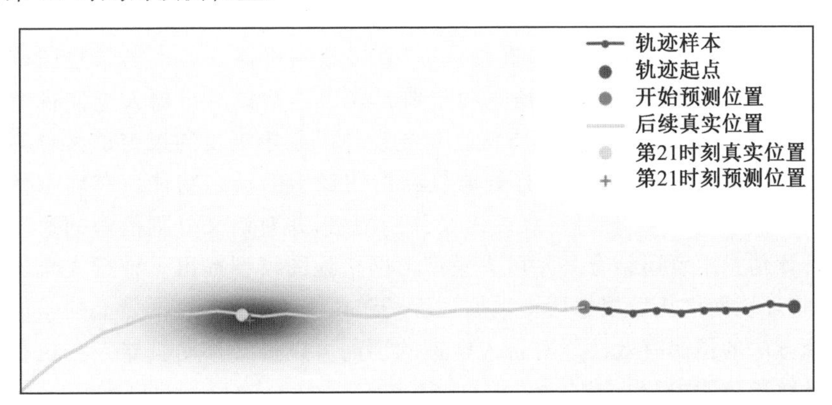

图 5.16　对某一行人轨迹未来位置的预测(彩图见附录)

为了定量分析方法的有效性，假设欧式距离误差在 60 个像素(约为真实世界的 1 m)内为准确预测，对准确预测计算其预测位置误差值，则在第 9 时刻对第

21 时刻的位置预测准确率为 82.8%，预测位置的平均距离误差为 25.6 像素。对比在不同预测时刻的真实位置与预测位置的距离误差，利用前 9 个时刻的信息，分别对第 18 时刻到第 27 时刻的位置进行预测，结果如图 5.17 所示。从图中可以看出，如果限制只利用前 9 个时刻的信息，对未来时间越长的预测越不准确，位置误差越高。

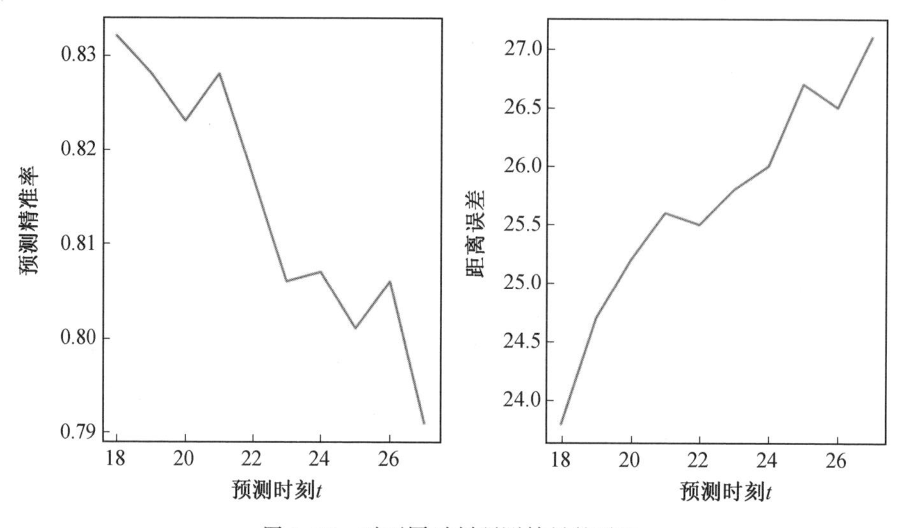

图 5.17　对不同时刻预测结果的对比

5.5　本章小结

行人是机器人环境感知的重要目标，直接影响机器人动态场景建图或安全导航，所以解决行人检测问题是一项重要工作。本章针对机器人立体视觉设计了基于轻量化网络的行人检测方法。首先设计了基于极线约束与语义分割的动态物体检测算法，该算法能够有效地检测出图像中的动态物体。在动态物体轮廓确定方面，设计了一种轻量级的语义分割网络，并对语义分割模型的速度与精度进行评估。本章还结合马尔可夫模型与网格地图模型提出一种行人轨迹预测方法，将环境网格化后根据历史数据训练马尔可夫模型，在数据集上的验证表明了本章方法的预测有效性。对行人轨迹的预测可以提升移动机器人在执行任务时的导航避障能力。

第6章

基于深度学习的机器人视觉重定位技术

机器人重定位是机器人环境感知的前提，即使机器人被“绑架”或建图失败，也能够重新获得地图中的位置。本章着重从视觉角度研究了机器人重定位问题。针对机器人视觉算法对观测视角、环境光线变化等鲁棒性差的问题，研究了一种基于图像相似度的卷积神经网络视觉重定位算法。此外，针对基于卷积神经网络的重定位算法精度不足的问题，设计一种融合特征法和卷积神经网络的视觉重定位算法，并通过数据集验证了机器人在环境感知中“绑架”等条件下重定位算法的有效性，为机器人的环境感知任务提供长期可靠定位保障。

6.1 概　述

服务机器人在室内环境中长期运行时，需要建立环境的地图用于路径规划和导航等任务。近年来，基于视觉传感器的机器人 SLAM 技术算法研究成为热点之一，可以建立特征点的稀疏地图或点云表示的稠密地图，能够在较大范围的室内环境中检测等。机器人利用这些视觉算法建立环境地图后，当再次运行或断电重启等情况下导致机器人被"绑架"，丢失当前位置时，首先需要获得在地图中的全局位置，即重定位问题。采用传统基于特征匹配的视觉方法进行重定位时存在视角、光照等变化时鲁棒性差的问题，也容易导致定位精度大幅度降低，甚至失败。因此，本章主要研究增强机器人鲁棒性的重定位算法。

鉴于深度学习的算法在目标分类、检测等领域取得了很高的精度，并对复杂背景和光照变化表现出较好的鲁棒性，因此，借鉴神经网络对图像特征提取的优势，研究基于卷积神经网络的机器人重定位算法。此外，结合传统的特征法，进一步提升重定位算法的精度。

6.2 基于卷积神经网络的服务机器人视觉重定位

重定位是服务机器人室内长期运行不可或缺的功能模块之一。在实际应用中，一般希望机器人在环境中进行一次遍历后，即可建立环境的地图并进行保存。机器人再次运行时，可以利用上次已建立的地图进行导航等作业任务。机器人需要根据当前的传感器观测获取在已建立的地图中的位姿。

图 6.1 所示为服务机器人在室内环境下进行建图的示意图，机器人的初始位置为 A 区域，然后沿着轨迹顺时针绕房间运行一周，最终回到起始点，完成室内的环境感知并建立三维地图 M_{3D}。通常视觉建图中以第一个关键帧作为地图的系统坐标系，即 A 位置为坐标系$\{O_M\}$。在连续的位姿估计中，相邻的帧中相机的视角重合区域较大，特征点匹配的数量较多，可以进行较为准确的位姿估

计。基于关键帧技术建立地图，并将特征点对应的三维点作为地图点进行保存。最后，在地图中保存关键帧和三维地图点。地图点可作为路标，表示环境的特征，并可进行机器人的回环检测等。

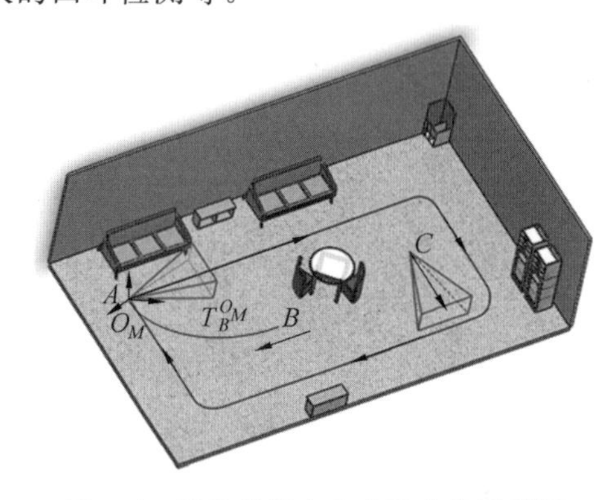

图 6.1　服务机器人室内重定位示意图

通常采用关键帧技术建立的三维地图是保存关键帧对应的特征点，通过特征匹配搜索到相关的关键帧，进而进行位姿估计实现重定位。机器人进行一次环境建图时，按照图 6.1 中所示的轨迹运行，其视觉传感器的视角是在机器人前进方向为中心线的四棱锥范围内。而当机器人再次在地图环境中运行时，其初始的位置可能不在建图时所在的路径附近，如图 6.1 中 B 或 C 位置所示的视角方向。这样可能导致观测图像中的特征点与之前保存的特征点数据库匹配数量下降，甚至不能匹配，无法进行重定位。因此，地图不能有效利用，需对机器人初始位置进行限定才能实现重定位，或者需要机器人建图时便利环境中的各个视角。然而，这些措施将增加机器人使用的复杂度，不利于机器人的自主运行。此外，室内光线的变化也会影响特征提取，严重时造成重定位失败。因此，需要研究一种对视角、光线变化鲁棒的视觉重定位算法，求解出机器人初始位置在地图 M_{3D} 坐标系$\{O_M\}$中的全局位姿，即位姿估计问题。对于图 6.1 中的位置 B 而言，重定位问题是求解到坐标系$\{O_M\}$的变换矩阵 $\boldsymbol{T}_B^{O_M}$。

6.2.1　机器人视觉重定位系统设计

通常基于深度学习的视觉位姿估计算法需要使用图像及对应的位姿作为训练集，训练网络参数。然后，在测试集上进行位姿估计测试。测试中发现测试集的轨迹与训练集越接近，则位姿回归的精度越高，即测试集中的图像与训练集相似度越高，位姿估计精度越高。因此，可通过获取相似度高的输入图像以提高精度。

设计的视觉位姿估计系统结构框图如图 6.2 所示，首先是对输入 RGB 图像进行裁剪，寻找与图像训练集相似度高的若干张图像，然后分别通过迁移学习训练的卷积神经网络进行位姿回归。①借鉴 PoseNet 网络结构，使用迁移学习进

行位姿回归网络训练；②为降低图像相似度度量的计算复杂度，对训练集图像进行聚类，使用训练的回归模型对图像进行特征提取，得到表征图像的特征向量，采用 K－means 聚类算法对特征向量进行聚类；③使用遗传算法优化裁剪图像的位置，以图像裁剪位置作为优化变量，裁剪图像与训练集图像的相似度作为适应度函数，进行图像的裁剪位置寻优；④使用训练的模型对筛选出相似度高的图像进行位姿回归，得到位姿。

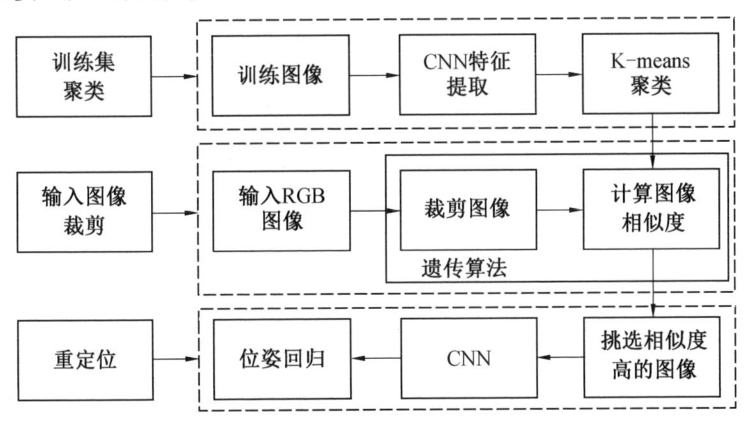

图 6.2　视觉位姿估计系统结构框图

6.2.2　基于迁移学习的位姿回归网络

位姿回归算法借鉴 PoseNet 网络结构，使用迁移学习算法对在 ImageNet 数据集上训练的 GoogLeNet Inception V1 网络结构进行修改并训练。将 3 个全连接层的 SoftMax 输出去掉，替换为 7 维的向量输出(包含三维空间位置和四元数表示的姿态)，位姿回归卷积神经网络结构如图 6.3 所示。

训练中采用欧式损失函数，使用随机梯度下降（Stochastic Gradient Descent，SGD)进行网络模型训练。损失函数 $L(I)$为

$$L(I)=\sum_{i=1}^{3}\alpha_i L_i(I) \tag{6.1}$$

$$L_i(I)=\| \hat{\boldsymbol{t}}-\boldsymbol{t} \|_2+\beta_i \| \hat{\boldsymbol{q}}-\frac{\boldsymbol{q}}{\|\boldsymbol{q}\|} \|_2 \ (i=1,2,3) \tag{6.2}$$

式中　I——输入 RGB 图像；

$L_i(I)$——第 i 个全连接层输出位姿的损失函数；

α_i——第 i 个输出位姿损失函数的权重；

$\boldsymbol{t}$ 和 $\boldsymbol{q}$——图像对应的三维位置和姿态四元数；

$\hat{\boldsymbol{t}}$ 和 $\hat{\boldsymbol{q}}$——位姿回归的三维位置和姿态四元数；

β_i——第 i 个输出位姿损失函数中平衡位置误差和姿态误差值的系数。

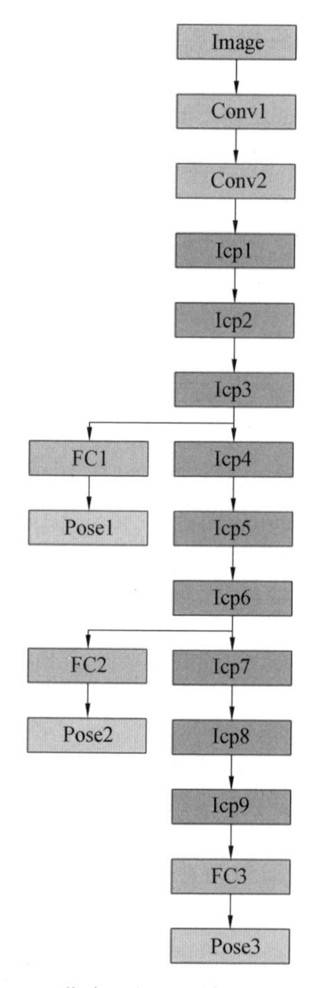

图 6.3 位姿回归卷积神经网络结构

6.2.3 基于 K-means 的训练集特征向量聚类

为从裁剪的输入图像中挑选出与训练集相似度高的图像，需要定义图像间的相似度衡量方法。在图像检索领域，卷积神经网络得到广泛应用并取得很高的准确率。神经网络能够对图像进行自动特征提取得到特征向量，然后使用特征向量进行特征匹配。在上述的位姿回归网络结构中，输出位姿的前一层为全连接层，向量维度为 2 048。因此，可使用该全连接层作为图像的特征向量进行图像相似度度量。

训练集图像特征向量提取示意图如图 6.4 所示，输入图像采用中心裁剪方式。设训练集图像数量为 m，特征向量集合为 $U_{\text{train}}=\{\boldsymbol{u}_1,\boldsymbol{u}_2,\cdots,\boldsymbol{u}_m\}$，第 i 张图像 I_i 经过位姿回归神经网络提取特征向量 $\boldsymbol{u}_i$ 为

$$\boldsymbol{u}_i = f_{\text{CNN}}(I_i) \quad (i \in [1,m], i \in \mathbf{N}^+) \tag{6.3}$$

式中　f_{CNN}——卷积神经网络，可作为特征向量提取的函数。

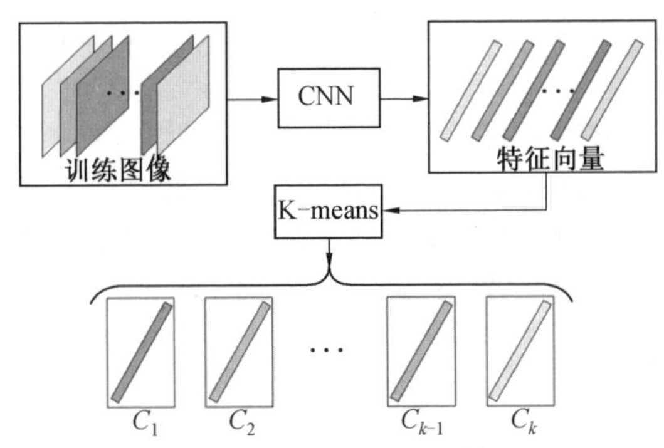

图 6.4　训练集图像特征向量提取示意图

按照同样的方法对测试集图像进行特征提取，得到特征向量，然后与训练集中所有的特征向量计算向量距离，取最小距离作为图像相似度的度量。通常训练集中图像较多，如微软的 7－Scenes 数据集中每个场景有数千张图像，而且特征向量维度较高，直接进行特征向量计算的复杂度较大。为降低计算复杂度，对训练集特征向量进行聚类，得到若干聚类中心。然后，比较测试图像特征向量与聚类中心的距离作为图像相似度的度量。

采用 K－means 聚类方法对训练集图像的特征向量进行聚类，设聚类中心数量为 k 个，向量集合表示为 $C_{\text{train}} = \{\boldsymbol{c}_1, \boldsymbol{c}_2, \cdots, \boldsymbol{c}_k\}$，且聚类中心的向量维度不变。

聚类前需要对数据进行标准化，设训练集特征向量均值为 μ，标准差为 σ，向量维度为 s 维，则标准化后的第 i 个特征向量的第 j 维 $u_i'(j)$ 为

$$\boldsymbol{u}_i'(j) = \begin{cases} \dfrac{\boldsymbol{u}_i(j) - \mu(j)}{\sigma(j)}, \sigma(j) \neq 0 \\ 0, \sigma(j) = 0 \end{cases} \tag{6.4}$$

$$(i \in [1,m], j \in [1,s], i,j \in \mathbf{N}^+)$$

式中　$\mu(j)$ 和 $\sigma(j)$——第 j 维特征向量的均值和标准差。

6.2.4　基于遗传算法的输入图像裁剪

位姿回归网络需要的输入图像尺寸一般比测试集图像尺寸小（如微软的 7－Scenes的图像尺寸为 640 像素×480 像素，而网络需要的输入尺寸为 224 像素×224 像素），所以需要对图像进行处理。通常采用中心裁剪，但实验中发现裁剪图像与训练集越接近则回归的位姿精度越高，因此，筛选出合适的裁剪图像可提高精度。

采用先裁剪后压缩的方式获取网络需要的图像。设测试集输入的图像尺寸为 $w\times h$,将图像尺寸先裁剪为 $h\times h$,再压缩为 $h'\times h'$,则裁剪图像的左上角位置的范围为$[0,w-h]$。因此,需要寻找合适的裁剪位置使得图像与训练集相似度最高。

为确定输入图像的裁剪位置,采用遗传算法进行寻优。遗传算法是一种借鉴生物进化的搜索启发式算法,用于解决最优化问题。其可直接操作对象,没有函数连续性的限制。采用概率寻优方法,可自动获取和指导优化的搜索空间,自适应地调整搜索方向,不需要确定的规则。因此,采用遗传算法搜索图像的最优裁剪位置。

图 6.5 为基于遗传算法的输入图像裁剪示意图。以图像裁剪位置作为优化变量,裁剪图像与训练集图像的相似度作为适应度函数。通常图像相似度度量采用词袋模型等基于特征的方法,对图像进行特征点提取并检索,但运动模糊及视角变化较大的场景下特征点难以匹配,不能进行有效的图像相似度度量。由于训练的位姿回归神经网络包含 9 个感知模块以及卷积层、池化层等,可对图像信息进行抽象和特征提取,因此,使用网络中输出的全连接层特征向量进行图像相似度的衡量。

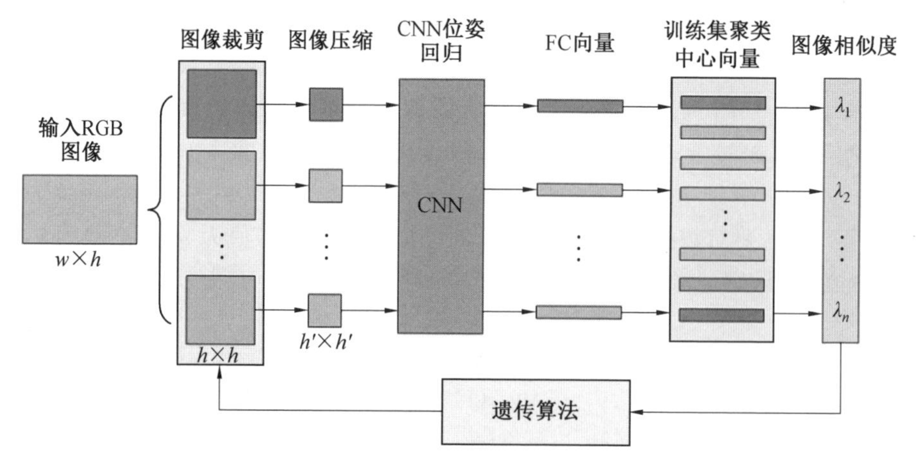

图 6.5　基于遗传算法的输入图像裁剪示意图

使用遗传算法优化输入图像裁剪位置需要确定可行解的编码和解码方式,设计适应度函数和遗传算子运算,具体过程如下。

(1)图像裁剪位置可行解的编码和解码。

可行解编码是将解空间表示为染色体方式,以便于实现交叉和变异等遗传算子。由于二进制编码稳定性高,且不易陷入局部最优,选择其对图像的裁剪位置进行编码表示。图像裁剪的左上角位置范围为 $x\in[0,w-h]$,因为裁剪位置均为整数,求解精度设为 1 个像素,则解空间可划分为 $w-h$ 个等份,二进制串位

数 n 可由式(6.5)确定。

$$2^{n-1}<w-h<2^n \tag{6.5}$$

每个二进制串代表一条染色体串，在经过遗传算子运算后需要进行解码。设染色体串为 X，则解码后的图像裁剪位置为

$$x=\text{Round}\left(\frac{\text{Decimal}(X)}{2^n-1}\cdot(w-h)\right) \tag{6.6}$$

式中 Round( )——取整函数；

Decimal( )——将二进制转化为整数的函数。

(2)适应度函数设计。

适应度函数是判断每个个体的优劣程度的评价函数，并作为以后遗传操作的依据。一般，设计时函数值越大，则可行解的质量越高。设计的适应度函数是对裁剪出的多张图像进行评价，以便选出合适的裁剪位置。使用训练的位姿回归网络对图像进行特征提取，得到特征向量，并计算其与训练集图像聚类中心特征向量的距离，以实现图像相似度的度量。

采用随机方式对输入图像进行裁剪，获得 w 张尺寸为 $h\times h$ 的裁剪图像，将裁剪图像表示为 $I_s(s\in[1,w],s\in\mathbf{N}^+)$。使用训练的位姿回归网络提取特征向量 $\boldsymbol{u}_s$ 为

$$\boldsymbol{u}_s=f_{\text{CNN}}(I_s)\quad(s\in[1,w],s\in\mathbf{N}^+) \tag{6.7}$$

式中 f_{CNN}——位姿回归神经网络。

通过计算特征向量间的距离对图像相似度进行度量。分别计算裁剪图像特征向量 $\boldsymbol{u}_s$ 与训练集的 k 个聚类中心向量 $\boldsymbol{c}_k$ 的距离，并取距离最小值 λ_s 作为图像相似度，即

$$\begin{gathered}\lambda_s=\min(\|\boldsymbol{u}_s-\boldsymbol{c}_1\|_2,\|\boldsymbol{u}_s-\boldsymbol{c}_2\|_2,\cdots,\|\boldsymbol{u}_s-\boldsymbol{c}_k\|_2)\\(s\in[1,w],s\in\mathbf{N}^+)\end{gathered} \tag{6.8}$$

在遗传算法中，适应度函数用于比较排序并计算选择概率，一般设计为求最大值形式且函数值非负。因此，使用指数函数定义如下适应度函数 y_s 为

$$y_s=f(I_s)=\mathrm{e}^{-\lambda_s} \tag{6.9}$$

(3)遗传算子运算。

分别采用选择、交叉和变异等遗传算子进行种群的进化。选择操作是从前代可行解中选择出较优的个体进行交叉，产生下一代种群。通过适应度函数评估个体的适应度，并进行排序。采用轮盘赌选择方法，按照适应度越高，选择概率越大的原则，从种群中选择两个个体作为父方和母方。裁剪的图像 I_s 被选择的概率为

$$p(I_s)=\frac{y_s}{\sum_{r=1}^{w}y_r} \tag{6.10}$$

对选择出的父方和母方染色体按一定概率进行交叉和变异，产生子代。重复这个过程，直到子代种群数量达到设定值。最终，达到迭代次数后停止。遗传算法伪码见表6.1。

表6.1　遗传算法伪码

算法：遗传算法
p_c：交叉概率 p_m：变异概率 N：最大迭代次数 n：当前迭代次数 M：种群数量 m：当前种群数量 Pop：当前种群 new Pop：新产生的种群
1. 初始化参数：p_c，p_m，N，n，M，m； 2. 随机产生第一代种群：Pop； 3. while $n<N$ do 4. 计算Pop中每个个体的适应度； 5. 　newPop=0； 6. 　while $m<M$ do 7. 　　基于选择算法在种群中选择两个个体； 8. 　　if random(0, 1)$<p_c$ then 9. 　　　交叉操作； 10. 　　end if 11. 　　if random(0, 1)$<p_m$ then 12. 　　　变异操作； 13. 　　endif 14. 　　new Pop ←两个新的个体； 15. 　　$m=m+2$； 16. 　end while 17. 　Pop ← new Pop； 18. 　n++； 19. end while

按照图6.5方法得到与数据集相似度最高的图像，然后，将该图像作为输入，使用图6.2结构图的位姿回归网络计算位姿。

6.2.5　机器人重定位算法实验验证

为验证所提出算法的有效性，在公开数据集上进行重定位实验。2013年，微软研究院公开的基于RGBD－D传感器的室内数据集7－Scenes，用于评价位姿估计和重定位算法。该数据集包含7个室内场景，图6.6所示分别为各场景的图片和三维稠密重建地图及采集时相机的运动轨迹。数据集是使用手持的Kinect采集的7个室内场景(RGB图像分辨率为640像素×480像素)，包含了严重的运动模糊、光照变化和相似的场景，对于一般的视觉位姿估计方法造成极大困难。数据集分为训练集和测试集，并通过KinectFusion算法提供位姿真值。

图6.6　Microsoft 7－Scenes数据集

(1)训练集特征向量聚类。

在7－Scenes数据集上进行实验，按照基于K－means的特征聚类算法，使用位姿回归网络对训练集进行特征向量提取。输入图像分辨率为640像素×480像素，采用中心裁剪方法，裁剪后图像分辨率为480像素×480像素，再压缩为网络需要的输入尺寸为224像素×224像素。提取训练集特征向量后，为降低后续向量计算的复杂度，使用K－means算法进行聚类。根据训练集中图像数量不同，设置不同数量的聚类中心。聚类中心向量的维度保持不变，为2 048维。

为便于观察聚类的效果，使用t－SNE(t－distributed Stochastic Neighbor Embedding)算法对2 048维的聚类中心向量进行降维，维度降为二维，可在二维平面上显示。图6.7所示分别为数据集中Heads和Stairs的聚类中心向量经过降维后的二维分布，可看出其分布均匀，表明聚类的效果较好。

(2)基于迁移学习的位姿回归网络训练。

采用迁移学习算法进行位姿回归网络训练，按照位姿回归方法修改网络的输出层。使用裁剪后的训练集图像及对应的位姿进行网络训练，得到位姿回归模型。训练中使用Google的TensorFlow库，GPU为NVIDIA Tesla P100，需要的平均训练时间为4 h左右。

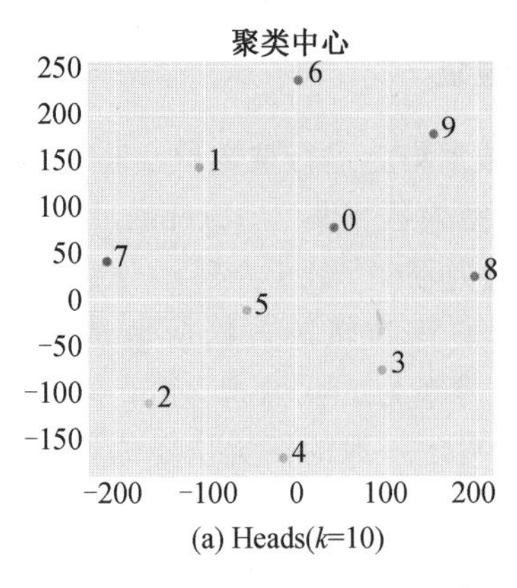

(a) Heads(k=10)

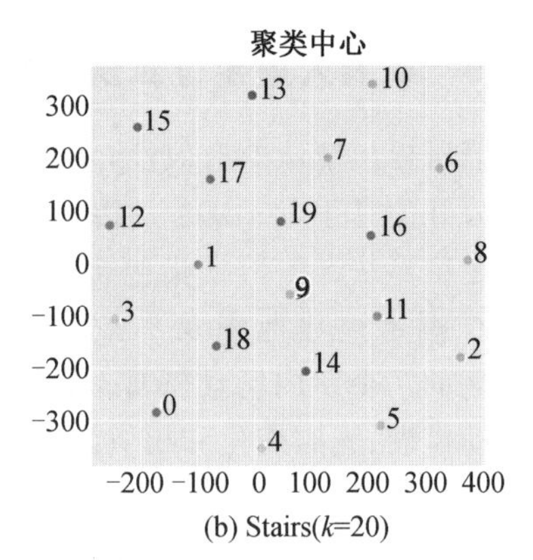

(b) Stairs(k=20)

图 6.7 聚类中心向量降维显示

(3)基于遗传算法的测试集图像裁剪。

对于输入的测试集图像，采用先裁剪后压缩的方式得到网络需要尺寸的图像。7-Scenes 数据集的图像分辨率为 640 像素×480 像素，裁剪后图像的分辨率为 480 像素×480 像素，然后再压缩为网络需要的输入尺寸 224 像素×224 像素。因此，裁剪中图像的左上角位置的范围为[0,160]。因为裁剪位置均为整数，求解精度设为 1 个像素，则解空间可划分为 160 个等份。染色体编码采用二进制方式，由式(6.5)可得需要 8 位二进制。

采用遗传算法选择最优的裁剪图像，算法运行的设置参数见表 6.2。输入图像剪裁描述的算法进行适应度函数求解及遗传算子运算，最终经过迭代后选择出图像相似度最高的图像。在获取裁剪图像后，输入到已训练好的网络模型中得到位姿。

表 6.2 遗传算法运行参数设置

运行参数	参数值
种群规模 M	10
交叉发生的概率 p_c	0.8
变异发生的概率 p_m	0.1
进化代数 G	3

(4)实验对比。

为验证算法效果，在 7-Scenes 数据集的 7 个场景中分别进行实验，并与 PoseNet 和 Bayesian PoseNet 算法进行对比。实验结果见表 6.3(表 6.3 中误差降低的百分比是与 PoseNet 算法结果对比)，图 6.8 为三种算法位置和角度误差的对比图。实验证明提出的算法在所有的 7 个数据集上位置误差均降低，除 Heads 数据集上角度误差增大外其余均降低，与 PoseNet 相比平均位置误差降低 25.2%，平均角度误差降低 9.4%，验证了所提算法的有效性。

表 6.3　微软 7—Scenes 数据集对比实验

序号	场景	训练图像数量	测试图像数量	聚类中心数量 k	位置误差/m				角度误差/(°)			
					PoseNet	Bayesian PoseNet	本章算法	误差降低/%	PoseNet	Bayesian PoseNet	本章算法	误差降低/%
1	Chess	4 000	2 000	40	0.32	0.37	0.21	−34.4	8.12	7.24	5.73	−29.4
2	Fire	2 000	2 000	20	0.47	0.43	0.40	−14.9	14.4	13.7	12.11	−15.9
3	Heads	1 000	1 000	10	0.29	0.31	0.25	−13.8	12.0	12.0	14.38	+19.8
4	Office	6 000	4 000	50	0.48	0.48	0.30	−37.5	7.68	8.04	7.58	−1.3
5	Pumpkin	4 000	2 000	40	0.47	0.61	0.37	−21.3	8.42	7.08	7.46	−11.4
6	Red Kitchen	7 000	5 000	50	0.59	0.58	0.42	−28.8	8.64	7.54	7.11	−17.7
7	Stairs	2 000	1 000	20	0.47	0.48	0.36	−23.4	13.8	13.1	11.82	−14.3
平均					0.44	0.47	0.33	−25.2	10.44	9.81	9.46	−9.4

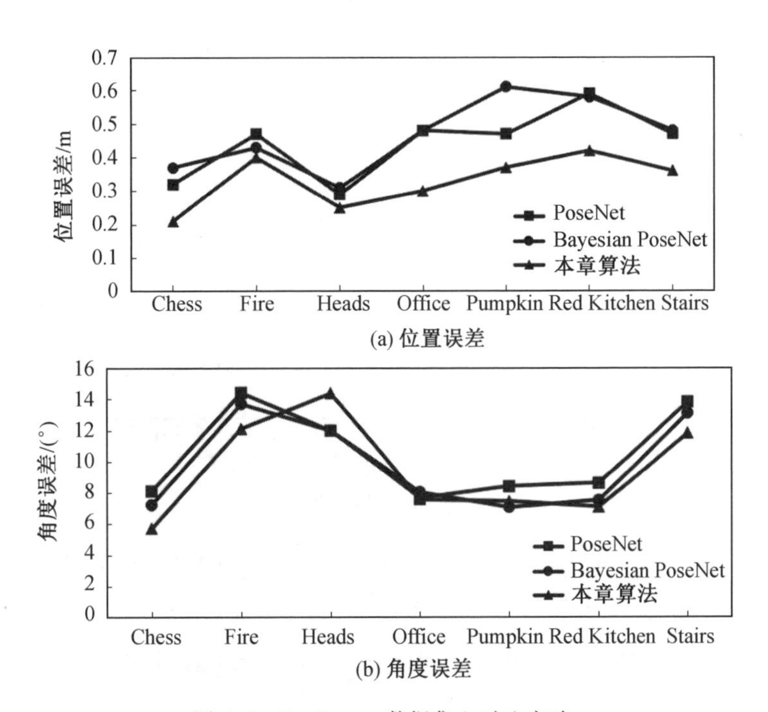

图 6.8　7—Scenes 数据集上对比实验

为详细说明算法的效果，以 Stairs 数据集为例对本章提出算法与 PoseNet 算法进行对比分析。Stairs 数据集的测试集有 1 000 张图像，分别进行位姿回归测试，并计算位置和角度与真值的误差，其结果如图 6.9 所示。图 6.9(a)为位置

误差对比，图 6.8(b)为角度误差对比，可明显看出本章算法在大部分图像的位姿估计中取得了更低的误差，而且误差波动平缓，最大误差明显降低。图 6.10 为两种算法分别在 Stairs 数据集的误差分布统计直方图。在 1 000 张图像位姿回归中，本章算法位置误差小于 0.5 m 的比例为 73.2%，角度误差小于 15°的比例为 70.0%，而 PoseNet 分别为 42.3%和 42.9%；在大误差值方面，本章算法位置误差大于 1.0 m 的比例为 3.5%，角度误差大于 20°的比例为 14.3%，而 PoseNet 分别为 10.4% 和 25.1%。由此可见，本章算法的位置和角度误差均集中在误差值较小的范围内，大误差的数量明显减少。

为确定输入图像的裁剪位置，采用遗传算法进行图像筛选。另外，在图像相似度计算中，使用 K－means 算法对训练集图像特征向量进行聚类，降低了计算复杂度。在 7－Scenes 数据集上进行实验，结果表明提出的算法与 PoseNet 和 Bayesian PoseNet 算法相比可有效降低位姿回归误差。与 PoseNet 相比平均位置误差降低 25.2%，平均角度误差降低 9.4%，验证了所提算法的有效性。

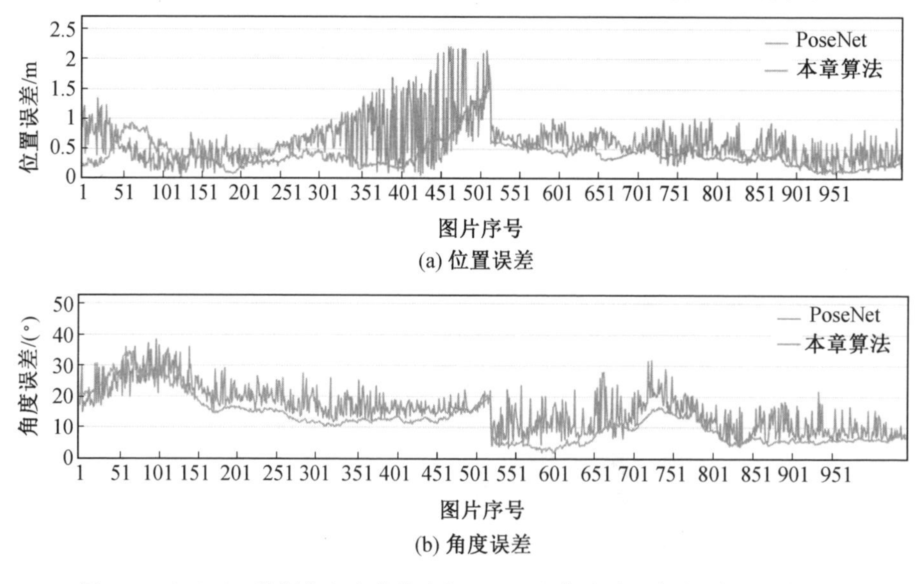

图 6.9 在 Stairs 数据集上本章算法与 PoseNet 算法对比实验(彩图见附录)

6.3 融合特征法和卷积神经网络的机器人视觉重定位

本节提出一种融合特征法和卷积神经网络的重定位算法，先分别介绍两种方法的具体实现及适用条件，然后综合两种方法的优点实现精度更高的重定位。

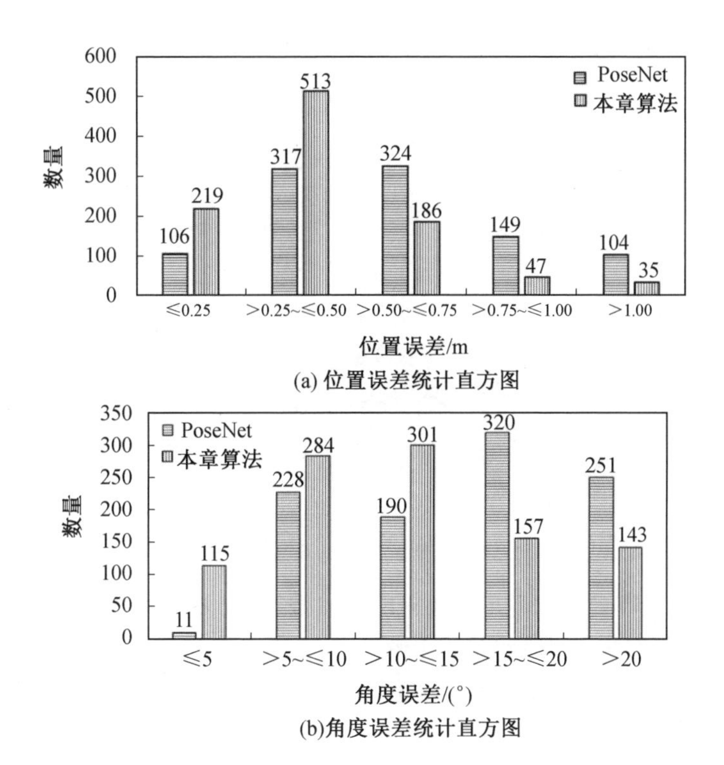

图 6.10　在 Stairs 数据集上本章算法与 PoseNet 算法误差分析统计直方图

6.3.1　视觉重定位系统结构

特征法在图像特征点充足的情况下可获得较高的位姿估计精度，但在特征稀少和错误匹配情况下位姿精度很差甚至不能求解出位姿。基于卷积神经网络的位姿估计是通过训练一个网络结构实现对输入图像的直接位姿估计，对光照及视角变化鲁棒性较好，但位姿估计精度较差。为了实现机器人仅通过视觉方式鲁棒的获取重定位的位姿，提出一种综合特征法和卷积神经网络的算法。因此，结合这两种方法的优势，使用 RANSAC 算法获得的内点数足够多时应用特征法，内点数稀少时使用卷积神经网络求解位姿。视觉位姿估计系统结构框图如图 6.11 所示。

(1)基于视觉词袋模型的相似图像检索。

使用 BoVW(Bag of Visual Words)模型在采集的训练集上训练视觉字典，对于输入的图像，在训练集数据库中搜索相似度最高的图像。

(2)特征法求解位姿。

对输入图像和(1)中获取的检索图像进行特征提取和匹配，基于 PnP 和随机抽样一致性 RANSAC 算法求出初始位姿，并使用光束平差法进行位姿优化。当

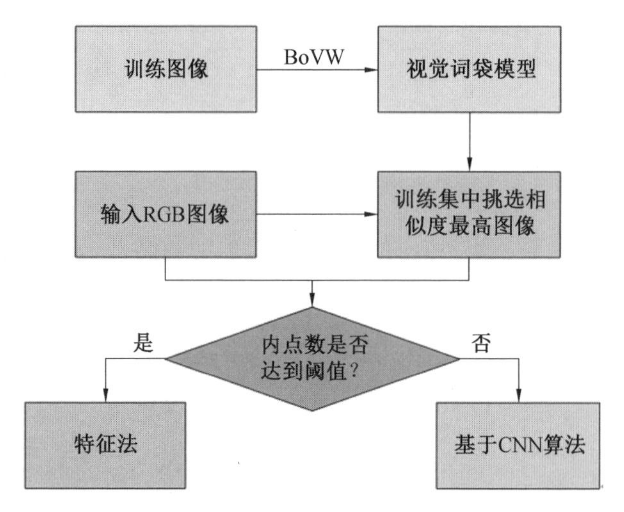

图 6.11　视觉位姿估计系统结构框图

匹配的特征数量较多并获得足够数量的内点数，可取得较高的位姿精度。

(3)基于卷积神经网络的位姿求解。

使用迁移学习算法训练端到端的卷积神经网络，以实现对图像位姿的直接估计。

(4)算法选择。

根据图像特征匹配的情况判断采用特征法或基于卷积神经网络的位姿求解算法。

6.3.2　重定位算法设计及实现

1. 基于 BoVW 的相似图像检索

BoVW 是将图像特征表述为离散的视觉单词，构成视觉字典，在图像检索时，将图像特征映射到字典中最近邻视觉单词上，通过计算视觉字典间距离来度量图像的相似度。

(1)视觉字典生成。

在大量训练集图像上生成视觉字典，视觉字典生成流程图如图 6.12 所示，步骤如下：

①离线提取训练图像特征；

②使用 K－means＋＋算法进行特征聚类，将描述子空间聚类为 k 类；

③继续使用 K－means＋＋算法将每个子空间聚类为 k 类；

④重复上述过程，直到到达聚类层数，建立树形结构。

(2)相似图像检索。

基于词袋模型的图像检索是将图像表述为 BoVW 向量，再通过计算向量间

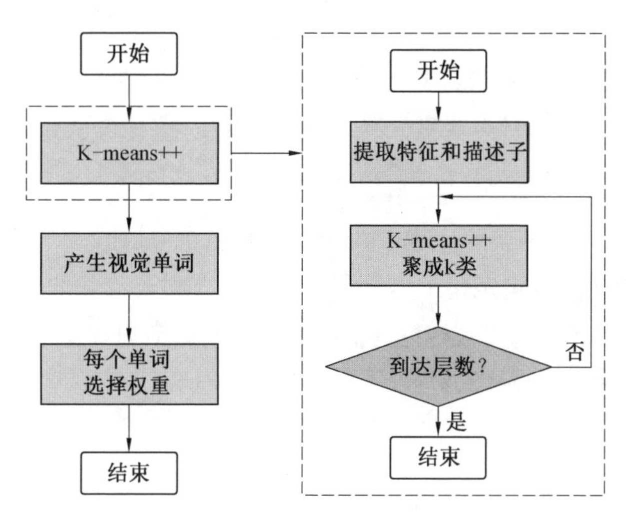

图 6.12　视觉字典生成流程图

的距离来度量图像的相似性。设视觉字典的叶子节点数量为 m 个，则 BoVW 向量为 m 维，表示为 $\mathbf{V}=(w_1,w_2,\cdots,w_m)$，其中，$w_i(i\in[1,m],i\in\mathbf{N}^+)$为第 i 个视觉单词的权重。采用 TF－IDF（Term Frequency－Inverse Document Frequency）加权方式求解视觉单词的权重。

计算图像 I_t 的 BoVW 向量，首先，提取特征并计算描述子，搜索每个特征对应的叶节点。从树形字典的根节点开始，选择汉明距离最小的节点，依次向下，直到所有节点为叶节点。

字典树建立时，每个叶节点记录了该视觉单词在所有训练图像中出现的频率。出现的频率越高，表明这个视觉单词的区分度越小，按照式(6.11)计算第 i 个视觉单词频率为

$$\mathrm{idf}(i)=\lg\frac{N}{n_i} \tag{6.11}$$

式中　idf——逆文本频率指数；

N——图像总数；

n_i——第 i 个单词出现的图像数量。

计算字典中第 i 个视觉单词在图像 I_t 中出现的频率为

$$\mathrm{tf}(i,I_t)=\frac{n_{iI_t}}{n_{I_t}} \tag{6.12}$$

式中　tf——词频；

n_{iI_t}——图像 I_t 中第 i 个视觉单词出现的次数；

n_{I_t}——图像 I_t 中描述子的总数。

字典中第 i 个视觉单词的权重表示为

$$w_t^i = \mathrm{tf}(i, I_t) \cdot \mathrm{idf}(i) \tag{6.13}$$

图像 I_t 的 BoVW 向量为 $\boldsymbol{V}_t=(w_t^1, w_t^2, \cdots, w_t^n)$，采用 $L1$ 范数分别计算图像 I_t 与训练集第 j 张图像(图像数量为 s)相似度 $s(\boldsymbol{V}_t, \boldsymbol{V}_j)$：

$$s(\boldsymbol{V}_t, \boldsymbol{V}_j)=1-\frac{1}{2}\left|\frac{\boldsymbol{V}_t}{|\boldsymbol{V}_t|}-\frac{\boldsymbol{V}_j}{|\boldsymbol{V}_j|}\right| \quad (j\in[1,s], j\in\mathbf{N}^+) \tag{6.14}$$

$s(\boldsymbol{V}_t, \boldsymbol{V}_j)$值越大表明两幅图像越相似，选择最大值对应的图像。

2. 基于特征法的重定位

通过视觉词袋模型检索到与当前图像相似度高的训练集图像，然后通过特征法求解两张图像的相对位姿，再转换到系统坐标系下，实现重定位。通过特征提取和匹配，在两张图像中获取匹配的 2D 点，对于深度传感器可直接获得 2D 特征点的深度值，然后，使用 PnP(Perspective n Points)求解图像对应的相机位姿。为减少错误匹配的影响，使用随机采样一致性 RANSAC 算法剔除外点。由于 PnP 算法仅使用了四组特征点，求解精度依赖于特征点的精度，为提高位姿估计精度，以求解的位姿作为初始值，使用光束平差法(Bundle Adjustment, BA)进行位姿优化。

对于输入图像 I_t，可从训练集中检索到与其相似度最高的图像 I_t'，其位姿为已知，设为 $\boldsymbol{T}'$。经过特征提取和匹配，图像 I_t'中匹配的 n 个特征点 $\boldsymbol{p}_i'=[u_i' \ \ v_i']^{\mathrm{T}}$ $(i\in[1,n], i\in\mathbf{N}^+)$，图像 I_t 中对应的特征点为 $\boldsymbol{p}_i=[u_i \ \ v_i]^{\mathrm{T}}(i\in[1,n], i\in\mathbf{N}^+)$。设相机的内参矩阵为 $\boldsymbol{K}$，则由式(6.14)可求出图像 I_t'的特征点对应的三维点$\boldsymbol{P}_i'=[x_i \ \ y_i \ \ z_i]^{\mathrm{T}}$。

$$z_i \ [u_i' \ \ v_i' \ \ 1]^{\mathrm{T}}=\boldsymbol{K}\ [x_i \ \ y_i \ \ z_i]^{\mathrm{T}} \tag{6.15}$$

计算三维点到图像 I_t 的投影点 $\boldsymbol{p}_i''=[u_i'' \ \ v_i'']^{\mathrm{T}}$：

$$s_i \ [u_i'' \ \ v_i'' \ \ 1]^{\mathrm{T}}=\boldsymbol{K}(\boldsymbol{R}_i\boldsymbol{P}_i'+\boldsymbol{t}_i) \tag{6.16}$$

式中 $\boldsymbol{R}_i$——旋转矩阵；

$\boldsymbol{t}_i$——平移矩阵；

s_i——系数。

在图像 I_t 中可计算特征点和对应的投影点的距离误差，通过最小化重投影误差可求解出图像 I_t'到 I_t 间的变换矩阵 $\boldsymbol{T}_i$，如式(6.18)所示。

$$\mathrm{e}_i=\boldsymbol{p}_i-\frac{1}{s_i}\boldsymbol{K}(\boldsymbol{R}_i\boldsymbol{P}_i'+\boldsymbol{t}_i) \tag{6.17}$$

$$\boldsymbol{T}_i=\begin{bmatrix}\boldsymbol{R}_i & \boldsymbol{t}_i\\ 0 & 1\end{bmatrix}=\arg\min_{\boldsymbol{R}_i,\boldsymbol{t}_i}\frac{1}{2}\sum_{i=1}^{n}\left\|\boldsymbol{p}_i-\frac{1}{s_i}\boldsymbol{K}(\boldsymbol{R}_i\boldsymbol{P}'_i+\boldsymbol{t}_i)\right\|_2^2 \tag{6.18}$$

为求解出图像 I_t 的绝对位姿 $\boldsymbol{T}_t$，需要将相对于图像 I_t'的位姿转换为系统坐标系的位姿，即

$$\boldsymbol{T}_t=\boldsymbol{T}'\boldsymbol{T}_i^{-1} \tag{6.19}$$

3. 基于卷积神经网络的重定位

基于深度学习的重定位算法是一种端到端的位姿估计方法，能够直接估计图像的绝对位姿。算法需要使用图像及对应的位姿作为训练集，训练网络参数。然后，对输入的图像直接输出6自由度位姿。

重定位算法采用位姿回归网络结构，使用迁移学习算法对在ImageNet数据集上训练的GoogLeNet Inception V1网络结构进行修改并训练。将3个全连接层的SoftMax输出去掉，替换为7维的向量输出（包含三维空间位置和四元数表示的姿态）。

4. 算法选择

基于特征法的重定位和基于卷积神经网络的重定位均能实现基于图像的机器人重定位，但又存在缺点。特征法只能在匹配的特征点数量足够且正确匹配情况下获得较高精度的位姿，若特征点数量稀少则误差很大或求解位姿失败。基于卷积神经网络算法可估计出任意输入图像的位姿，但精度不足。因此，结合两种方法的优势，在特征匹配较好的情况下，使用特征法；否则，使用卷积神经网络的算法。

图像特征提取和匹配后，使用PnP和RANSAC算法可求解出内点数量，设定一个内点数量阈值，作为评价位姿估计精度的依据。若内点数量大于阈值，则使用特征法，否则使用卷积神经网络的算法。

6.3.3　算法实验验证

为验证所提出算法的有效性，在公开数据集微软研究院室内数据集7－Scenes上进行实验验证，与6.2节中所采用的数据集相同。该数据集是基于RGB－D传感器，包含7个室内场景，用于评价位姿估计和重定位算法。数据集是使用手持的Kinect采集的7个室内场景（RGB图像分辨率为640像素×480像素），包含了严重的运动模糊、光照变化和相似的场景，对于一般的视觉位姿估计方法造成极大困难。数据集分为训练集和测试集，并通过KinectFusion算法提供了位姿真值。

（1）基于BoVW的视觉字典训练。

7－Scenes数据集每个场景均不同，分别使用各场景训练集图像进行训练，以聚类生成视觉字典。然后，在训练集中检索与每张测试集图像相似度最高的图像。

（2）基于卷积神经网络的重定位模型训练。

采用迁移学习算法，并修改网络的输出层，进行重定位网络模型训练。训练中使用Google的TensorFlow库，GPU为NVIDIA Tesla P100，需要的平均训练时间为 4 h 左右。

(3)重定位实验。

为验证算法效果，分别在 7 个数据集上进行重定位实验。设定内点数量阈值为 α，使用 PnP 和 RANSAC 求出初始位姿后，根据内点数量 n 与阈值 α 关系判断使用特征法($n \geqslant \alpha$)还是基于卷积神经网络的算法($n < \alpha$)。

为验证算法效果，在 7－Scenes 数据集的 7 个场景中分别进行实验，并与 PoseNet 算法进行对比。内点数量阈值 α 分别取 10、20 和 30 情况下进行实验，并分别统计使用特征法和基于卷积神经网络算法的图像数量，见表 6.4。图 6.13为在数据集上测试时，不同内点数量阈值 α 下基于 CNN 方法的数量统计图。实验结果表明随着阈值 α 数值增大，使用 CNN 方法的图像数量逐渐增加，使用特征法的图像数量减少。重定位精度实验结果见表 6.5(表 6.5 中误差降低的百分比是内点数量阈值 $\alpha=10$ 的数据与 PoseNet 算法结果对比)。而从表 6.5 中可看出重定位精度随阈值 α 数值增大略有降低，但变化微弱。实验结果说明对于内点数量较少的图像，特征法重定位精度与基于卷积神经网络算法相差不大。

表 6.4　不同内点数阈值下的使用算法的统计

序号	场景	训练图像数量	测试图像数量	特征法	CNN 方法	特征法	CNN 方法	特征法	CNN 方法
				$\alpha=10$		$\alpha=20$		$\alpha=30$	
1	Chess	4 000	2 000	1 813	187	1 688	312	1 597	403
2	Fire	2 000	2 000	1 841	159	1 731	269	1 513	487
3	Heads	1 000	1 000	895	105	786	214	642	358
4	Office	6 000	4 000	3 683	317	3 443	557	3 126	874
5	Pumpkin	4 000	2 000	1 792	208	1 662	338	1 610	390
6	Red Kitchen	7 000	5 000	4 694	306	4 475	525	4 218	782
7	Stairs	2 000	1 000	719	281	551	449	412	588

为验证所提出的基于图像相似度的算法及本章的融合特征法的算法的效果，分别在微软的 7－Scenes 数据集上进行对比实验，并与 PoseNet 算法进行对比，实验结果见表 6.6。图 6.14 为各算法的位置和角度误差对比图(阈值 $\alpha=10$)。实验证明使用基于图像相似度的重定位算法与特征法融合后可取得最好的精度，与 PoseNet 相比平均位置误差降低 51.8%，平均角度误差降低 74.3%，验证了所提算法的有效性。为详细说明算法的效果，以 Chess 数据集为例对各算法进行对比分析。Chess 数据集的测试集有 2 000 张图像，分别进行重定位测试，并计算位置和角度与真值的误差，误差分布统计直方图如图 6.15 所示。在

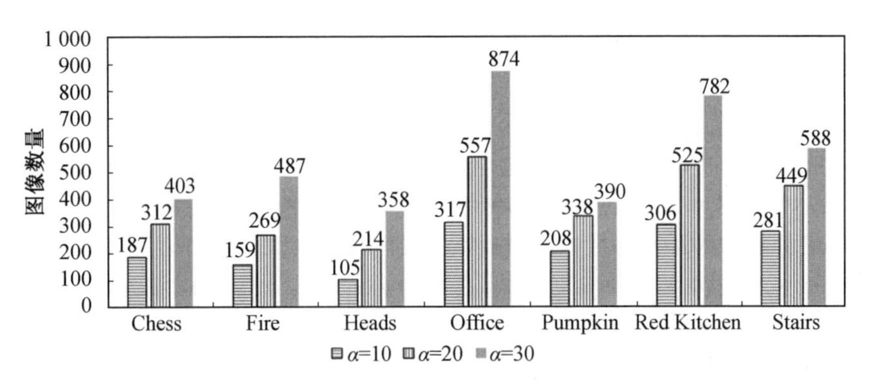

图 6.13　不同内点数阈值下使用 CNN 方法的图像数量对比图

该测试集图像重定位实验中，融合特征法和基于图像相似度的重定位算法的位置误差小于 0.30 m 的比例为 78.9%，角度误差小于 5°的比例为 79.1%，且主要集中在小于 2.5°范围内，而 PoseNet 分别为 53.7%和 10.1%；在大误差值方面，该算法位置误差大于 0.40 m 的比例为 13.3%，角度误差大于 10°的比例为 15.3%，而 PoseNet 分别为 30.2%和 57.4%。由此可见，该算法的位置和角度误差均集中在误差值较小的范围内，大误差的数量明显减少。该实验结果证明了在特征充足情况下特征法可取得很好的精度，有效降低基于卷积神经网络算法的重定位误差，而在特征匹配较少情况下，基于卷积神经网络算法又能提供重定位结果，提高算法的有效性和鲁棒性。

表 6.5　在微软 7—Scenes 数据集实验

序号	场景	位置误差/m					角度误差/(°)				
		PoseNet	本章算法			误差降低/%	PoseNet	本章算法			误差降低/%
			$\alpha=10$	$\alpha=20$	$\alpha=30$			$\alpha=10$	$\alpha=20$	$\alpha=30$	
1	Chess	0.32	0.19	0.19	0.19	−40.6	8.12	1.69	1.70	1.74	−79.2
2	Fire	0.47	0.24	0.25	0.26	−48.9	14.4	2.09	2.11	2.32	−85.5
3	Heads	0.29	0.13	0.13	0.15	−55.2	12.0	2.70	2.92	4.06	−77.5
4	Office	0.48	0.26	0.26	0.27	−45.8	7.68	1.89	1.91	1.99	−75.4
5	Pumpkin	0.47	0.27	0.27	0.28	−42.6	8.42	2.44	2.45	2.51	−71.0
6	Red Kitchen	0.59	0.25	0.25	0.26	−57.6	8.64	2.21	2.22	2.26	−74.4
7	Stairs	0.47	0.34	0.35	0.40	−27.7	13.8	10.80	11.7	13.63	−0.22
8	Average	0.44	0.24	0.24	0.26	−45.6	10.44	3.40	3.57	4.07	−67.4

表 6.6 在微软 7—Scenes 数据集上算法对比

序号	场景	位置误差/m					角度误差/(°)				
		PN	IS—CNN	F+PN	F+IS—CNN	误差降低/%	PN	IS—CNN	F+PN	F+IS—CNN	误差降低/%
1	Chess	0.32	0.21	0.19	0.18	—43.8	8.12	5.58	1.69	1.58	—80.5
2	Fire	0.47	0.40	0.24	0.22	—53.2	14.4	12.1	2.09	1.79	—87.6
3	Heads	0.29	0.25	0.13	0.09	—69.0	12.0	14.4	2.70	2.29	—80.9
4	Office	0.48	0.30	0.26	0.23	—52.1	7.68	7.58	1.89	1.96	—74.5
5	Pumpkin	0.47	0.37	0.27	0.21	—55.3	8.42	7.46	2.44	1.45	—82.8
6	Red Kitchen	0.59	0.42	0.25	0.25	—57.6	8.64	7.11	2.21	2.06	—76.2
7	Stairs	0.47	0.36	0.34	0.32	—31.9	13.8	11.8	10.8	8.63	—37.5
8	Average	0.44	0.33	0.24	0.21	—51.8	10.4	9.43	3.40	2.82	—74.3

注：PN，PoseNet；IS—CNN，Image Similarity CNN；F+PN，Feature—based+PoseNet；F+IS—CNN，Feature—based+Image Similarity CNN，下同。

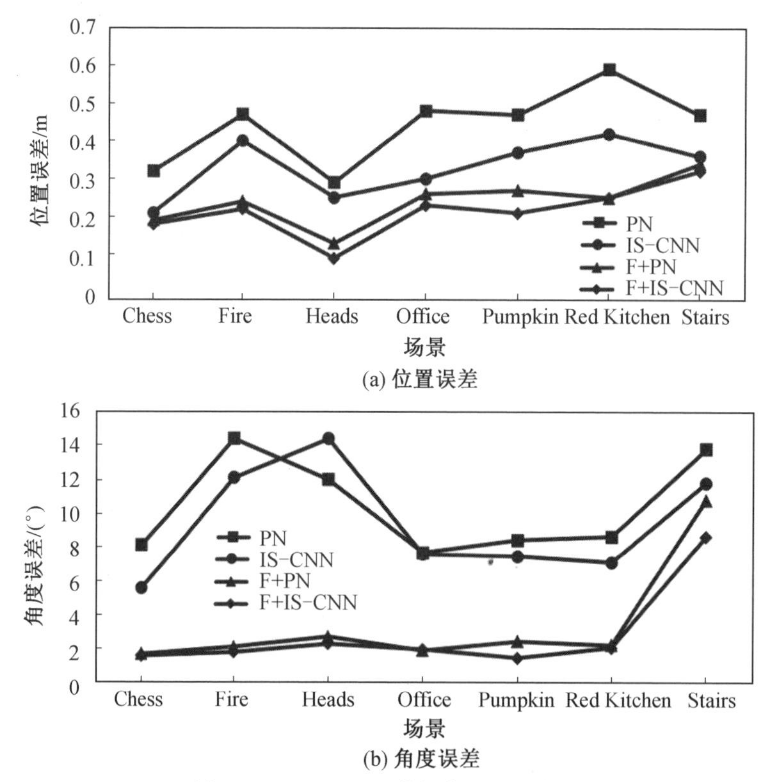

图 6.14 7—Scenes 数据集上对比实验

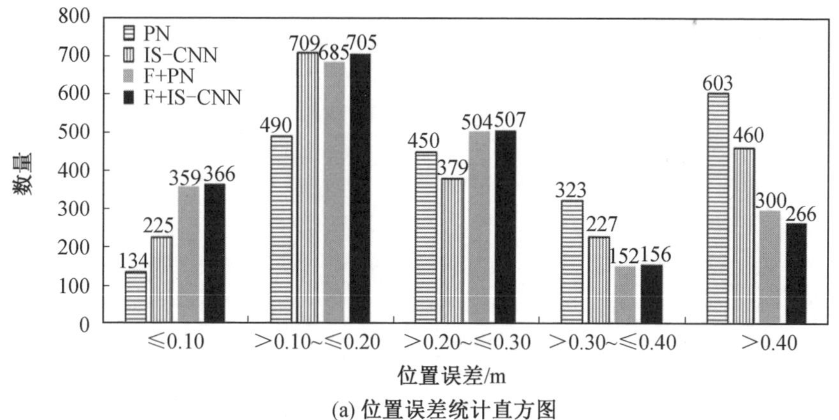

(a) 位置误差统计直方图

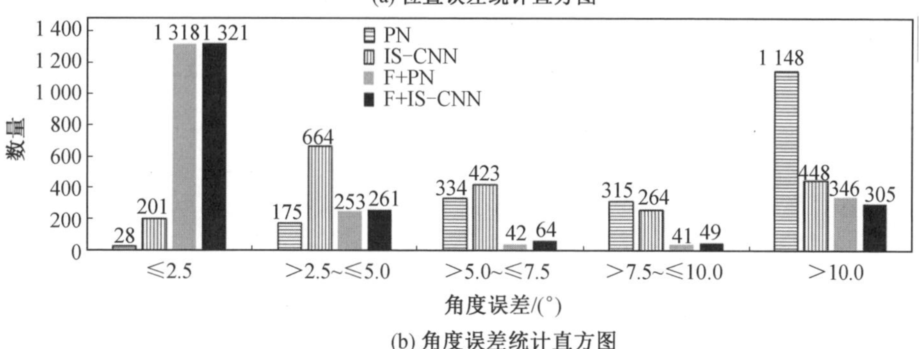

(b) 角度误差统计直方图

图 6.15 在 Chess 数据集上本章算法与 PoseNet 算法误差统计直方图

6.4 本章小结

机器人室内重定位技术是解决机器人感知的长期性和稳定性基础,可解决机器人丢失或被“绑架”问题。本章考虑了机器人视觉重定位,针对传统视觉算法对视角、光线变化等鲁棒性差的问题,研究了一种基于图像相似度的卷积神经网络视觉重定位算法。在公开数据集上进行实验,结果验证了所提出算法的有效性,与之前的 PoseNet 和 Bayesian PoseNet 算法相比可有效降低重定位误差。

此外,针对基于卷积神经网络的重定位算法精度不足的问题,提出一种融合特征法和卷积神经网络的视觉重定位算法。使用视觉词袋模型 BoVW 在训练集中筛选最相似的图像,基于 RANSAC 和 BA 优化算法计算位姿,根据内点数量进行算法选择。在公开数据集中进行实验,并分别测试特征法与 PoseNet 及基于图像相似度的卷积神经网络视觉重定位算法融合的算法性能,结果表明融合特征法和基于图像相似度的视觉重定位算法可有效降低重定位误差,兼顾精度和鲁棒性,验证了所提算法的有效性。

第 7 章

基于深度学习的机器人视觉三维目标检测

目标检测是机器人环境感知的重要内容，由于机器人观测视角不确定、目标种类多和尺度差异大等因素，使机器人室内目标检测成为亟待解决的问题。本章围绕服务机器人室内环境的视觉三维静态物体检测问题开展研究。为提高机器人物体感知能力，基于机器人 RGB、深度图和 BEV 图像，研究一种多通道卷积神经网络的三维物体检测算法。针对机器人对目标多视角观测问题，设计了多视角融合增量式感知方案，并给出自主维护策略，最终通过数据集进行了多场景和多类物体检测验证，有效提升机器人环境感知深度和准确性。

7.1 概　述

室内物体检测是移动机器人室内感知技术的关键点之一，有些物体是机器人导航类目标，如沙发、桌子等，有些物体是机器人操作类目标，如药盒、水杯等。这些目标如果在机器人未知环境建图中进行同步定位，则为机器人以后操控和移动提供深层感知基础，有助于提高机器人对环境语义的认知。所以本章面向移动机器人环境感知技术进行目标检测研究。

近年来，卷积神经网络在视觉识别领域取得显著进展，在 ImageNet 挑战赛上涌现出 AlexNet、GoogLeNet、ResNet 等效果显著的图像分类的算法。随后，将卷积神经网络成功应用到基于图像的物体检测领域，出现了一些性能优越的算法，例如 Faster R－CNN、SSD、YOLO 和 Mask R－CNN 等。在算法思路上，通过卷积神经网络提取图像特征图，应用空间金字塔池化将提取区域候选框生成固定维度的向量，再通过分类器和回归器实现物体分类和位置回归。然而，基于图像的二维物体检测不能很好地提供物体的空间位置和尺寸信息，不能满足服务机器人在室内环境中执行诸如导航避障或物体抓取之类的任务。因此，需要研究室内环境中三维物体检测算法，能够同时识别物体类别、空间位置和物体的尺寸。因此，本章探索了基于卷积神经网络的三维物体识别。由于服务机器人具备自主移动能力，能够从多个视角观察环境中的物体，如果能融合多视角信息，将增强对物体的三维感知能力。而且机器人移动中将观测众多物体，需要动态维护和更新检测到的物体。为此，本章还研究了基于多视角融合的服务机器人室内场景三维物体检测，使机器人具备物体级增量式的环境感知能力。

7.2 基于多通道卷积神经网络的三维物体检测

基于区域候选框的二维物体检测算法已趋于成熟，在三维物体检测方面，无人驾驶领域的三维车辆、行人检测已被广泛研究。无人车通过三维激光、视觉等传感器对室外道路中的环境进行采集，感知车辆、行人等，使用三维的边界框表示出精确的空间位置、方向和尺寸。在无人驾驶公开的数据集 KITTI 的网站上，已经有数百个算法，在检测精度和效率上已达到很好的效果，如 F－PointNet 算法，在中等难度下检测车辆的精度可达 90％，而检测时间为 0.17 s。在无人驾驶三维物体识别的算法方案中，主要是基于激光、视觉或多传感器融合。F－PointNet、VoxelNet 等是直接通过卷积神经网络对输入的点云数据进行处理，解决了基于神经网络对无序点云的编码和特征提取问题，端到端地回归出三维边界框；3DVP、Mono3D、3DOP 等是仅仅从单目图像中直接提取三维候选框，进而估计三维边界框；MV3D、AVOD 等算法融合了激光点云和视觉信息，并将点云投影到俯视图，分别作为神经网络的输入，最终网络融合多种信息后估计三维边界框。

然而，针对室内环境的三维物体检测研究较少，还没有形成成熟的算法框架。室内三维物体识别的数据集主要有 NYU Depth V2 和 SUN RGB－D 数据集，包含了一些主要的室内物体，如桌子、椅子、床等，并标注了物体的三维边界框。室内环境下通常使用 Kinect 等 RGB－D 传感器获取图像和深度信息，目前多数算法是利用 RGB 或点云进行物体识别。由于图像是三维空间在二维的投影，难以充分表达三维信息，深度图表达了空间物体到相机的距离信息，而俯视图提供了垂直于相机视角的信息，能够清晰地表达物体的空间分布，且在室内物体的三维检测算法中，尚未出现使用俯视图作为输入信息的算法，因此，本章提出一种融合 RGB 图像、深度图和俯视图的多通道卷积神经网络系统，实现室内的三维物体检测，直接回归出物体的类别、三维尺寸和所在空间位置。

7.2.1 三维物体检测卷积神经网络设计

基于二维图像的物体检测算法取得了很高的精度，借鉴这种检测思想，可将二维物体检测扩展到三维空间中。通常二维物体检测中通过设计一个神经网络对输入的图像进行特征提取，然后再回归出物体的类别和二维边界框位置。按照此设计思路，将包含三维信息的深度图作为输入，增加一个通道，形成 RGB 图像、深度信息和领会视图 3 个输入通道。考虑到俯视图为不同于相机视角的另一个维度，能够更为清晰地表现物体的空间分布，因此，将俯视图也作为一个输入通道。多通道物体识别神经网络系统如图 7.1 所示，以 Fast R－CNN 作为基本网络结构，将其输入扩展为 RGB 图像、深度图和俯视图 3 个输入通道，分别以 VGG16 作为主要的卷积网络结构进行特征提取，以增强对三维空间信息的学习。基于多尺度组合分组算法（Multiscale Combinatorial Grouping，MCG）在 RGB 图像中产生大量的二维矩形候选框。由于深度图和 RGB 彩色图是同一视角下采集，因此使用相同的候选框。然后，结合二维候选框的深度信息和语义先

验知识生成三维的候选框。将其投影到俯视图(Bird's Eye View,BEV)平面中,最终得到每个通道的二维候选框。然后,预先得到的二维候选框通过单层的空间金字塔池化生成相同维度的特征向量,并连接为一个向量,最终经过两层全连接层进行多任务回归,预测物体类别、三维边界框尺寸和空间位置。

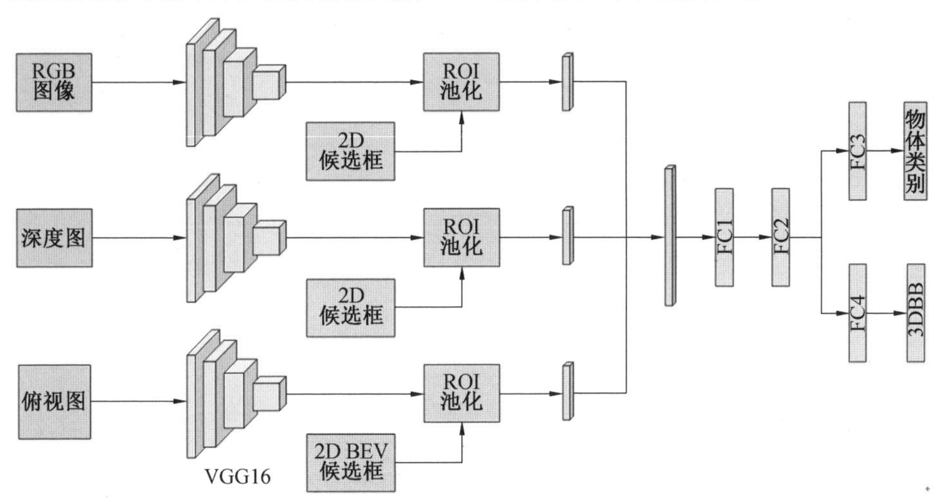

图 7.1　多通道物体识别神经网络系统

7.2.2　卷积网络输入数据生成

为增加网络对三维信息的感知能力,将 RGB 图像、深度图和俯视图分别作为卷积神经网络的输入数据。然而,RGB 图像为范围在[0, 255]的矩阵数据,深度图中存储的数据是相机到物体的距离信息,俯视图为点云向地面的垂直投影,3 个通道的数据格式不同。因此,为便于神经网络进行特征提取,需要构建出统一的输入数据格式。借鉴 RGB 图像输入卷积神经网络的处理方式,将深度图和俯视图均统一量化到图像的像素范围内,即[0, 255],再作为网络的输入。

RGB－D 传感器采集的深度图保存的为距离信息,通常这类传感器有距离的测量范围,如 Kinect v1 的测量范围为[0.8 m, 4 m]。设限定的最大深度为 $z_{\max}$,则深度值 z 量化到图像范围 z' 为

$$z' = \min\left(1, \frac{z}{z_{\max}}\right) \cdot 255 \tag{7.1}$$

通过深度图可生成点云,为表征投影到地面的俯视图,将其栅格化,以每个二维栅格中点云数量来表示俯视图。一般室内环境下,通过 RGB－D 传感器采集的深度图范围是在一定范围内变化的,需要对点云的范围进行限定以生成相同尺寸的俯视图。为便于进行表述,将相机坐标系投影到俯视图 BEV 平面,如图 7.2 所示。相机坐标系原点投影为 O_c',投影平面为 $x_c'O_c'z_c'$。设相机坐标系下

x 轴方向范围为$[x_{\min}, x_{\max}]$，z 轴方向范围为$[0, z_{\max}]$，栅格的分辨率为 δ，则俯视图的尺寸为$((x_{\max}-x_{\min})/\delta)\times(z_{\max}/\delta)$。由于空间点云密度不同，投影到每个栅格中的点云数量差别很大，不利于数据处理，因此，将其进行对数变换，再转换到图像像素范围。设俯视图栅格内点云数量为 n，最大点云数量阈值为 N，则量化到图像像素为

$$p=\min\left(1, \frac{\lg (n+1)}{\lg N}\right)\cdot 255/\delta \tag{7.2}$$

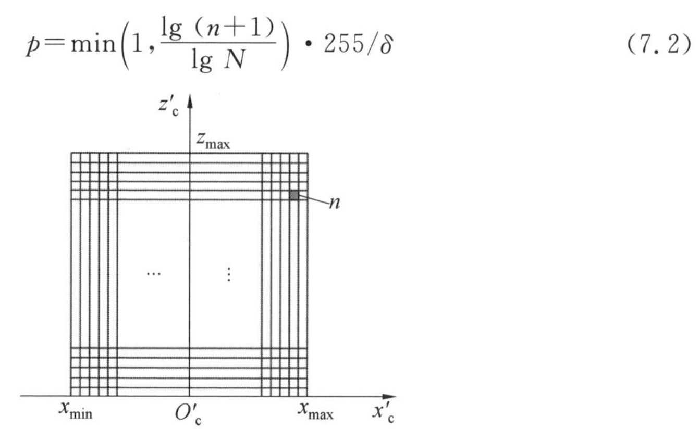

图 7.2　俯视图坐标系统

7.2.3　基于语义先验的二维和三维候选框生成

基于图像的二维物体检测算法 Fast R－CNN 思路是通过卷积神经网络得到整个图像的特征图，再使用空间金字塔池化层对图像中预先产生的候选框提取特征，然后使用分类器判断候选框中提取的特征是否属于某个类别，最后，通过回归器对属于同一类的候选框调整位置。本章借鉴这种基于区域候选框的检测策略，将二维图像检测扩展到空间的三维物体检测，因此，需要首先获取物体的三维候选框，并在此基础上进行类别检测和位置尺寸回归。此外，在 3 个输入通道进行空间金字塔池化时需要获取每个通道的二维物体候选框。

(1)三维候选框参数表示。

将回归的三维物体参数化为一个七维的向量$[x_c\ \ y_c\ \ z_c\ \ l\ \ w\ \ h\ \ \theta]$，其中，$[x_c\ \ y_c\ \ z_c]$为物体边界框的中心点在相机坐标系中的坐标，$(l, w, h)$分别为边界框的长、宽和高，$\theta$ 为相机坐标系的 z 轴方向与边界框在 xOz 平面投影较长边的夹角，范围为$\left[-\frac{\pi}{2}, \frac{\pi}{2}\right]$。物体中心点的初值可通过候选框的点云求解，由于点云中常常会存在噪声和数据缺失，以 z 轴方向的中值作为初始值 z'_c，并结合相机参数求解 x'_c和 y'_c：

$$\begin{cases} x_c' = \dfrac{(c_x - u)}{f_x} \cdot z_c' \\ y_c' = \dfrac{(c_y - v)}{f_y} \cdot z_c' \end{cases} \tag{7.3}$$

式中　c_x, c_y——图像中候选框中心点；

u, v——图像中心点；

f_x、f_y——焦距。

由于候选框的点云可能包含物体之外的背景点云，如果直接由点云获得物体的初始尺寸，误差会很大。对于室内常见的物体，如沙发、椅子等，同类的物体通常具有相似的尺寸，可以使用物体在数据集上的平均尺寸作为先验知识，确定三维候选框的尺寸。另外，由于初始时很难估计出三维候选框的方向角 θ，为了简便起见，将所有的角度初值设为零。

(2)候选框生成。

本章提出的三维物体识别神经网络是基于 Fast R－CNN 网络结构，通过单层的空间金字塔在特征图上对不同尺寸大小的物体候选框进行池化操作，获取维度相同的向量输出。因此，需要分别获得 3 个通道上的物体候选框。由于 RGB 图像和深度图为同一视角下获取，可共用同一个候选框，而俯视图由点云投影得到，与 RGB 图像和深度图存在约束关系，因而需要解决如何在 3 个视图中产生物体候选框。

在三维空间遍历搜索合适的候选框通常计算量非常大，效率比较低。由于二维图像提取候选框的方法较为成熟，可在此基础上结合深度图获取三维信息。多尺度组合分组算法 MCG 可在 RGB 图像中产生二维的物体候选框，通常产生几千个不同尺寸的物体候选框。在相机坐标系下，结合深度图可生成每个候选框的点云。根据三维候选框的表示方法，可以求解候选框的中心点。

在训练时，需要将候选框样本划分为正样本和负样本。为确定候选框的可能类别，一般是计算候选框与每个图像中的物体的二维边界框真值的交并比 IoU(Intersection over Union)，并取值最大的为其类别。受图像的语义分割的启发，其可获得图像中像素级的语义类别，可统计二维候选框中像素的语义类别来分析属于某个类别的概率，并以此作为训练时判断正负样本的依据。为更好地筛选正负样本，同时使用 RGB 图像中物体的真值来综合计算候选框的类别概率。设图像边界框真值内包含的该类别的像素数量为 n_{gt}，边界框面积为 S_{gt}，物体二维候选框与真值边界框相交区域中该类别的像素数量为 $n_{\text{候选框}}$，候选框面积为 $S_{\text{候选框}}$，则可计算候选框属于该类别的打分为

$$\text{分数} = \frac{n_{\text{候选框}}}{n_{\text{gt}}} \cdot \min\left(\frac{S_{\text{候选框}}}{S_{\text{gt}}}, \frac{S_{\text{gt}}}{S_{\text{候选框}}}\right) \tag{7.4}$$

分别计算候选框与每个真值边界框的打分，取最大值对应的真值类别作为候选框的类别。

二维和三维候选框的系统框图如图 7.3 所示。首先，采用多尺度组合分组算法 MCG 算法得到图像的 2D 候选框，通过全卷积神经网络 FCN（Fully Convolutional Networks）算法得到图像的语义分割图像；然后，计算出候选框的最大可能类别；最后，结合深度图和物体的先验尺寸，获得每个 2D 候选框对应的 3D 候选框的初始值。为了得到俯视图中的候选框，将 3D 候选框投影到俯视图中，得到与图像中每个候选框对应的俯视图候选框。

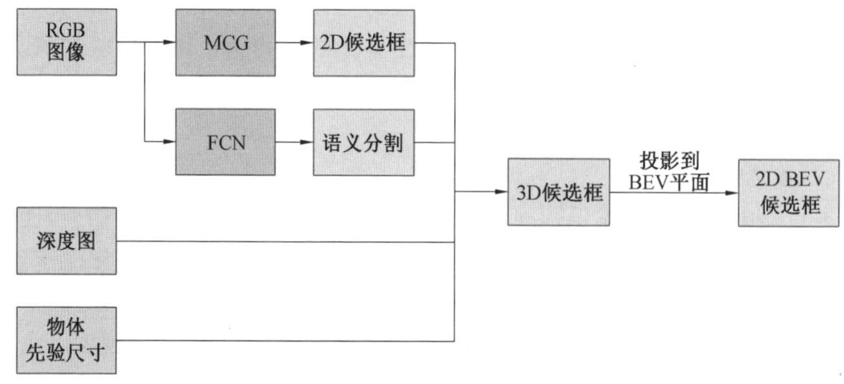

图 7.3　二维和三维候选框的系统框图

（3）物体三维边界框回归。

设计的多通道卷积神经网络分别对输入的图像、深度图和俯视图进行特征提取，通过 RoI 池化层对二维候选框内的特征转化为统一尺寸的向量并连接起来，最后经过全连接层的类别分类器和三维边界框回归器输出网络的预测结果。对于每个正样本，网络的输出为相对于真值边界框的相对偏移量，同样为一个七维的向量$[\Delta x \ \ \Delta y \ \ \Delta z \ \ \Delta l \ \ \Delta w \ \ \Delta h \ \ \Delta\theta]$。对于每个候选框，根据上述方法获得最大概率的真值类别，使用真值和三维候选框预测值来进行标准化，即

$$\begin{cases} \Delta x=\dfrac{x_{gt}-x_c}{l} \\ \Delta y=\dfrac{y_{gt}-y_c}{h} \\ \Delta z=\dfrac{z_{gt}-z_c}{w} \\ \Delta\theta=\dfrac{\theta_{gt}}{\pi}\cdot 180 \end{cases} \quad \begin{cases} \Delta l=\ln\dfrac{l_{gt}}{l} \\ \Delta w=\ln\dfrac{w_{gt}}{w} \\ \Delta h=\ln\dfrac{h_{gt}}{h} \end{cases} \tag{7.5}$$

式中　$[x_c \ \ y_c \ \ z_c \ \ l \ \ w \ \ h \ \ \theta]$——由二维候选框生成的三维候选框预测值；

$[x_{gt} \ \ y_{gt} \ \ z_{gt} \ \ l_{gt} \ \ w_{gt} \ \ h_{gt} \ \ \theta_{gt}]$——二维候选框对应的最大概率的三维边界框真值。

(4)多任务损失函数(Multi-task Loss)。

为联合训练分类和边界框回归,设计的多任务损失函数为

$$L=L_{\mathrm{cls}}+\lambda L_{\mathrm{3DBB}} \tag{7.6}$$

式中　L_{cls}——分类损失函数,采用 Softmax 函数;

L_{3DBB}——预测三维边界框损失函数,采用 smooth L_1 损失函数;

λ——平衡两个损失函数数值的系数。

7.2.4　实验验证

为验证提出的多通道物体识别神经网络系统,选择开源的数据集 NYU Depth V2 进行实验。该数据集使用 RGB－D 传感器 Kinect 采集了若干室内场景,包括彩色和深度图,并进行了物体三维边界框的标注。数据集中训练集为 795 张图像,训练集为 654 张。为增强图像中正样本候选框的正确率,本章对图像中部分边界框的真值进行重新标注,因此,为了便于与本章算法进行对比实验,采用其修改后的 NYU Depth V2 数据集。

(1)训练数据生成。

训练上述所提出的多通道神经网络,需要准备相关的训练数据,包括 RGB 图像、深度图、俯视图、3 个视图中的二维候选框和对应的三维候选框。

数据集中已包含 RGB 图像和深度图,需要生成俯视图。NYU Depth V2 数据集使用 Kinect 传感器采集得到,为使点云投影得到的俯视图具有相同的尺寸,将点云的范围进行限定。在相机坐标系下 x 轴方向范围为[－2.5 m,2.5 m],z 轴方向范围为[0, 5 m]。点云投影到 xOz 平面得到俯视图,设栅格的分辨率为 0.01 m,则俯视图的分辨率为 500 像素×500 像素。

在 RGB 图像中,采用 MCG 算法生成二维的候选框。由于深度图与 RGB 图像为相同视角,所以深度图中的候选框与图像中一致。按照前文中所描述的算法生成三维候选框,利用全卷积神经网络 FCN 对图像进行语义分割,结合图像中的二维边界框真值对候选框进行打分,确定分值最高的真值边界框的类别为其类别,然后根据训练集上每类物体的平均尺寸作为初值生成三维候选框。将三维候选框向俯视图投影,可得到与图像中二维候选框对应的俯视图候选框。在训练时进行数据增强,在图像中水平翻转候选框,并同时翻转对应的三维候选框和俯视图中的候选框。

由于 NYU Depth V2 数据集的语义分割类别和三维物体检测的类别不完全一致,使用全卷积神经网络 FCN 进行语义分割时物体类别缺少了“garbage bin”和“monitor”。因此,去除这两类,对其余的 17 类进行检测。

(2)训练参数设置。

训练时使用 Caffe 框架,采用在 ImageNet 上预训练好的 VGG16 模型对网

络的前向通道进行参数初始化。损失函数中的系数 λ 设为 1,基础学习率设置为 0.000 5,学习策略为"step",γ 为 0.1。采用随机梯度下降算法迭代 40 000 次,每个 batch 中随机选取 2 张图像,每个图像中随机选取 128 个候选框,并且正样本和负样本比例为 1∶3。在 NVIDIA Tesla V100 GPU 上进行训练,迭代 40 000 次需要大约 4 h。测试时,前向通道推理时间平均为 0.18 s。

(3)实验结果及分析。

在修改后的 NYU Depth V2 数据集上进行实验,并与文献[2]和[3]中的算法进行对比分析。由于使用的数据集与文献[2]中使用的有所不同,这里仅使用文献[2]中的实验数据作为参照。实验结果见表 7.1,与文献[2]中算法相比,本章算法对 15 类物体检测的精度有所提升,平均精度增加 7%;与文献[3]中算法相比,本章算法对 15 类物体检测的精度有所提升,平均精度增加 2%。在多数类别上,精度有不同程度的提升,尤其是对在俯视图中比较独立的物体,精度提升较为明显,如床、椅子和沙发等。本章所提出算法的平均精度为 0.46,比文献[2]和[3]均有所提升,验证了算法的性能。

表 7.1 在修改后的 NYU Depth V2 数据集上三维物体检测算法对比实验(mAP:均值平均精度)

算法	浴缸	床	书架	箱子	椅子	洗手台	书桌	门	柜子
文献[2]	0.62	0.81	0.24	0.04	0.58	0.25	0.36	0.0	0.32
文献[3]	0.36	0.85	0.41	0.05	0.46	0.45	0.33	0.10	0.45
本章算法	0.37	0.88	0.42	0.06	0.55	0.47	0.37	0.08	0.43

算法	台灯	床头柜	窗户	水池	沙发	桌子	电视	马桶	mAP
文献[2]	0.29	0.55	0.39	0.41	0.55	0.44	0.01	0.76	0.39
文献[3]	0.29	0.61	0.46	0.58	0.62	0.43	0.16	0.80	0.44
本章算法	0.36	0.62	0.50	0.61	0.65	0.48	0.20	0.84	0.46

为了充分验证算法的性能,在室内数据集 SUN RGB-D 上进行了另一个测试,该数据集包含了 10 335 个 RGB-D 图像和 64 595 个标注的物体三维边界框。使用提出基于多通道卷积神经网络的三维物体检测算法训练模型,并将其与文献[2]进行对比,这些工作也在相同的数据集中进行了测试。实验结果见表 7.2,在 10 类物体检测中有 8 类检测精度超过文献[2]中的算法,平均精度增加 7%,有 6 类检测精度超过文献[4]中的算法,平均精度增加 1%。从以上实验可以看出本章提出的算法在大多数类别中都可以实现更好的性能,并且在平均精度上有一定的提高。

为了说明算法的细节,在数据集上进行了去除实验研究。与之前常见的网络结构相比,提出的算法增加了俯视图 BEV 通道,以增强对物体的感知能力。

因此，为验证该通道在物体检测中表现的作用，分别进行增加和去除该通道的对比实验，实验结果见表 7.3。数据表明增加 BEV 通道的平均精度提高了 3%，并在 15 类物体检测中表现出更好的效果。

表 7.2　SUN RGB－D 数据集上进行三维物体检测算法对比实验(mAP:均值平均精度)

算法	浴缸	床	书架	椅子	书桌	柜子	床头柜	沙发	桌子	马桶	mAP
文献[2]	0.44	0.79	0.12	0.61	0.21	0.06	0.15	0.54	0.50	0.79	0.42
文献[4]	0.58	0.64	0.32	0.62	0.45	0.16	0.27	0.51	0.51	0.70	0.48
本章算法	0.55	0.74	0.26	0.64	0.43	0.17	0.25	0.55	0.54	0.75	0.49

表 7.3　在修改后的 NYU Depth V2 数据集上进行算法去除实验(mAP：均值平均精度)

算法	浴缸	床	书架	箱子	椅子	洗手台	书桌	门	柜子
I+D	0.36	0.84	0.41	0.05	0.47	0.43	0.33	0.11	0.45
I+D+B	0.37	0.88	0.42	0.06	0.55	0.47	0.37	0.08	0.43
算法	**台灯**	**床头柜**	**窗户**	**水池**	**沙发**	**桌子**	**电视**	**马桶**	**mAP**
I+D	0.29	0.61	0.46	0.59	0.62	0.44	0.16	0.78	0.43
I+D+B	0.36	0.62	0.50	0.61	0.65	0.48	0.20	0.84	0.46

注：I+D 为 Image+Depth，I+D+B 为 Image+Depth+BEV。

选择 NYU Depth V2 数据集中不同类别的几张图像(厨房、客厅、卫生间和卧室)，给出了算法的输入和输出，如图 7.4 所示。图中分别显示了输入的 3 个通道图像(RGB 图像、深度图和俯视图)、语义分割图像和点云图，并将检测出的物体三维边界框显示在点云中。通过俯视图可以直观地观察到物体在空间占据的范围，体现了另一个维度的物体信息。最终，检测出的三维边界框可以很好地表示物体的空间位置和尺寸。

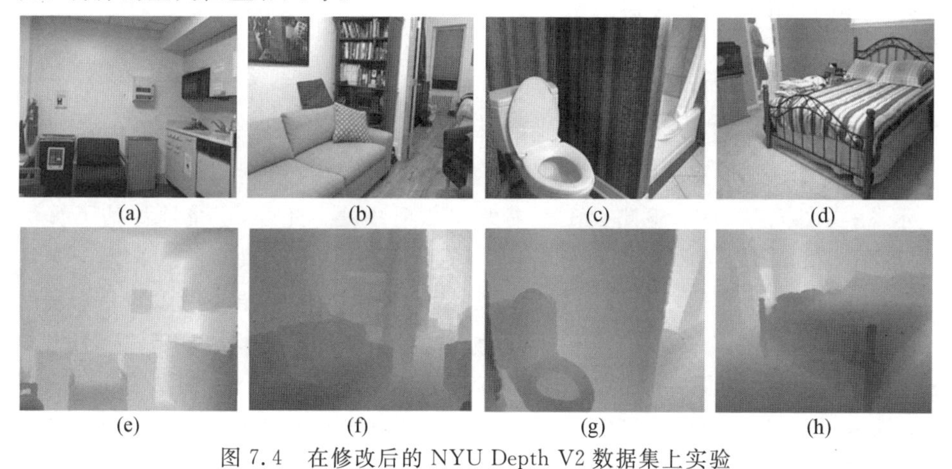

图 7.4　在修改后的 NYU Depth V2 数据集上实验

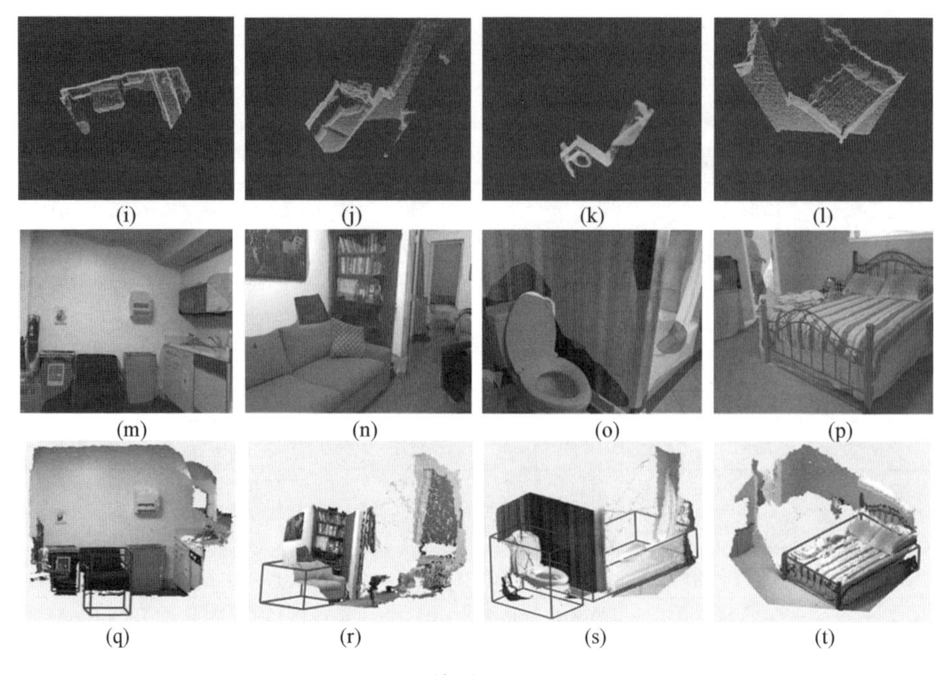

续图 7.4

为了将三维物体检测算法用于室内机器人的环境感知，在实际的室内场景中进行了实验。机器人使用 RGB－D 传感器 Kinect 来采集 RGB 和深度图像，由于机器人在环境中移动，为直观地表现空间物体，实验中采用 ORB－SLAM2 算法来估计机器人的姿态和建图，并添加稠密点云以直观地表示环境地图。本章提出的三维物体检测算法仅在 ORB－SLAM2 的关键帧中运行，以减少计算量。机器人运动时，同一物体可能在多个关键帧中被观测，因此根据关键帧的位姿将物体的三维边界框转换为系统坐标，然后计算同一物体边界框的平均位置和大小。

服务机器人分别在 3 个室内环境中进行实验，结果如图 7.5 所示。分别构建了稠密的环境地图，并进行三维物体检测，以三维边界框表示物体。在图 7.5(a)中，检测到办公室中的 4 把椅子；在图 7.5(b)中，检测到 3 个沙发和 1 个显示器；在图 7.5(c)中，检测到 1 个书架和 2 个沙发。此外，定量地评估了算法的结果，实际测量了物体的尺寸和方向，然后与算法输出结果对比。为便于测量物体的方向角度，实验中机器人初始位姿保持 Kinect 传感器与物体的一个表面基本平行，选择图 7.5(b)和(c)两个场景的物体进行测量。在运行 ORB－SLAM2 算法时，将第一个关键帧的坐标系设置为全局坐标系(图 7.5(b)和(c)中绘制的坐标系)。然后，将每个关键帧中的估计结果转换到全局坐标系，实验结果见表7.4。实验中给出了物体在全局坐标系中的测量值和算法估计值，包括

三维位置、尺寸和方向，并计算了边界框的交并比 3D IoU，平均值为 0.61。可以观察到，检测沙发的准确性高于书架和显示器。在三维物体检测中，使用 Tesla V100 GPU 回归出 3D 边界框平均时间为 2.2 s(其中，基于 MCG 提取每个关键帧中的候选框平均需要 1.6 s，使用 FCN 获得语义分割平均需要 0.42 s，运行网络前向通道平均需要 0.18 s)。

(a) 办公室场景1

(b) 办公室场景2

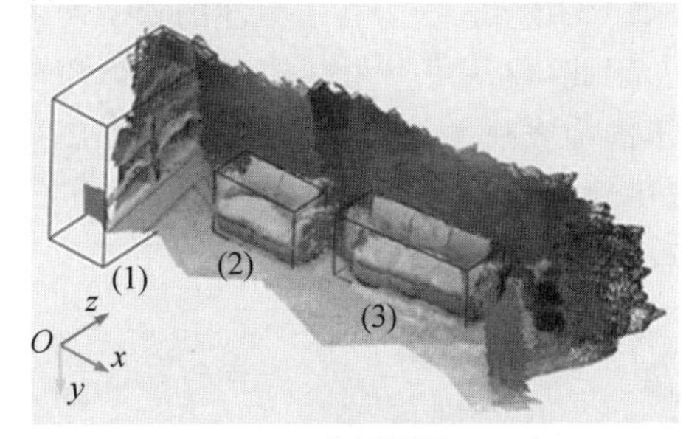

(c) 客厅场景

图 7.5　在 3 个室内场景中实验

表 7.4　室内场景中三维物体检测定量实验(θ_{gt}和 θ 单位为度(°)，其他单位为 m)

图 7.5		物体三维边界框测量值							物体三维边界框估计值							3D IoU
		x_{gl}	y_{gl}	z_{gl}	l_{gl}	w_{gl}	h_{gl}	θ_{gl}	z	y	z	l	w	h	θ	
(b)	(1)	1.20	−0.85	2.36	1.44	0.72	0.70	0	1.24	−0.87	2.28	1.51	0.80	0.75	7.6	0.70
	(2)	1.50	0.20	4.25	0.95	0.15	0.55	0	1.41	0.18	4.17	0.88	0.22	0.61	5.9	0.33
	(3)	4.20	−0.85	2.10	0.85	0.68	0.70	−90	4.17	−0.91	2.17	0.91	0.77	0.76	−75.4	0.63
	(4)	4.20	−0.85	0.20	0.85	0.68	0.70	−90	4.28	−0.80	0.27	0.71	0.62	0.57	−83.4	0.54
(c)	(1)	−1.02	−0.20	2.00	2.00	0.41	2.10	90	−0.88	−0.24	1.91	2.11	0.48	2.02	83.1	0.46
	(2)	0.75	−0.80	2.30	1.35	0.75	0.80	0	0.71	−0.82	2.27	1.40	0.80	0.77	1.8	0.83
	(3)	3.00	−0.80	2.50	1.92	0.75	0.80	0	2.94	−0.83	2.52	1.95	0.80	0.87	2.7	0.80
3D IoU 平均值																0.61

以上实验结果表明，本章提出的基于多通道卷积神经网络的三维物体检测算法可充分利用多通道的信息进行物体检测，与之前的算法相比可以取得更高的精度，增强机器人对环境的物体级识别能力。

7.3 基于多视角融合的服务机器人室内场景三维物体检测

目前，基于卷积神经网络的三维物体检测算法的网络结构仍然相当复杂。这样的算法需要性能很高的设备来进行训练和前向推理。7.2 节所述算法在 Nvidia 性能优越的 Tesla V100 GPU 上运行的平均时间为 2.2 s，很难将其部署到机器人平台上运行。此外，三维物体检测的准确性与训练数据集中的物体数量和类别直接相关，往往需要大量标注的数据进行训练。大多数算法都使用 NYU Depth V2 和 SUN RGB－D 数据集中标注的 RGB－D 图像进行训练，这些图像多是离散采集的。因此，仅从一个角度使用了物体深度信息，存在因遮挡和噪声导致的深度信息不准确或缺失，图 7.6 为 SUN RGB－D 数据集中物体点云提取，显示了物体点云中缺少的许多点。在本章中，探索了多视图融合算法来解决物体的不完整点云信息带来的问题。

图 7.6　SUN RGB－D 数据集中物体点云提取

尽管这些数据集提供了许多 RGB 和深度图像用于训练，但是当服务机器人在实际的室内环境中移动时，情况却有所不同，存在一些严重的问题。

(1)物体唯一性问题。

由于机器人的移动，可以在不同的关键帧中多次检测到同一物体。因此，必须处理同一物体的多次检测结果以确保物体在空间的唯一性。

(2)物体类别歧义问题。

由于检测的不准确，有时在多个不同视角中观察到的同一物体可能会被检测为不同的类别。例如，椅子有时被检测为沙发。

(3)物体交叉重叠问题。

物体的一部分可能被检测为其他类别，这导致同一空间中物体之间存在交

叉重叠。

(4)物体异常尺寸问题。

一些情况下检测到的物体与实际的尺寸相比非常小或很大。因此,服务机器人在实际环境中准确地检测三维物体需要处理这些问题。

为了解决这些问题,本节提出了多视角融合的三维物体检测算法,通过融合多个视角下的物体点云,提高检测准确性,并设计了可以自动维护的物体数据库。利用多视角融合算法在机器人移动时实现对物体的完整观察,这将有利于物体的精确三维边界框估计。鉴于基于深度学习的二维物体检测已达到相当高的检测精度和鲁棒性,对于室内常见物体具有很高的识别精度,因此本章算法在二维物体检测基础上实现三维物体检测。通过二维物体检测获取物体点云,根据视觉 SLAM 算法提供的位姿融合多个视角下的同一物体的点云,可以解决单个物体的不完整观测导致的问题。此外,设计了物体数据库,用于机器人移动时自动增加新的物体和更新已有的物体,以实现室内较大范围内机器人的连续三维物体检测和维护。

7.3.1 物体检测算法框架设计

服务机器人采用 RGB—D 传感器作为主要视觉传感器,以感知环境。利用 RGB 和深度图像在环境中进行三维物体检测,获得物体的类别和三维边界框。本节介绍了基于多视角融合的三维物体检测算法,其框图如图 7.7 所示,包括 5 个主要模块。

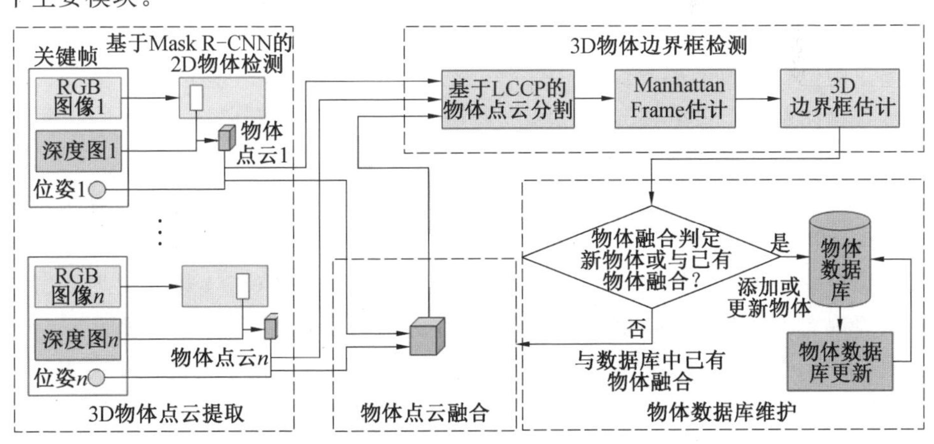

图 7.7 基于多视角融合的三维物体检测算法框图

(1)基于 Mask R—CNN 的物体点云提取。

在关键帧彩色图像中采用 Mask R—CNN 进行物体语义分割,获取每个物体的语义区域,然后结合深度图提取出物体的点云。

(2)物体点云的非监督分割。

由于物体语义分割误差导致物体点云中包含一些不属于物体的噪声点云,采用基于几何空间关系的非监督分割算法去除噪声。

(3)基于 Manhattan Frame 的三维物体边界框估计。

基于 Manhattan Frame 估计物体点云的 3 个相互垂直的主方向,然后确定三维边界框的尺寸。

(4)物体点云多视角融合及数据库构建。

在每个关键帧中进行物体检测,由于同一物体可能在多个帧中被检测到,融合多帧中同一物体的点云以增加检测精度,并构建数据库来维护不断被检测到的物体。

(5)基于先验知识的物体数据库自动维护。

根据不同类别物体的先验尺寸知识判断检测到的物体是否合理,对数据库中的物体进行自动维护。

7.3.2 基于 Mask R-CNN 的物体点云提取

基于 Mask R-CNN 的物体点云提取模块用于检测并提取每个输入图像中的物体点云。基于深度学习算法检测物体并提取物体点云,然后利用图像的位姿将物体点云转换到世界坐标系。随着服务机器人的移动,需要连续估计图像的位姿,以便将物体转换到统一的世界坐标系。由于视觉 SLAM 算法 ORB-SLAM2 在室内环境中使用 RGB-D 传感器时可以获得高精度的位姿估计,因此,本章中采用该算法。提取 ORB 特征点并在输入图像之间进行匹配,然后计算图像的位姿。为了平衡性能和效率,选择 ORB-SLAM2 算法中产生的关键帧进行物体检测。关键帧 n 的三维位姿是一个 4×4 变换矩阵 $\boldsymbol{T}_n=[\boldsymbol{R}_n,\boldsymbol{t}_n]\in SE(3)$,由旋转矩阵 $\boldsymbol{R}_n\in SO(3)$和三维平移矢量 $\boldsymbol{t}_n\in R^3$ 组成。

Mask R-CNN 是近年来在物体实例语义分割领域众多深度学习算法中性能表现优越的算法之一,是一种端到端的方法,在 Faster R-CNN 算法基础上通过添加分支来预测物体实例的语义标签。在 Microsoft COCO 数据集上测试时算法表现突出,使用 ResNet-101-FPN 作为前向通道,实例分割精度为 35.7% mAP,在 GPU Pascal Titan X 上运行帧率为 5 fps。对第 n 个关键帧 ($n\in\mathbf{R}$),可以获得检测到的若干物体 φ_k^n($k\in[1,m]$,m 为检测到的物体数量),包括以下物体属性:类别编号 $C_k^n\in\{0,1,\cdots,80\}$(COCO 数据集包含 80 类常见物体,编号 0 表示背景)、属于该类别的概率 $\psi_k^n\in[0,1]$、二维边界框 B_k^n 和物体实例的语义掩模 M_k^n(为一个与图像分辨率相同的二进制图像)。

设置物体概率的阈值为 λ,然后仅选择满足条件 $\psi_k^n\geqslant\lambda$ 的物体来提取点云。使用 RGB 和深度图像提取检测到的物体实例掩模范围内的点云 ${}^C\boldsymbol{P}_k^n$($k\in[1,

m'])(满足阈值条件的物体数量为 m'，左上标 C 表示关键帧的当前坐标系 $\{O_C\}$)。为了便于描述物体，应将物体点云转换到世界坐标系 $\{O_W\}$ 中。利用第 n 个关键帧的姿态变换矩阵 $\boldsymbol{T}_n$ 进行转换，然后获得世界坐标系中的物体点云 $\boldsymbol{P}_k^n$ (为方便起见，如果不声明坐标系，则默认为世界坐标系)：

$$\boldsymbol{P}_k^n = \boldsymbol{T}_n {}^{\mathrm{C}}\boldsymbol{P}_k^n \tag{7.7}$$

7.3.3　物体点云的非监督分割

基于 2D 图像物体检测算法获取的点云通常包含背景点云(除了物体点云之外)，这极大地影响 3D 物体边界框的估计精度。因此，需要对获得的物体点云进行背景滤除。

为了从点云中分割出物体，采用基于局部凹凸性的几何无监督学习算法(Locally Convex Connected Patches，LCCP)去除背景点云。在分割之前，分别通过点云体素滤波、直通滤波和统计滤波处理点云，以去除噪声点。然后，进行超体分割，根据空间位置和点云表面法向量将点云细分为许多小块，称为超体。随后计算邻接图以连接附近的超体。最后，通过利用超体之间的凹凸来进行超体聚类。计算相邻超体的中心线矢量与法线矢量之间的夹角，以确定凹凸关系。在标记每个超体块的凹凸关系之后，采用仅允许区域在凸面上增长的区域增长算法，将较小的超体块聚类为较大的区域。由于深度相机获取的点云密度随距离的增加而减小，因此很难确定八叉树的分辨率。因此，在 z 轴方向上应用对数变换以提高精度。

经过以上操作，点云被分割成 s 个区域，包括物体区域和背景区域。因此，需要提取出物体所属的区域。由于物体通常位于图像二维边界框的中心位置，并且占据大部分边界框区域，因此可以根据所有分割点云 ${}_{\mathrm{seg}}\boldsymbol{P}_k^n$ 中的最大点数来选择物体 P_k^n 的点云区域：

$${}_{\mathrm{seg}}\boldsymbol{P}_k^n = \underset{{}_{\mathrm{seg}}\boldsymbol{P}_{kv}^n}{\operatorname{argmax}}(\langle {}_{\mathrm{seg}}\boldsymbol{P}_{kv}^n \rangle), \quad (v \in [1, s]) \tag{7.8}$$

式中　$\langle {}_{\mathrm{seg}}\boldsymbol{P}_{kv}^n \rangle$——第 v 个分割点云区域 ${}_{\mathrm{seg}}\boldsymbol{P}_{kv}^n$ 的点数量。

在 Nakajima 和 Saito 等提出算法中，物体分割是在整个图像点云中完成的，而本章算法首先进行基于图像的 2D 物体检测，仅在物体点云中进行分割以减少计算量。

7.3.4　基于 Manhattan Frame 的三维物体边界框估计

从点云中分割出物体 ${}_{\mathrm{seg}}\boldsymbol{P}_k^n$ 后，估算其在三维空间的位置、3D 边界框和方向。由于物体点云坐标在世界坐标系 $\{O_W\}$ 中，如果直接计算点云的重心作为物体的位置，计算沿 3 个轴方向的点云最大值和最小值来获得三维边界框，则会出现当物体处于不同位置时，得到不同大小的3D边界框，从而无法有效确定物体所占据的空间的问题。

一般情况下，人工环境中的物体经常包含一些正交平面或平行平面，如桌子、沙发、床等。在曼哈顿假设模型中，认为每个平面都垂直于坐标系中的某个轴，并称这种坐标系为"曼哈顿坐标系"，它表示物体分布的主要方向。因此，在计算3D边界框之前，可以利用MF来求解出物体的主方向。由于MF可表示为一个坐标系，以旋转矩阵 $\boldsymbol{R}$ 表示。计算物体点云的表面法向量 $\boldsymbol{N}=\{\boldsymbol{n}_i\}_{i=1}^{N}(N\in R)$，然后作为该算法的输入估计 R。将MF估计问题转化为最大化法向量空间中的内点数量，表示为

$$\underset{R\in SO(3)}{\arg\max}\sum_{i=1}^{N}\sum_{j=1}^{6}[\angle(\boldsymbol{n}_i,R\boldsymbol{e}_j)\leqslant\delta] \tag{7.9}$$

式中 $\angle(\boldsymbol{n}_i,R\boldsymbol{e}_j)$——$\boldsymbol{n}_i$ 和 $R\boldsymbol{e}_j$ 的向量夹角；

$\{\boldsymbol{e}_j\}_{j=1}^{6}$——基向量和其相反向量，分别为 $\boldsymbol{e}_1=[1\ \ 0\ \ 0]^{\mathrm{T}}$，$\boldsymbol{e}_2=[0\ \ 1\ \ 0]^{\mathrm{T}}$，$\boldsymbol{e}_3=[0\ \ 0\ \ 1]^{\mathrm{T}}$，$\boldsymbol{e}_4=-\boldsymbol{e}_1$，$\boldsymbol{e}_5=-\boldsymbol{e}_2$ 和 $\boldsymbol{e}_6=-\boldsymbol{e}_3$；

δ——判断是否为内点的阈值；

$[\cdot]$——指示函数。

由于室内环境中大多数物体的3D边界框的3个方向之一都沿着地面的法线方向，而估计的MF可能难以准确地满足这个约束，因此修改估计的MF来满足此限制。将MF的旋转矩阵 $\boldsymbol{R}$ 转换为 $\boldsymbol{R}'$。在世界坐标系 $\{O_{\mathrm{W}}\}$ 中计算物体点云的中心 $p_{\mathrm{c}}=(x_{\mathrm{c}},y_{\mathrm{c}},z_{\mathrm{c}})$，求解MF坐标系 $\{O_{\mathrm{MF}}\}$ 后，将坐标系 $\{O_{\mathrm{MF}}\}$ 转换到物体的中心，表示为 $\{O_{\mathrm{MF}}\}=\{\boldsymbol{R}',p_{\mathrm{c}}\}$。然后，坐标系从 $\{O_{\mathrm{MF}}\}$ 到 $\{O_{\mathrm{W}}\}$ 的转换矩阵表示为 ${}_{\mathrm{W}}^{\mathrm{MF}}\boldsymbol{T}$。根据式(7.10)，坐标系 $\{O_{\mathrm{W}}\}$ 中物体点云 ${}_{\mathrm{seg}}\boldsymbol{P}_k^n$ 被转换到 $\{O_{\mathrm{MF}}\}$ 中，表示为

$${}_{\mathrm{seg}}^{\mathrm{MF}}\boldsymbol{P}_k^n={}_{\mathrm{W}}^{\mathrm{MF}}T^{-1}\cdot{}_{\mathrm{seg}}\boldsymbol{P}_k^n \tag{7.10}$$

这时，在坐标系 $\{O_{\mathrm{MF}}\}$ 中计算3个轴向上物体点云 ${}_{\mathrm{seg}}\boldsymbol{P}_k^n$ 的最大值和最小值，从而获得物体的三维边界框 ${}^{\mathrm{3D}}\boldsymbol{B}_k^n$ 的尺寸。

7.3.5 物体点云多视角融合及数据库构建

服务机器人在移动时利用视觉SLAM算法生成多个关键帧，然后对关键帧进行三维物体识别，但此过程中存在一些问题：单个视角下因传感器视角有限及遮挡等因素导致物体难以被观测完整，影响物体的三维边界框的中心点和尺寸的估计；此外，同一物体可能在多个关键帧中被观测到，按照上述算法则估计出多个边界框，但是实际环境中物体具有唯一性，因此，需要对多个边界框进行处理。为解决上述问题，提出一种多视角融合物体检测算法，并构建物体数据库来维护不断检测到的物体。

图7.8为服务机器人多视角观察物体示意图。在视觉SLAM中，世界坐标

标记为$\{O_W\}$，将每个关键帧视为一个视图，第n个关键帧坐标系统标记为$\{O_n\}$。遵循第7.3.2节中描述的相同方法，将第n个关键帧中的物体点云${}^{C}\boldsymbol{P}_k^n$转换为世界坐标系$\{O_W\}$中，得到P_k^n。

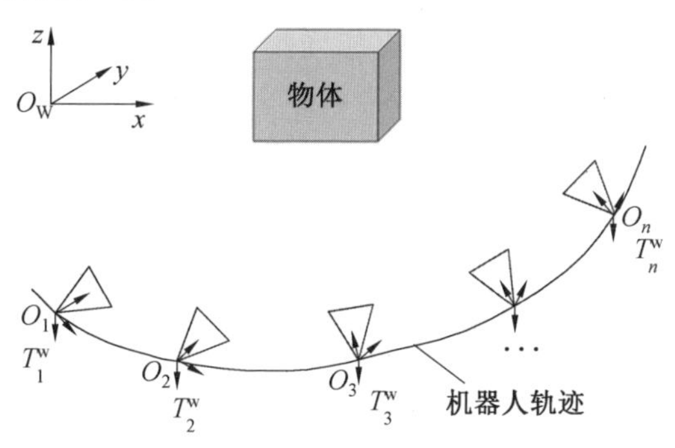

图7.8　服务机器人多视角观察物体示意图

在每个关键帧中，可能检测到多个物体，并且同一类别物体可能存在多个。因此，需要处理如何在不同关键帧之间融合各个物体点云。为此，设计了一个物体数据库来维护来自多个关键帧的物体。物体数据库位于世界坐标系$\{O_W\}$中，包含一些属性：物体类别ID、该类别的概率、物体ID、物体点云、分割后的物体点云、3D边界框。为自动管理物体数据库，设计了一些物体添加和更新规则，具体如下。

(1)第一次将物体插入物体数据库。

最初，物体数据库为空。从第一个关键帧($n=1$)中检测物体，并获得多个物体$\varphi_k^n(k\in[1,m])$(m是检测到的物体数量)。仅当这些关键帧中的所有物体满足以下约束时，它们才会被添加到数据库中，即

$$\begin{cases} m\geqslant 1 \\ \psi_k^n\geqslant\lambda \quad (n\in\mathbf{N}^+,k\in[1,m]) \end{cases} \tag{7.11}$$

式中　λ——设置的物体概率阈值。

如果第一个关键帧中的物体不满足式(7.11)，将在下一个关键帧中进行相同的操作，直到出现满足条件的关键帧为止。这是因为在此关键帧中具有相同类别的物体不应融合在一起，将在此关键帧之后进行物体点云融合。

然后，根据以上所述计算物体的属性，并将其添加到数据库$\mathbb{Q}$中。第α个物体的属性包括物体类别IDC_α、概率ψ_α、物体ID_α、物体点云P_α、分隔后的物体点云${}_{\mathrm{seg}}\boldsymbol{P}_\alpha$、3D边界框${}^{3\mathrm{D}}\boldsymbol{B}_\alpha$($\alpha\in[1,\xi]$，$\xi\in\mathbf{N}^+$，$\xi$是数据库$\mathbb{Q}$中的物体数量)。

(2)物体融合准则和数据库维护。

第一次将物体插入数据库$\mathbb{Q}$后，将在后续关键帧中按照物体融合准则对检测到的物体进行判断，以确定是直接添加到数据库还是与现有物体融合。

对于在第$(n+1)$个关键帧中每个满足式(7.11)的物体 φ_k^{n+1}，基于物体类别IDC_k^{n+1} 搜索数据库$\mathbb{Q}$，可以获得所有具有相同类别 C_k^{n+1} 的物体，数量为 $\eta(\eta\leqslant\xi,\eta\in\mathbf{N})$。如果 η 值为零，则表示该物体是新物体，可以直接插入$\mathbb{Q}$。物体 ID_α 更新为$\alpha\leftarrow\alpha+1$。否则，将选择所有具有相同类别 C_k^{n+1} 的物体以确定要融合的物体。基于两个3D物体边界框之间的中心距离来判断它是否是同一物体。对于第 i 个物体$(i\leqslant\eta,i\in\mathbf{N}^+)$，可以计算出中心距离 d_i。对于每个物体类别，可以根据物体的先验尺寸来设置距离阈值。最后，根据式(7.12)判断是否融合或插入物体，即

$$\begin{cases}\min(d_i)\leqslant\Gamma_{C_k^{n+1}}, \text{融合}\\ \min(d_i)>\Gamma_{C_k^{n+1}}, \text{插入}\end{cases}\tag{7.12}$$

式中 $\Gamma_{C_k^{n+1}}$——物体类别 C_k^{n+1} 的中心距离阈值。

为了提高物体点云融合效果，利用原始的物体点云 P_j^{n+1} 而不是分割后的点云${}_{\mathrm{seg}}P_j^{n+1}$ 来融合(j 是数据库中对应于 $\min(d_i)$的物体ID)。第 j 个物体点云由融合后的点云代替，即

$$P_j^{n+1}\leftarrow P_k^{n+1}+P_j^{n+1}\tag{7.13}$$

随后，按照上述算法对融合的物体点云进行滤波、分割和3D边界框估计。由于以不同的视角观察物体，检测到的物体属于某个类别的概率可能不同，采用概率均值更新检测到物体的概率，表示为

$$\psi_j\leftarrow\mathrm{mean}(\psi_k^{n+1},\psi_j)\tag{7.14}$$

最后，数据库中的相应物体属性将进行更新，而物体ID保持不变。融合操作之后，可以获得一个更完整的物体点云来估计3D边界框。通过这种方式，可以连续处理新的关键帧，并在机器人运动期间增量式估计物体的3D边界框。同时，将自动维护物体数据库。

7.3.6　基于先验知识的物体数据库滤波

经过上述算法处理，可以获得包含众多物体的数据库。但是，由于物体实例语义分割存在一定的误差，甚至遇到错误分割的情况，例如物体尺寸不正确(与一般物体大小相比太小或太大)以及估计的物体边界框存在空间交叉干涉。这些情况将导致估计的三维物体边界框不准确，为改善这种情况，提出了一种基于先验知识的物体数据库滤波算法，其中先验知识包括物体尺寸和体积比。该算法对数据库进行自动维护，解决物体的错误检测和交叉干涉的问题。

(1)基于先验知识的异常物体滤波。

对于室内环境中的一般物体(例如椅子、桌子、沙发和床等)，其典型尺寸是已知的，并且通常在一定范围内。例如，如果检测到尺寸为0.10 m×0.15 m×

0.05 m的椅子的边界框，则可以判断这是一个误差估计，然后将其从物体数据库中删除。

因此，为了去除物体数据库中检测到的异常物体，将物体的先验尺寸作为检验的标准。将物体体积与前一个物体进行比较，并对比边界框的各个边的尺寸。这是因为有时物体体积符合约束，但是物体边界框的边可能过大或过小。对于每个物体类别 $C\in\{0,1,\cdots,80\}$，分别定义先验尺寸：长 L_C、宽 W_C 和高 H_C。在物体数据库中，第 i 个物体 φ_i 具有边界框 B_i（长 L_i、宽 W_i 和高 H_i）。然后，物体尺寸是否异常的判别标准为

$$\begin{aligned}&(L_i\cdot W_i\cdot H_i\geqslant\Gamma_{V\min}\cdot L_C\cdot W_C\cdot H_C)\cap\\&(L_i\cdot W_i\cdot H_i\leqslant\Gamma_{V\max}\cdot L_C\cdot W_C\cdot H_C)\cap\\&(\min(L_i,W_i,H_i)\geqslant\Gamma_E\min(L_C,W_C,H_C))\end{aligned}\tag{7.15}$$

式中　$\Gamma_{V\min}$和 $\Gamma_{V\max}$——物体最小和最大体积限制阈值；

Γ_E——物体边长的阈值。

如果物体满足式(7.15)中的约束，则认为物体尺寸符合要求。否则，认为该物体是异常的，应将其从物体数据库中删除。因此，数据库可以自动更新。

(2)基于体积比的交叉物体滤波。

在服务机器人运动过程中，通过视觉 SLAM 获得多个关键帧，然后使用 Mask R－CNN 对这些关键帧进行实例语义分割。在这个过程中可能同一物体被多次检测到，使用上述算法将这些物体的点云进行融合并估计三维边界框。但是，如果在检测中同一个物体被识别为不同的类别，则融合算法将失败。“新”物体将再次添加到数据库，其边界框与“旧”物体的边界框有很大的交叉；而且还存在物体的部分被检测为不同的类别，使得一个物体的边界框中包含了很多小物体。因此，物体数据库中需要滤除这些错误情况。

在分析三维物体边界框之间的空间位置关系之后，观察到有 4 种情况：无相交、较小相交、较大相交和完全包含，如图 7.9 所示。为了滤除相交的物体，设计一种基于体积比的物体滤波算法，以优化物体数据库。算法主要思路是利用相交部分与每个物体体积之间的体积比来确定相交类型。由于室内环境中的大多数物体都具有 Manhattan Frame 属性，估计的 3D 包围盒的边长之一与地面法向矢量平行。在图 7.9 中显示了物体 A 和物体 B 体积之间的各种相交类型。

相交部分 $V_\cap$ 分别与物体体积 V_A 和 V_B 之间的体积比 η_A 和 η_B 可以用式(7.16)计算：

$$\begin{cases}\eta_A=V_\cap/V_A\\\eta_B=V_\cap/V_B\end{cases}\tag{7.16}$$

设置最小体积比阈值 $\Gamma_{V_\cap}$ 来确定物体相交的类型，如式(7.17)所示。在图 7.9(a)和(b)中，相交部分很小，不删除物体。在图 7.9(c)和(d)中，物体 B 的大

部分位于物体 A 的内部，则从数据库中删除物体 B。因此，对于数据库中的每个物体，将其与所有其他物体进行比较，并使用式(7.17)计算体积比。表 7.5 中给出了相交物体滤波算法实现的伪代码(包括 $V_A \geqslant V_B$ 和 $V_A < V_B$ 的情况)：

$$\begin{cases} (\eta_A = 0) \cap (\eta_B = 0), (a) \\ (\eta_A \leqslant \Gamma_{V_\cap}) \cap (\eta_B \leqslant \Gamma_{V_\cap}), (b) \\ \eta_B > \Gamma_{V_\cap}, (c) \\ \eta_B = 1, (d) \end{cases} \tag{7.17}$$

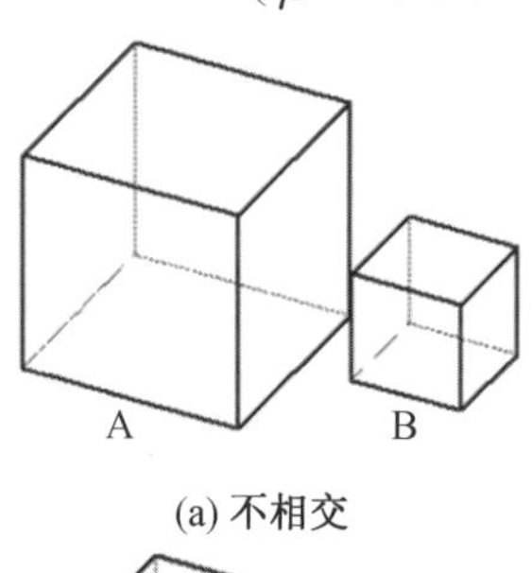

(a) 不相交

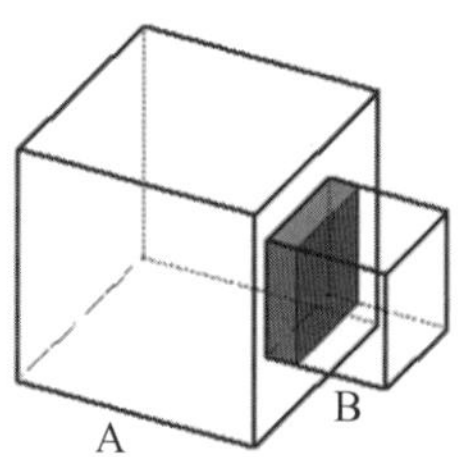

(b) 较小相交

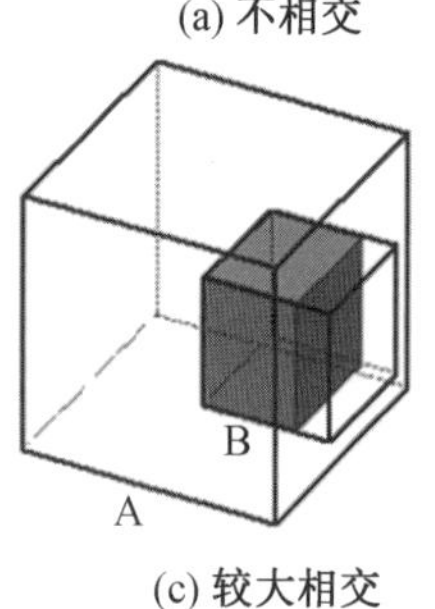

(c) 较大相交

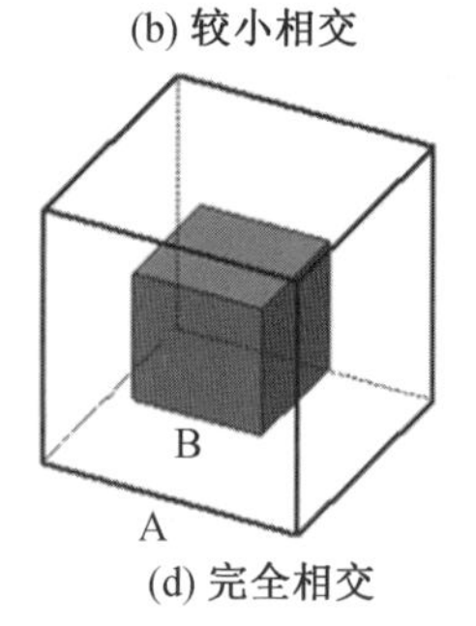

(d) 完全相交

图 7.9　不同类型的物体相交

表 7.5　相交物体滤波算法伪代码

算法名称：相交物体滤波算法
Ω：数据库 $\mathbb{Q}$ 中物体数量
D：数据库 $\mathbb{Q}$ 中需要删除物体的下标构成的数组
1. 　$\varepsilon = 0$；   2. 　for $\sigma = 0$；$\sigma < \Omega$；σ++ do   3. 　　for $\tau = \sigma + 1$；$\tau < \Omega$；τ++ do   4. 　　　计算物体 φ_σ 和 φ_τ 相交部分的体积 $V_\cap$；   5. 　　　$\eta_\sigma = V_\cap / V_\sigma$；   6. 　　　$\eta_\tau = V_\cap / V_\tau$；

7.　　　end for

8.　　　$\xi = \underset{\tau}{\mathrm{argmax}}(\eta_{\sigma+1}, \cdots, \eta_\tau, \cdots, \eta_\Omega)$;

9.　　　if $(\eta_\sigma > \eta_\xi) \cap (\eta_\sigma > \Gamma_{V_\cap})$ then

10.　　　　$D(\varepsilon) = \sigma$;

11.　　　　$\varepsilon{+}{+}$;

12.　　　elseif$(\eta_\sigma \leqslant \eta_\xi) \cap (\eta_\xi > \Gamma_{V_\cap})$then

13.　　　　$D(\varepsilon) = \xi$;

14.　　　　$\varepsilon{+}{+}$;

15.　　　end if

16.　　end for

17.　　$\varepsilon = 0$;

18.　　for $\sigma = 0$; $\sigma < \Omega$; $\sigma{+}{+}$ do

19.　　　if $D(\varepsilon) = \sigma$ then

20.　　　　删除数据库Q中的物体 φ_σ;

21.　　　end if

22.　　end for

7.3.7　实验验证

为了验证所提出的基于多视角融合的三维物体检测算法的有效性，分别进行了开源数据集上的定量实验和实际环境下的定性实验。尽管有些数据集提供带有语义分割和三维边界框的真值(例如NYU Depth V2数据集、SUN RGB－D等)，但由于这些数据集由离散图像组成，不能很好地验证机器人连续运动时的增量三维物体检测算法。为满足机器人运行时的连续检测要求，选择了SceneNN数据集，其提供了深度相机采集的原始RGB－D数据流，可评估算法性能。该数据集由Asus Xtion Pro和Kinect v2传感器采集，包含了很多常见的室内场景，例如办公室、宿舍、教室等。所有场景均重建为三维地图表示，并具有每个像素的语义注释。

实验中为了与文献[5]和[6]进行比较，使用了与这些算法相同的测试数据(SceneNN数据集中的10个场景)进行实验。在这些算法中，仅评估物体实例级的三维语义分割精度，不包括三维边界框精度。因此，使用多视图融合算法进行物体语义分割，以便与这些算法进行比较，然后使用本章提出的算法计算三维物体边界框。本章中提供了实验结果的详细信息，以证明物体融合策略和物体数据库自动维护的有效性，并在最后给出了该算法的运行性能指标。

(1)物体级三维语义分割评估。

三维物体语义分割中的许多算法总是将整个重建的场景作为输入。这些与本章的算法有很大不同，因为在对物体进行检测中没有融合问题，并且这些方法不适用于服务机器人移动过程中的增量物体检测。因此，本章不与这些方法进行比较。Pham 等和 Grinvald 等提出的算法与本章的应用情况比较一致，并且给出了分割精度的定量结果，便于进行对比实验。

在文献[5]中，作者给出了在 NYU Depth V2 数据集中 40 个类别的三维物体分割精度，其中包括非物体类别(如地板、天花板和墙壁)的分割。该算法的目的是对三维场景中的每个元素进行分类。但是，本章更专注于机器人对环境中的物体级三维检测，采用在 Microsoft COCO 物体数据集上进行训练的 Mask R－CNN 进行语义分割，具有 80 个物体类别，与 NYU 数据集共有 9 个物体类别相同。与文献[5]中的算法相比，文献[6]的算法与本章的情况更相似。因此，采用 SceneNN 数据集中与文献[6]相同的 10 个序列进行对比实验，以验证本章所提出算法的有效性。

在 SceneNN 数据集中的 10 个序列进行实验评估。为了减少位姿估计带来的误差影响，评估利用数据集中提供的位姿。以原始 RGB 和深度图像作为算法的输入，为提高算法效率，每隔 10 张图像取一张作为关键帧。经过物体融合和数据库更新，最终可以获得每个检测到的物体点云。然后，使用 3D 交并比 IoU 方法计算物体语义分割的准确性。从带注释的房间模型三角形网格中提取目标真值，并将其转换为点云。计算每个分割的物体点云和真值之间的 3D IoU。最后，计算所有 10 个序列的平均精度(AP)和均值 AP(mAP)，见表 7.6。为了说明本章算法的有效性，将其与文献[5－6]的算法进行比较，见表 7.7。实验结果表明，本章算法在 10 个序列中的 9 个优于文献[5]中的算法，在 10 个序列中的 6 个分别优于文献[6]中的算法，可以证明本章算法的物体级语义分割精度。在表 7.7 中，增加了仅使用单帧图像检测的对比实验，以验证多个关键帧融合策略的效果。在每个关键帧中执行物体检测，但是检测到的物体不会融合在一起。结果表明，与融合算法相比，精度有很大的下降。导致此问题的主要原因是物体点云在一帧内不完整，这也证明了融合策略的有效性。

为了验证本章算法中不同模块的影响，在 10 个 SceneNN 数据集序列中进行了去除实验，见表 7.8。首先，分别删除点云滤波器和 LCCP 模块以验证效果，实验结果表明精度均不同程度下降，且 LCCP 模块影响更大。然后，同时删除两个模块，与之前的结果相比，实验结果变得更差，验证了每个模块的有效性。

表7.6 在SceneNN数据集10个序列上本章算法三维物体语义分割实验 %

类别	序列ID									
	011	016	030	061	078	086	096	206	223	255
床	—	56.9	—	—	—	—	65.9	—	—	—
椅子	63.1	0	67.4	—	77.7	54.4	59.4	41.4	51.3	—
沙发	—	72.1	62.9	72.5	—	—	—	65.1	—	—
桌子	61.2	—	59.4	0	42.6	0	5.2	77.2	41.8	—
书籍	—	—	52.9	—	53.8	45.8	20.3	—	—	—
冰箱	—	—	—	—	0	—	—	—	—	56.4
电视	—	—	—	—	72.2	73.6	45.1	—	—	—
马桶	—	—	—	—	—	—	—	—	—	—
包	—	—	—	—	—	55.0	0	0	—	—
平均值	62.2	43.0	60.7	36.3	49.3	45.8	32.7	46.0	46.6	56.4

表7.7 在SceneNN数据集10个序列上的对比实验 %

算法	序列ID									
	011	016	030	061	078	086	096	206	223	255
文献[5]	52.1	34.2	56.8	59.1	34.9	35.0	26.5	41.7	40.9	48.6
文献[6]	75.0	33.3	56.1	62.5	45.2	20.0	29.2	79.6	43.8	75.0
单帧	45.8	26.4	48.2	19.7	35.1	30.7	18.3	33.9	27.2	34.8
本章算法	62.2	43.0	60.7	36.3	49.3	45.8	32.7	46.0	46.6	56.4

表7.8 在SceneNN数据集10个序列上的去除实验 %

类别	序列ID									
	011	016	030	061	078	086	096	206	223	255
Filter	60.5	41.4	57.4	34.8	47.5	44.3	30.1	43.5	43.8	54.2
LCCP	55.2	40.8	55.1	33.4	46.2	42.4	28.5	43.2	41.5	52.8
Filter—LCCP	54.6	40.2	52.9	31.1	44.7	41.6	26.4	40.2	40.7	48.7
本章算法	62.2	43.0	60.7	36.3	49.3	45.8	32.7	46.0	46.6	56.4

此外，实验给出了这些场景中常见物体的分割点云，包括沙发、椅子、桌子等，如图7.10(a)、(c)、(e)、(g)、(i)、(k)所示。为了对比分割效果，还给出了数据集中物体的真值，如图7.10(b)、(d)、(f)、(h)、(j)、(l)。可以直观地看出，本章算

法可以较为准确地分割出物体的点云。

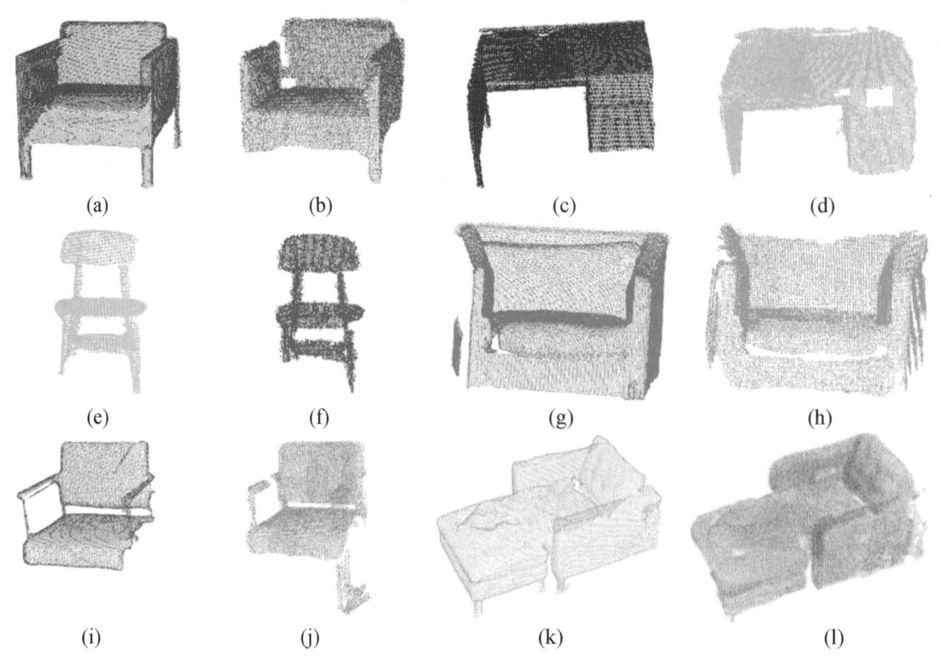

图 7.10　数据集 SceneNN 中一些三维物体语义分割结果及与真值对比

(2)三维物体边界框检测和数据库滤波。

除了分割物体点云外,本章算法还估计了物体的三维边界框,主要目的是提供物体的空间位置以及尺寸信息,为服务机器人导航及操作等提供必要的信息。采用了有向边界框表示物体的空间信息,可以紧凑地包围物体。使用 Manhattan Frame 算法估计 3 个正交轴上的主方向,并且每个边界框的一个轴已调整为与地面法向矢量平行。SceneNN 数据集中提供了许多室内场景的连续 RGB－D 数据,使用本章算法分别在这些数据集上运行,以验证算法的整体效果。图 7.11 给出了一些可视化的实验结果,包括 011、016、030、078 和 086 序列,分别提供了室内场景的三维稠密点云重建结果以及三维物体检测结果。通过多视角融合和三维边界框估计,可以检测到物体并将其添加到数据库中。为了验证本章算法的物体融合和数据库优化算法的鲁棒性,不仅展示了数据库中的点云和三维边界框,而且还展示了数据库滤波前后的检测结果(分别为图 7.11 第二列和第三列)。可以直观地观察到,在进行数据库滤波之前,存在许多具有异常尺寸和大量交叉的物体。滤波处理后,大多数异常或相交的物体都被删除,证明了算法的有效性。

此外,给出了一个物体融合过程的示例,以显示算法运行的细节,如图 7.12 所示。选择了 SceneNN 数据集 011 序列中的一个物体“椅子”的多个连续视图,

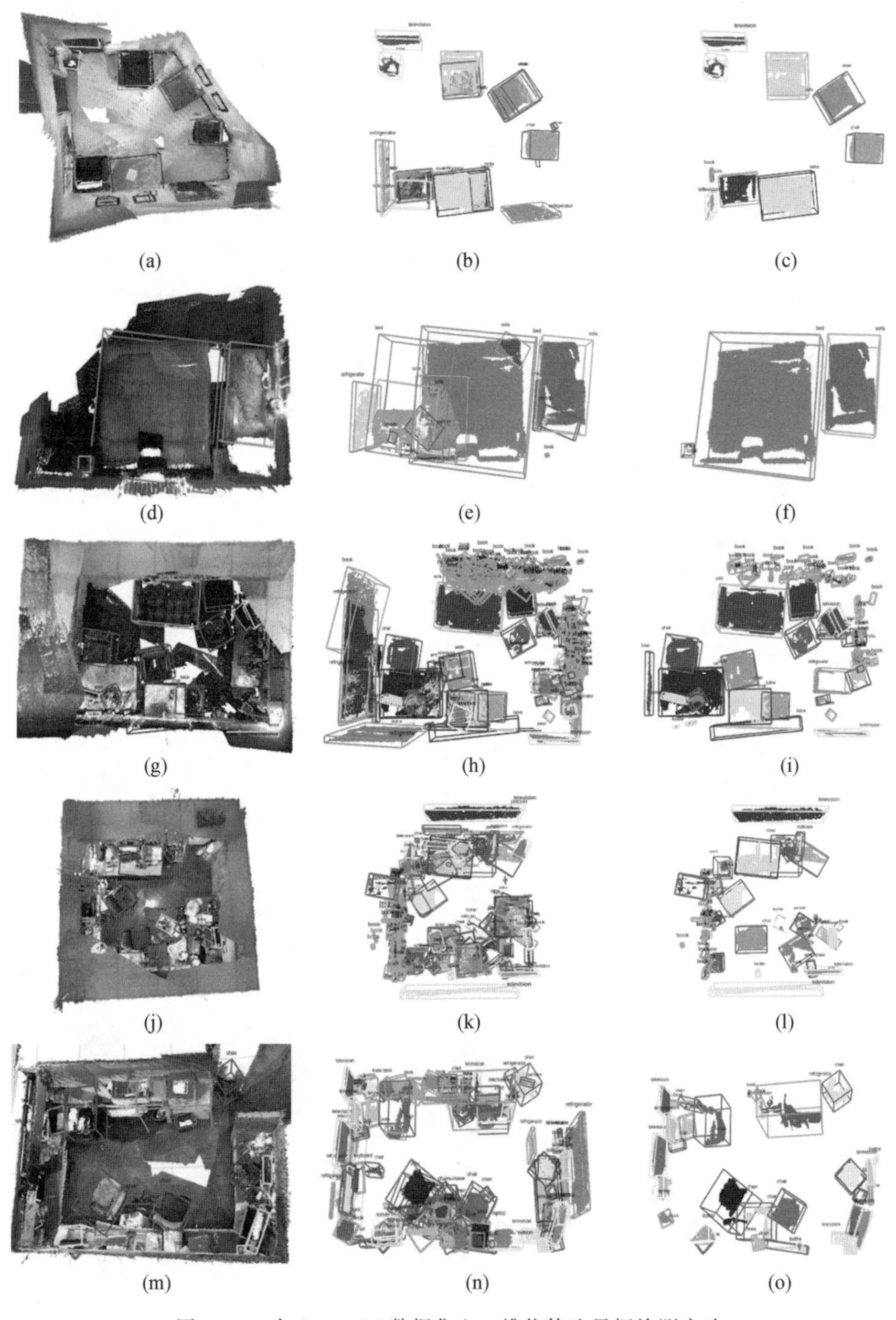

图 7.11 在 SceneNN 数据集上三维物体边界框检测实验

逐渐进行检测并融合。图中分别展示了 RGB 和深度图像、检测到的物体语义分割图像、提取的物体点云、融合后的物体点云、带有 3D 边界框的分割物体点云以及三维稠密点云地图表示中的物体。从不同角度提取物体点云并将其融合在一起,以形成更完整的物体。但是,通过 Mask R−CNN 检测获得的物体点云总是包含一些背景点云(如图 7.12 中(a3)~(e3)和(a4)~(e4)),这将对 3D 边界框估计产生严重影响。本章采用基于 LCCP 的非监督几何分割算法去除背景点云,然后估计 3D 边界框(图 7.12 中(a6)~(e6))。多关键帧融合后,可以得到更加完整的椅子点云,并且 3D 边界框估计得更加准确。从实验的最终结果可以验证算法的运行过程及有效性。

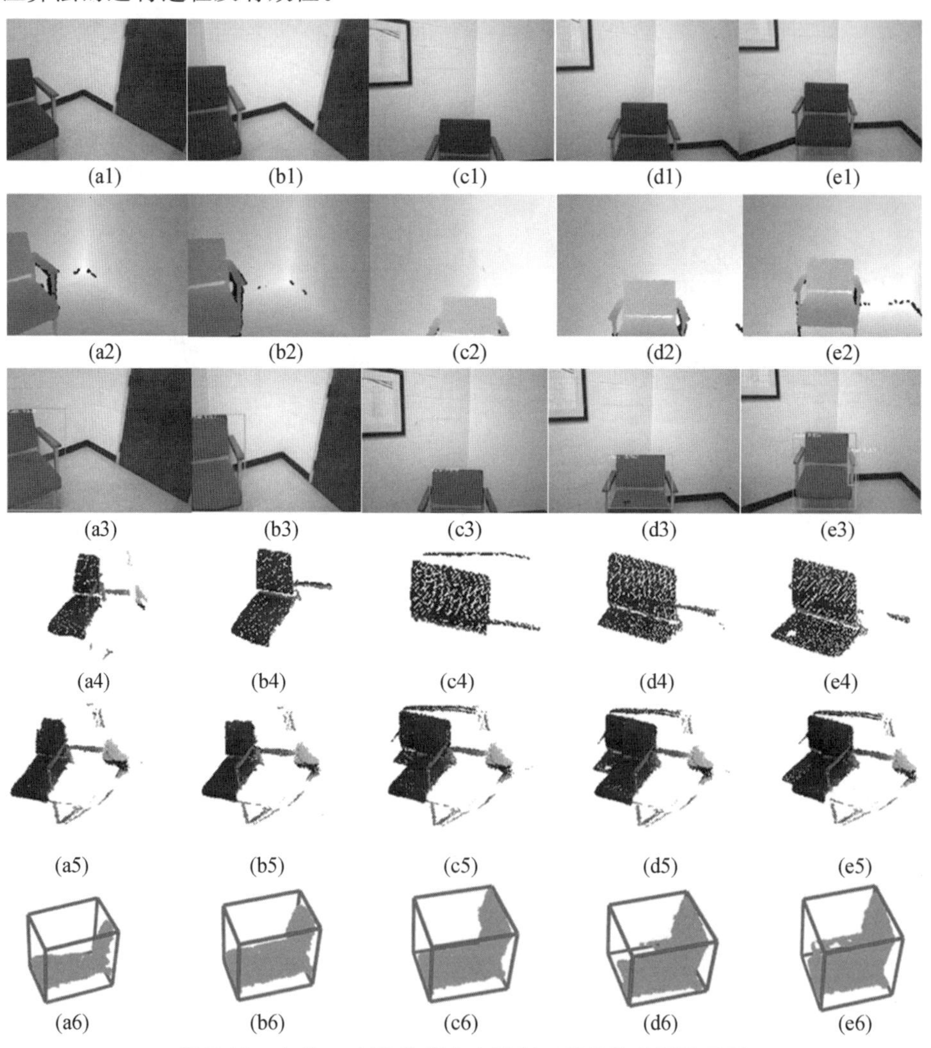

图 7.12　在 SceneNN 数据集上进行三维物体检测的示例

(a7)

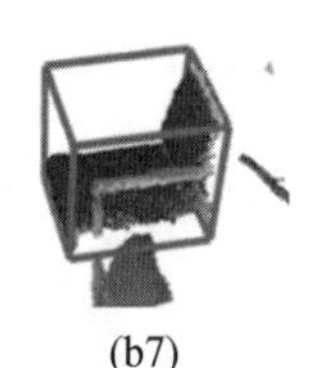
(b7)

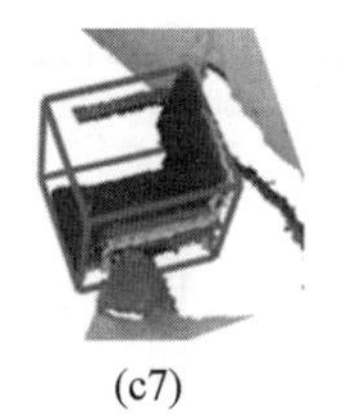
(c7)

(d7)

(e7)

续图 7.12

在 SceneNN 数据集的 10 个序列中运行本章算法时，统计了详细信息，见表 7.9。对于每个序列，分别统计图像数量、关键帧数量、基于 Mask R－CNN 检测到的物体数量、超过检测阈值的物体数量、Manhattan Frame 估计的物体数量、物体融合次数、数据库优化前的物体数量和数据库优化后的物体数量。优化前和优化后的数据库物体数量如图 7.13 所示。可以观察到，本章算法在多个关键帧中检测到大量相同的物体，并且本章算法可以很好地连续检测物体并自动维护物体数据库。

表 7.9 SceneNN 数据集上 10 个序列实验细节

项目	序列									
	011	016	030	061	078	086	096	206	223	255
图像	3 700	1 300	4 100	3 400	7 000	5 900	9 500	10 100	4 500	5 400
关键帧	370	130	410	340	700	590	950	1 010	450	540
Mask R－CNN 检测到的物体	361	190	4 740	881	4 621	1 637	2 267	3 111	1 172	1 540
超过阈值的物体	190	140	2 788	523	2 407	1 278	1 174	1 937	632	846
Manhattan Frame 估计的物体	321	260	2 832	773	2 239	1 808	1 497	3 404	982	1 172
物体融合	151	124	1 255	361	976	832	650	1 603	446	495
物体数据库优化前	21	14	204	30	185	120	147	190	80	171
物体数据库优化后	8	3	75	6	53	32	35	36	15	32

通过在 SceneNN 数据集上进行实验，验证了所提出的多视角融合算法在大多数情况下取得良好的结果。但是，实验中发现了一些失效案例，如图 7.14 所示，图(a)中(1)所示为将房间的门检测为显示器，(2)所示为将垃圾筐检测为马桶；图(b)中(1)所示为将桌子识别为沙发，(2)所示为将两个沙发识别为一个更大的沙发。对于图 7.14(a)的(1)、(2)和图 7.14(b)中的(1)，这些情况是由于 Mask R－CNN 的错误类别检测引起的。针对这种情况，可以通过使用更大规模

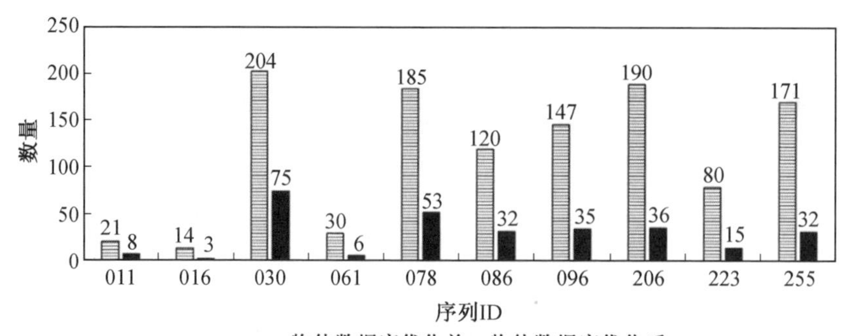

图 7.13 物体数据库统计柱形图

的室内环境图像对 Mask R-CNN 进行重新训练来提高性能或者更换为其他更高性能的语义分割算法。对于图 7.14(b)中的(2),这种情况是由于两个沙发彼此相邻导致边界框融合时带来误差,可以通过修改融合时沙发的阈值进行调整。

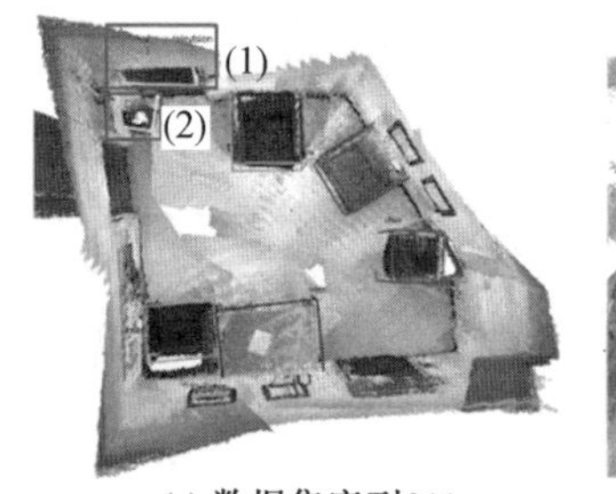

(a) 数据集序列011

(b) 数据集序列061

图 7.14 在 SceneNN 数据集中三维物体检测的一些失效案例(彩图见附录)

除了在 SceneNN 数据集上进行实验之外,还使用服务机器人在真实的室内环境中进行了实验,如图 7.15 所示。机器采用 Kinect v1 RGB-D 传感器用于产生 RGB 和深度图像,运行时采用 ORB-SLAM2 算法产生关键帧和对应位姿。然后,采用本章算法检测三维物体。实验结果为检测到 11 个物体,包括 4 个椅子、5 个显示器和 2 个键盘,如图 7.15(c)所示。

(a) 服务机器人

(b) 实际的室内环境

图 7.15 在服务机器人上进行实际环境下三维物体检测实验

(c) 三维物体检测结果

续图 7.15

(3)算法运行性能评估。

对本章所提出的三维物体检测算法的运行性能进行评估，运行配置为 Intel i9 CPU(3.30 GHz)和 Nvidia Titan RTX GPU。GPU 主要用于基于 Mask R－CNN 的 2D 物体语义分割。所有实验均使用分辨率为 640 像素×480 像素的图像作为输入，并将点云分辨率设置为 0.01 m。在 SceneNN 数据集的 10 个序列中进行实验，统计算法中主要模块的平均运行时间，结果为 514.5 ms，见表7.10。尽管本章算法运行帧率不是很高，但是它可以为服务机器人提供连续增量式检测，以获得物体级别的环境感知能力，对机器人在室内环境中的操作提供重要信息。

表 7.10　本章算法的运行性能

模块	时间/ms
Mask R－CNN	192.3
物体点云提取和滤波	160.9
LCCP	51.5
MF 估计	43.4
其他	66.4
总计	514.5

7.4　本章小结

本章研究了室内服务机器人在环境中的三维物体检测问题，以建立物体级的环境感知能力。

首先，探索了基于卷积神经网络的检测算法，提出一种基于多通道卷积神经网络的三维物体检测算法，将 RGB、深度图和 BEV 图像通过 3 个通道的卷积神经网络结合在一起，提高了神经网络的感知能力。此外，提出了一种基于图像语义的三维候选框生成算法。在修改后的 NYU Depth V2 数据集和 SUN RGB－D 数据集上进行训练和测试，验证了算法较好的多类室内目标检测效果。

其次，研究了基于多视角融合的服务机器人室内场景三维物体检测算法。该算法利用机器人实时视觉 SLAM 得到关键帧和位姿，融合多个视角进行增量式三维物体检测；构建物体数据库，并提出了一个物体融合准则来自动维护；提出了一种基于先验大小和体积比的物体滤波算法，以去除物体数据库中的异常尺寸和交叉物体；在 SceneNN 数据集和真实的室内环境上进行了实验，验证了三维语义分割和多视图融合的物体边界框检测稳定性和准确性。

第8章

基于RGB－DT的三维环境构建方法

机器人三维环境建模是机器人环境感知的重点，但也存在计算量大和信息模态不足的问题，导致机器人建图约束不足，甚至发散。本章首先简析了典型的ORB－SLAM3算法，然后研究环境热场信息，将红外(T)信息与RGB－D结合，结合深度学习网络，构建了多模态RGB－DT SLAM框架，建立了线面特征约束，可构建环境稠密三维环境热场地图和特征稀疏地图，并进行了相关实验，验证了机器人三维环境感知的稳定性和可拓展性。

8.1 概　述

随着 RGB－D 传感器的发展，基于 RGB 和深度图像的 3D、SLAM 技术成为人们研究的重点。其中，基于特征的典型算法和 ORB－SLAM2、ORB－SLAM3 算法，可以实现机器人自主定位，构建稀疏点云地图，并在 CPU 上实时运行，但运行过程中受光线条件影响较大；基于 ICP 的 ElasticFusion 算法，根据深度信息计算机器人的位姿，能够构建稠密的点云地图，可视化效果好，但是 ICP 算法耗时长，需要 GPU 加速实现实时运行。

本章结合 RGB－D 视觉传感器和热成像传感器创建三维环境热场地图，考虑到服务机器人建图实时性的需求，基于 ORB－SLAM3 算法提出新的地图构建方案 RGB－DT SLAM 框架，为机器人环境目标识别与温度等属性的信息获取提供基础技术支撑。针对机器人室内工作长期性和稳定性问题，利用深度和热红外图像估计机器人位姿，实现低照度环境中机器人辅助定位。同时加入目标检测模块，对输入的环境 RGB 图像信息进行目标检测，将检测结果根据目标属性划分为动态和非动态，在定位和建图的过程中排除动态物体的干扰，增加线面特征约束，在如长走廊等特征稀疏的环境中依然可以可靠运行。

8.2 ORB－SLAM3 算法分析

ORB－SLAM3 是由西班牙萨拉戈萨大学的 Carlos Campos 等人在 ORB－SLAM2 等前序工作的基础上提出的，是一个可兼容单目、双目、鱼眼和深度等传感器与 IMJ 算法融合的 CRB－SLAM 算法框架，具有较高实时性和精度系统。系统主要包括 Atlas 模块、跟踪线程、局部建图线程、回环及地图融合线程，如图 8.1 所示。各个线程并行计算，加快运算速度，最终实现机器人定位并生成稀疏的点云地图。本节将对 ORB－SLAM3 算法的主要模块进行简单介绍。

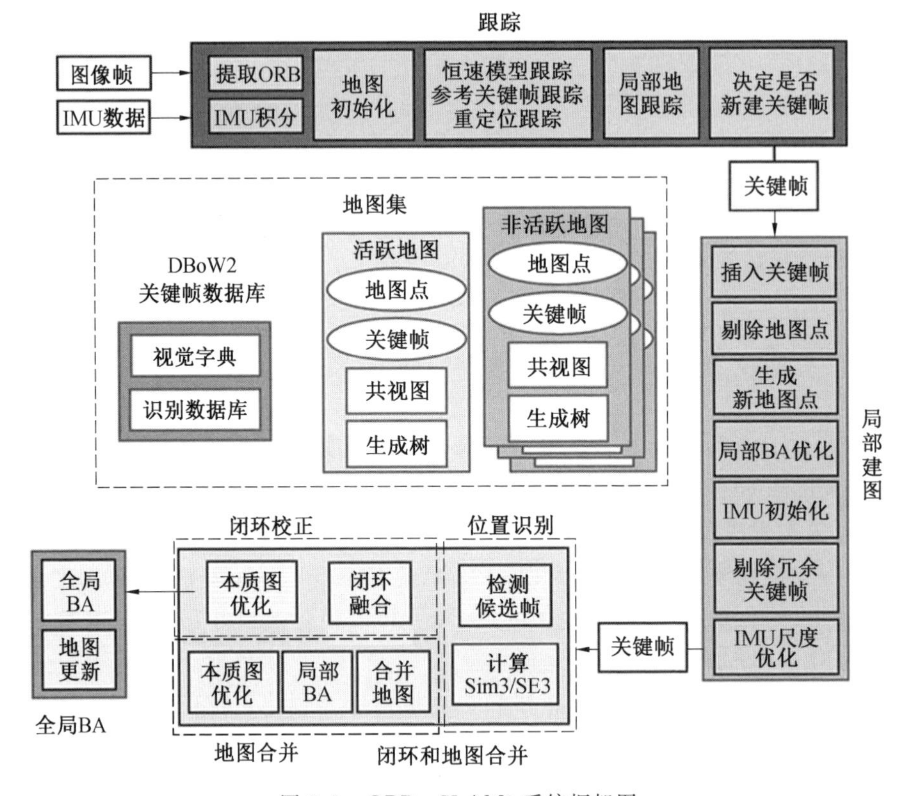

图 8.1　ORB－SLAM3 系统框架图

8.2.1　跟踪

跟踪线程是 SLAM 系统的前端，是系统中最重要的一步，主要是对当前帧进行处理，根据提取的特征点计算相机的位姿。其首先进行单帧的构造，对每一帧 RGB 图像进行 ORB 特征点的提取以及描述子的计算。在系统初始化阶段，使用单目相机时，由于其没有环境的深度信息，需要对前两帧进行初始化计算初始点云。首先对前两帧图像提取特征点，获得匹配点对 $x_c \leftrightarrow x_r$，同时计算单应性矩阵 $\boldsymbol{H}_{cr}$ 和基础矩阵 $\boldsymbol{F}_{cr}$；其次根据式(8.1)和式(8.2)选择模型，当 $R_H > 0.4$ 时，利用单应矩阵估计相机的运行，反之，选择基础矩阵；最后利用全局 BA 对结果进行优化。

对于视觉惯性模式，跟踪线程中还需要完成 IMU 的初始化以及预积分过程。

$$S_M = \sum_i (\rho_M(d_{cr}^2(x_c^i, x_r^i, M)) + \rho_M(d_{cr}^2(x_c^i, x_r^i, M))) \tag{8.1}$$

$$\rho_M(d^2) = \begin{cases} \Gamma - d^2, & d^2 < T_M \\ 0, & d^2 \geqslant T_M \end{cases} \tag{8.2}$$

式中　d_{cr}^2, d_{rc}^2——对称的转换误差；

S_M——单应矩阵 $\boldsymbol{H}$ 的 $S_{\boldsymbol{H}}$ 和基础矩阵 $\boldsymbol{F}$ 的 $S_{\boldsymbol{F}}$；

τ——$T_{\boldsymbol{H}}=5.99, T_{\boldsymbol{F}}=3.84$。

$$R_H=\frac{S_H}{S_H+S_F} \tag{8.3}$$

初始化之后继续处理输入的图像。进入ORB-SLAM3跟踪的第一个阶段，共有3种跟踪方法：参考关键帧跟踪、恒速模型跟踪和重定位跟踪。根据当前系统的状态，选择跟踪方法，进行帧与帧之间的跟踪并优化计算，得到初步的位姿估计结果。此后进入第二个阶段，即局部地图跟踪阶段，将局部关键帧对应的局部地图点投影到当前帧进行匹配，得到更多的匹配关系，再进行优化计算，获得较前一阶段更加准确的位姿。

在获得当前帧的位姿后，需要根据当前帧的状态判断当前帧是否作为关键帧进入到局部建图(Local Mapping)线程。

8.2.2　局部建图

Local Mapping线程的主要工作是对关键帧和地图点进行处理。将跟踪(Tracking)线程得到的关键帧进行筛选融合，并对关键帧中的地图点进行融合，剔除多余的关键帧和地图点，维护一个稳定的全局地图，并将筛选后的关键帧提供给闭环矫正(Loop Closing)线程。

当获得新的关键帧之后，Local Mapping线程将其加入到构建的地图中，并更新无向有权图(covisibility graph)，然后通过计算当前帧中的词袋，判断当前帧中的地图点是否需要保留，如果满足判断条件，则将新的关键帧补充到全局地图中。使用局部BA对当前帧及其能够观察到相同地图点的临近关键帧进行位姿优化。最后将多余的关键帧去除，并将合格的关键帧交给Loop Closing线程。

对于视觉惯性模式，根据IMU的初始化情况，局部建图线程还将进行局部地图+惯性BA，优化重力方向及尺度的操作，利用IMU信息，对位姿估计进行进一步的调整。

8.2.3　回环检测及地图融合

ORB-SLAM3相较于ORB-SLAM2，新增加了多地图的概念。多地图(Atlas)由一系列的子地图组成，并将子地图划分为活跃的地图和不活跃的地图。跟踪线程和局部建图线程正在跟踪优化处理的地图，称为活跃的地图，而其他的地图都将作为不活跃的地图。

回环检测及地图融合线程检测活跃地图和Atlas中所有关键帧之间的共同区域。如果该共同区域属于活跃地图，那么将进行回环矫正；如果该区域属于不活跃地图,那么将进行地图融合操作。在一次回环矫正后,会单独在一个子线程中进行全局的BA优化,在不影响实时性的同时,能够对地图进行精细化,并根据优化结果更新全局地图中的全部关键帧位姿和地图点三维坐标。

经过上述流程后,ORB－SLAM3实现了相机的定位和点云地图的构建。但系统前端在进行特征提取时,对环境进行了全局静态的假设,没有考虑到潜在的动态物体对系统的影响。在约束构建方面,特征点的质量极大地影响了定位建图的精度,这使得系统在室内走廊等特征稀疏场景以及光线不良的暗环境中表现效果较差。同时在构建点云地图时,只将关键帧中的特征点进行投影,导致得到的点云地图比较稀疏,没有包含物体的纹理等细节信息,同时由于不包含热红外信息,不能对环境中的温度分布进行估计,以帮助机器人对环境安全问题进行判断。

针对以上ORB－SLAM3算法的优势和不足,本章在该算法的基础上进行改进,提出基于RGB－DT的SLAM框架。当光线信息较差,利用基于深度图像(D)和热红外图像(T)的位姿估计方案,辅助机器人定位。而在环境良好的情况下,在RGB－DT SLAM框架的基础上引入目标检测模块,对特征进行动静属性的划分,增加点面特征约束,提高机器人在动态及特征稀疏环境中的定位稳定性。

由于两个方法都主要基于特征点法,所以以图像中提取的特征点的数量作为环境因素的判断条件。当RGB图像中提取的ORB特征较少时,则启动基于DT的位姿估计方案,流程图如图8.2所示。接下来将具体介绍基于ORB－SLAM2算法改进的RGB－DT SLAM框架以及基于DT的位姿估计方案。

8.3 基于RGB－DT SLAM环境热场地图构建

8.3.1 目标检测模块

YOLO算法(You Only Look Once)是当前主流的目标检测算法之一。YOLO算法将物体检测作为回归问题求解,它由一个独立的端到端网络改进而来,输入待检测的图片,最终可以得到物体在图片中的位置及该物体所属的种类。YOLO具有快速性的特点,利用C++ libtorch库进行计算推理,也可以达到30 Hz的频率。此外,YOLO算法背景的误检率较低,对于待检测物体所处的背景环境没有较高的要求,因此将YOLO算法用于行人检测具有较高的可行性。

利用 YOLO v5s 模型对输入图像进行检测，结果如图 8.3 所示。可见 YOLO v5s能够对输入的 RGB 图像中的特定对象进行检测，并返回该对象在图像中的检测框位置信息。

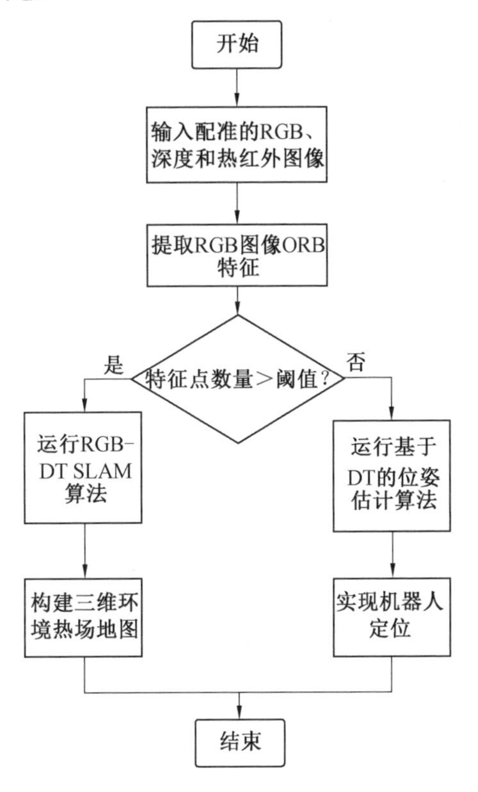

图 8.2　算法选择流程图

图 8.3　YOLO 检测示意图

本章对 ORB-SLAM3 的跟踪线程进行改进，率先通过检测模块，对输入图像进行目标检测，并按照事先规定的动静态属性列表，对检测到的目标进行动静态划分。在特征点提取阶段，根据预先检测的区域，判断每个特征点的动静属性，删除动态特征点，保留静态特征。检测模块融合框图如图 8.4 所示。

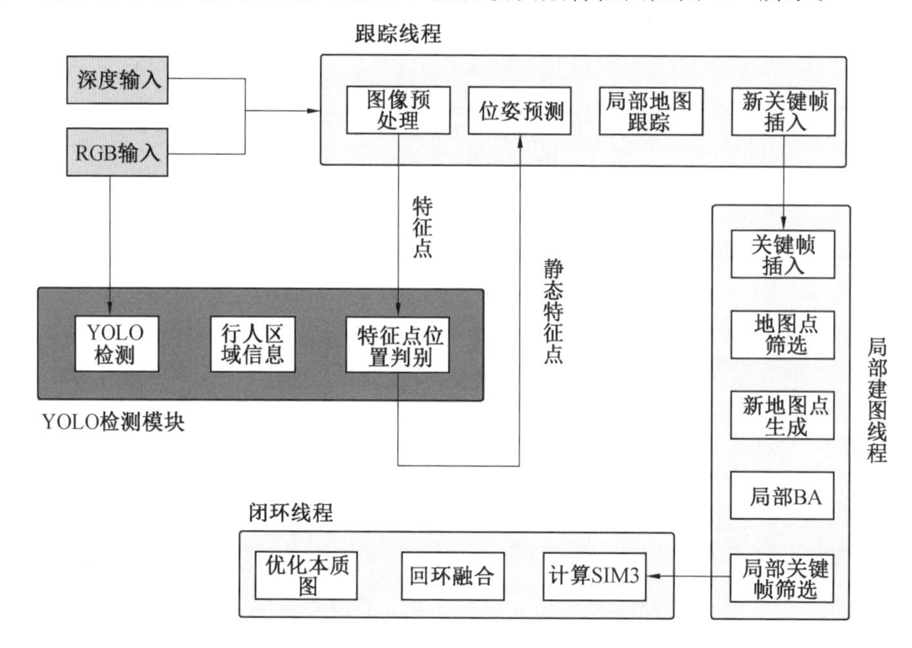

图 8.4 检测模块融合框图

对融合检测模块的 ORB－SLAM3 系统进行测试，选用 TUM 动态环境数据集，原始 ORB－SLAM3 和融合后的 ORB－SLAM3 的定位结果如图 8.5 和图 8.6 所示。由图可见原始的 ORB－SLAM3 系统不具备检测动态物体的能力，在环境中出现动态物体时，对其定位精度产生了较大的影响，而加入检测模块后，保证了系统特征点的静态属性，定位精度显著提高。

8.3.2 线面特征的构建

对于直线特征，LSD 是一种直线检测分割算法，它能在线性的时间内得出亚像素级精度的检测结果，该算法被设计成可以在任何数字图像上都无须进行参数调节。

在二维 RGB 图像中，LSD 算法的复杂度仅为 O(nlog(n))级别，算法实时性好。由于 LSD 算法分割得到的结果是多个矩形区域，这些矩形区域中的像素经过 RGB－D 传感器得到的深度值进行变换后，可以得到多个包含直线的点云。为了从多个分割得到的点云中提取直线，采用了霍夫变换法进行三维直线提取，霍夫变换法是一种经典的几何特征提取方法，经常用于图片中的圆、直线提取。

同样的思想也可以用于三维直线特征的提取。霍夫变换法包含以下几个主要步骤:直线参数离散化;定义霍夫变换;最小二乘拟合。在完成直线的参数化与离散化后,还需要建立从点云中一点转换到包含此点直线的投票集合,即霍夫变换的具体算法,见表 8.1。

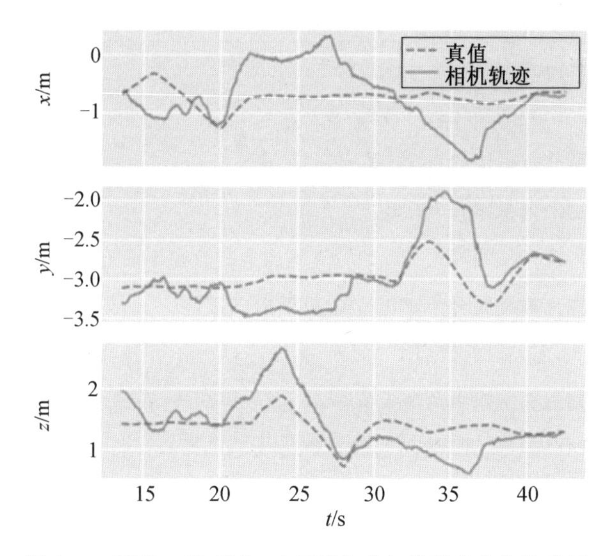

图 8.5　ORB－SLAM3 对 TUM 动态序列的定位轨迹图

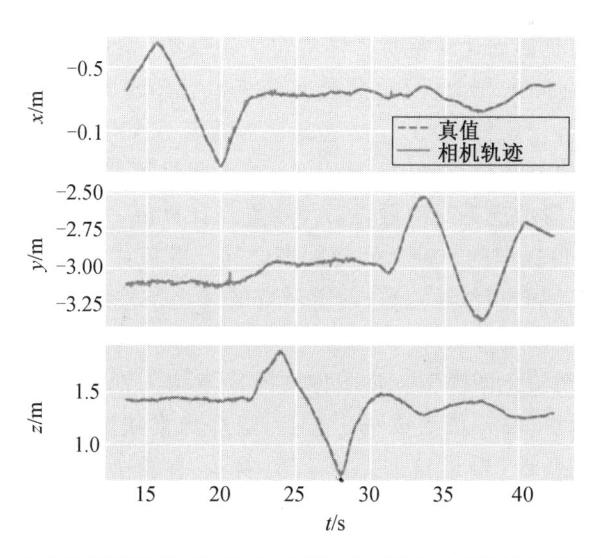

图 8.6　融合检测模块的 ORB－SLAM3 对 TUM 动态序列的定位轨迹图

表 8.1　三维直线检测霍夫变换伪代码

算法:三维直线检测霍夫变换
输入:点云 $X=\{\boldsymbol{x}_1,\cdots,\boldsymbol{x}_n\}$,离散化的法向量集合 $\boldsymbol{B}=\{\boldsymbol{b}_1,\cdots,\boldsymbol{b}_{N1}\}$
平面坐标 x' 离散化集合 $X'=\{x_1',\cdots,x_{N2}'\}$,平面坐标 y' 离散化集合 $Y'=\{y_1',\cdots,y_{N3}'\}$ 输出:投票数组 A,大小为 $N_1\times N_2\times N_3$,得票最多的直线$(\boldsymbol{b}_{\max},x_{\max}',y_{\max}')$
1.　A 中的所有值置为 0 2.　$(\boldsymbol{b}_{\max},x_{\max}',y_{\max}')$初始化为$(\boldsymbol{b}_1,x_1',y_1')$ 3.　循环遍历所有点云中的点 $\boldsymbol{x}\in X$ 4.　　循环遍历法向量集合 $\boldsymbol{b}_i\in\boldsymbol{B}$ 5.　　　利用式(3.22)与式(3.23)计算平面上的点在平面上的交点坐标(x',y') 6.　　　得到离散化集合中离(x',y')最近的(x_j',y_k') 7.　　　$A(\boldsymbol{b}_i,x_j',y_k')$的值加 1 8.　　　更新投票数组中的最大值: 9.　　　若 $A(\boldsymbol{b},x_j',y_k')>A(\boldsymbol{b}_{\max},x_{\max}',y_{\max}')$ 10.　　$(\boldsymbol{b}_{\max},x_{\max}',y_{\max}')\leftarrow(\boldsymbol{b}_i,x_j',y_k')$ 11.　结束

而对于平面特征,凝聚层次聚类(AHC)是机器学习领域中一种通用的聚类算法,其核心思想是初始化时将每个样本定义为一类,按照具体的类之间的距离函数计算每个类之间的相似性,重复合并最相似且距离小于一定阈值的两个类直至满足迭代的终止条件。AHC 比起其他聚类算法如 K－Means、EM 等算法不需要给出最终分类数量与迭代初始状态,即随机性不强,算法稳定。缺点是计算量相对较高,一般情况下每次融合后需要重复计算每一类间的相似性。

在从 RGB－D 提取的单帧点云分割平面的任务应用 AHC 的框架需要完成以下两点:定义类间的相似性函数;确定融合的终止条件。最终本章提出的平面分割算法分为以下 3 个步骤:

(1)第一步,初始化图模型。将图像中的像素均匀地分成若干个高度为 H、宽度为 W 的像素块,每一块生成一个节点,这些像素块获取深度值后可以转化为 HXW 个三维点云,根据这些点可以计算一个最小二乘的平面拟合误差(MSE)。然后删除有以下问题的节点:节点的 MSE 误差很高;节点的深度值无法获取;节点的深度值与周围值不连续。将所有的节点按照 MSE 的大小放入一个优先队列之中。

(2)第二步,循环利用凝聚层次聚类算法对节点进行生长。对于每个循环,

从优先队列中取出MSE最小的节点，并遍历其相邻节点，计算融合两个节点后的MSE，取MSE最小的相邻节点进行融合（若融合后MSE大于原MSE，则不融合）。重复以上步骤，直至图结构不会发生改变为止。

（3）第三步，优化分割边界。上一步融合完成后的结果只能产生粗糙的边界，根据像素块的大小会产生程度不一的锯齿效应。为消除锯齿效应，采用腐蚀操作（每个节点仅保留4－邻域都在节点中的像素）。腐蚀之后，再对新的节点块边界进行像素级的融合操作，将可以使得MSE变小的像素点加入节点中。完成新的增长之后，再对节点进行最后一次层次聚类，融合可能互相接触的平面。

在得到以上的线面特征之后，针对线面特征，在ORB－SLAM3原有的极线约束的基础上，添加线特征约束 e_l：将地图中的特征线的起点与终点投影到当前相机成像平面，并计算投影点到观测到的2D特征线的距离作为残差进行约束和面特征约束 e_p：在平面无约束表示法下的欧式距离、平行平面约束 $e_{\parallel}$ 和垂直平面约束 $e_{\perp}$，其定义如下

$$
\begin{aligned}
e_l &= l_{\text{obs}}(\Pi(\boldsymbol{R}_{\text{cw}} P_{\text{w}} + t_{\text{cw}})) \\
e_p &= q(\pi_{\text{c}}) - q(T_{\text{cw}} - T\pi_{\text{w}}) \\
e_{\parallel} &= q_n(n_{\text{c}}) - q_n(\boldsymbol{R}_{\text{cw}} n_{\text{w}}) \\
e_{\perp} &= q_n(\boldsymbol{R}_{\perp} n_{\text{c}}) - q_n(R_{\text{cw}} n_{\text{w}})
\end{aligned} \tag{8.4}
$$

式中　l_{obs}——二维平面的直线方程，$l_{\text{obs}}(x,y)=ax+by+c$；

$q_n(n_{\text{c}})$——平面法向量 n 的3个分量可以转化为两个角度的参数值，即

$$
[\varphi=\tan^{-1}\frac{n_y}{n_x} \quad \varphi=\sin^{-1}n_z]^{\text{T}} \tag{8.5}
$$

$q(\pi_{\text{c}})$——同上，平面 $n_x x+n_y y+n_z z=d$ 含有4个参数可以转化为三维向量，即

$$
[\varphi=\tan^{-1}\frac{n_y}{n_x} \quad \varphi=\sin^{-1}n_z d]^{\text{T}} \tag{8.6}
$$

$\boldsymbol{R}_{\perp}$——沿轴线 $n_{\text{c}}\times n_{\text{w}}$ 方向旋转90°对应的旋转矩阵。

在建立非线性最小二乘优化问题后，还需对其进行基于迭代法的数值求解。在优化框架中，优化方法采用高斯牛顿法，其将优化变量 x 利用一阶泰勒展开转化为求解最优迭代步长 Δx，进而将求解非线性最小二乘问题转化为求解多次线性最小二乘问题：

$$
x^* = \operatorname{argmin}_x \frac{1}{2}\| f(x)\|^2 \rightarrow \Delta x^* = \operatorname{argmin}_{\Delta x}\frac{1}{2}\| f(x)+J(x)^{\text{T}}\Delta x\|^2 \tag{8.7}
$$

式中　$J(x)$——$f(x)$ 相对于 x 的雅可比矩阵。

对式(8.7)右式求导并令其为零，可以得到

$$J(x)\boldsymbol{J}^{\mathrm{T}}(x)\Delta x=-J(x)f(x) \tag{8.8}$$

8.3.3 稠密点云拼接

所谓点云，就是由一组离散的点表示的地图，这些点包含 x、y、z 三维坐标，表示该点在世界坐标系中的位置，同时也可以包含 r、g、b 颜色信息，从而获得与真实世界相近的三维环境。根据 RGB－D 传感器提供的 RGB 图像和深度信息以及相机的内参数矩阵即可获得 RGB－D 相机坐标系下的点云 $\boldsymbol{p}_{\mathrm{c}}$。

$$d\begin{bmatrix}u\\v\\1\end{bmatrix}=\boldsymbol{K}\boldsymbol{p}_{\mathrm{c}} \tag{8.9}$$

式中 $[u\quad v\quad 1]^{\mathrm{T}}$——像素坐标；

d——相机坐标下像素点对应的深度值。

由式(8.9)则可反推点云的三维坐标$[x\quad y\quad z]^{\mathrm{T}}$，如式(8.10)所示。

$$\begin{aligned}x&=\frac{u-c_x}{f_x}z\\y&=\frac{v-c_y}{f_y}z\\z&=d\end{aligned} \tag{8.10}$$

已知点云在相机坐标系下的坐标，利用相机之间的位姿估计，根据式(8.11)对所有的点云进行计算，则可以将相机坐标系下的点云转换到世界坐标系下，即可构建出完整的三维稠密点云地图，通常情况下将地图中的第一帧图像作为世界坐标系起始点。

$${}^{k-1}\boldsymbol{P}_i=\begin{bmatrix}{}^{k-1}_{k}\boldsymbol{R}_{3\times 3} & {}^{k-1}_{k}\boldsymbol{t}_{3\times 1}\\0 & 1\end{bmatrix}{}^{k}\boldsymbol{P}_i \tag{8.11}$$

式中 $\boldsymbol{R}$——旋转矩阵；

$\boldsymbol{t}$——平移向量；

$\boldsymbol{P}_i$——第 k 帧图像中的第 i 个像素点的世界坐标。

因此稠密点云地图构建的关键步骤是准确地计算关键帧之间的相对位姿，由 ORB－SLAM3 算法可以获得较精确的位姿估计。

首先，对于将输入的每一帧 RGB 图像都转化为灰度图，提取图像中的 ORB 特征，同时计算描述子，然后利用描述子之间的距离和角度误差进行匹配，利用匹配结果求解每一帧的位姿。在计算位姿的过程中会由于累积误差的存在使误差越来越大，所以当新的关键帧 K_i 加入 Local Mapping 线程中时，需要与具有共视关系的候选关键帧 K_{C} 进行局部 BA 优化，以减小误差的累积，避免位姿出现大范围偏差。

设关键帧 K_i 中的2D特征点为 $x_{i,j}\in\mathbb{R}^2$，在候选关键帧 K_C 中与之相匹配的3D特征点为 $X_{C,j}\in\mathbb{R}^3$，且关键帧 K_C 对应的位姿为 $T_C\in SE(3)$，则得到关键帧 i 中的第 j 个特征点为

$$e_{i,j}=x_{i,j}-\lambda_{i,j}(T_C,X_{C,j}) \tag{8.12}$$

式中　$\lambda_{i,j}$——重投影函数。

$$\lambda_{i,j}(\boldsymbol{T}_C,\boldsymbol{X}_{C,j})=\begin{bmatrix} f_x\dfrac{x_{c,j}}{z_{c,j}}+c_x \\ f_y\dfrac{y_{c,j}}{z_{c,j}}+c_y \end{bmatrix} \tag{8.13}$$

$$[x_{c,j}\quad y_{c,j}\quad z_{c,j}]=\boldsymbol{R}_C\boldsymbol{X}_{C,j}+\boldsymbol{T}_C \tag{8.14}$$

式中　$\boldsymbol{R}_C$——$T_C\in SE(3)$中的旋转矩阵，$\boldsymbol{R}_C\in SO(3)$；

$\boldsymbol{T}_C\in\mathbb{R}^3$——$T_C\in SE(3)$中的平移矩阵，$\boldsymbol{T}_C\in\mathbb{R}^3$。

所以BA优化的误差函数通过最小化方程(8.15)实现关键帧 K_i 位姿的BA优化。

$$E=\sum_n h_c(e_{i,j}^{T}\boldsymbol{\Omega}_{i,j}^{-1}\boldsymbol{e}_{i,j}) \tag{8.15}$$

式中　h_c——Huber鲁棒损失函数；

$\boldsymbol{\Omega}_{i,j}^{-1}$——协方差矩阵。

经过优化之后，即可得到关键帧之间精确度较高的位姿估计，再借助关键帧的RGB和深度图像即可构建三维点云地图。为了获得更加全面的环境信息，选择将关键帧中的所有像素点进行投影重建，从而获得稠密的点云地图，清晰地展示环境中的纹理和外形等细节信息。由于最终是获得三维环境热场地图，所以需要融合热红外图像，使点云的颜色信息代表物体的温度信息，根据融合方法进行融合。

在ORB-SLAM3算法的基础上增加一个新线程获得RGB-DT SLAM框架，新线程的输入是Tracking和Local Mapping线程获得的关键帧位姿估计，以及筛选得到的关键帧，关键帧中包括经过几何和时间校准的RGB、热红外和深度图像。在该线程中，将RGB图像与热红外图像进行融合，获得带有温度信息的新RGB图像，再利用深度图像获得各个像素值对应的深度值，通过式(8.10)进行投影，获得带有温度信息的单帧三维点云。利用得到的位姿估计通过式(8.11)将关键帧对应的相机坐标系下的点云转换到世界坐标系下，对所有关键帧点云进行拼接，进而构建稠密的三维环境热场地图。

构建三维环境热场地图的RGB-DT SLAM框架如图8.7所示。

本节采集了99张图像序列，同时获得RGB图像、深度图像和热红外图像，利用第2章中的几何校准和时间校准的结果对图像进行配准，然后利用改进的算法实现三维稠密地图的构建，如图8.8所示。

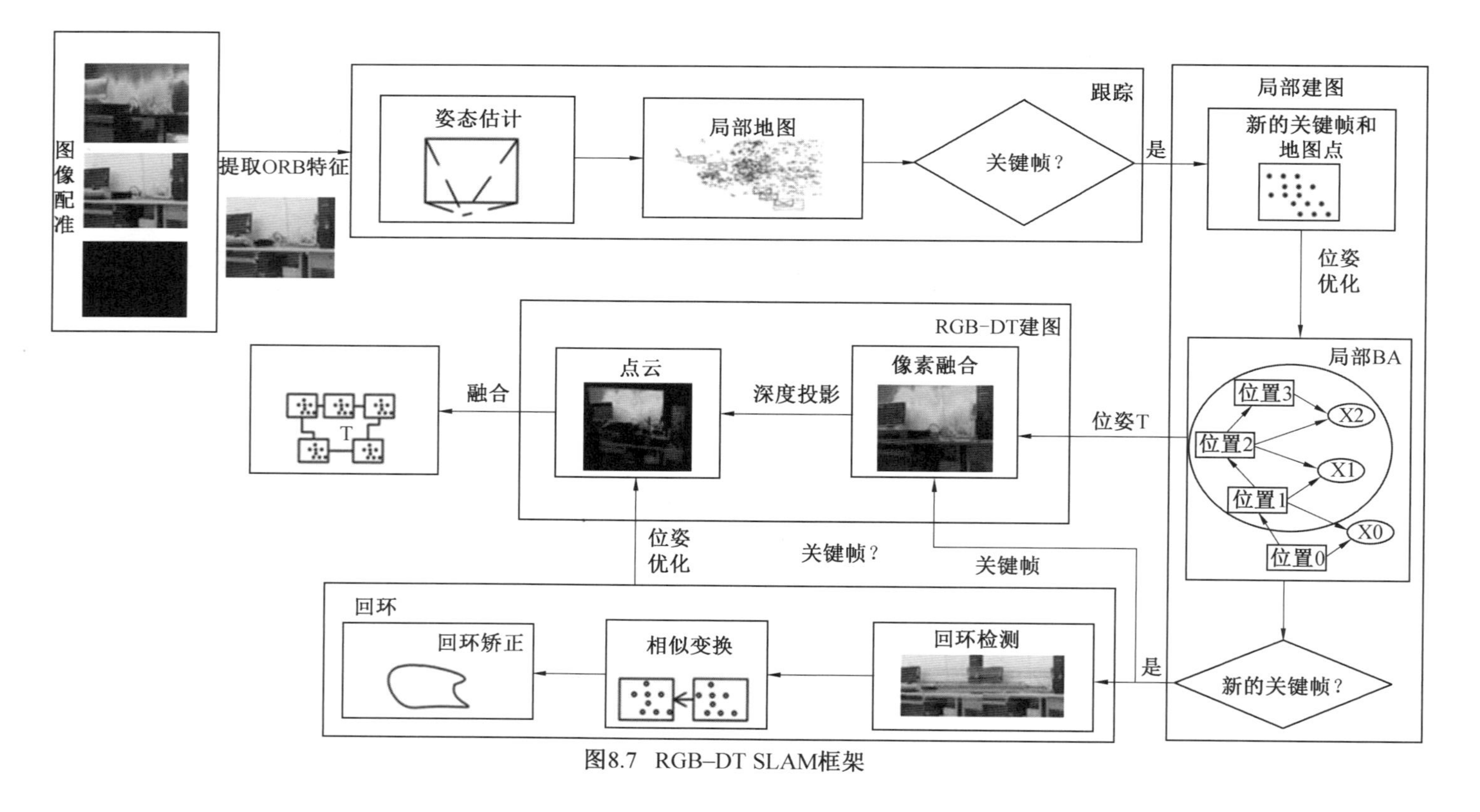

图8.7 RGB-DT SLAM框架

(a) 原始点云地图

(b) 三维热场地图(彩图见附录)

图 8.8　三维稠密地图构建

8.3.4　点云滤波

由于深度相机的精度和环境因素的影响,点云中会存在很多噪声点,所以需要对点云进行一些处理,去除噪声点和离群点,以获得更好的视觉效果。本章主要采用点云统计滤波器和体素滤波器对点云地图进行处理。

点云统计滤波器主要用于去除离群点,获取每个点云邻域内的 k 个点,然后计算该点云与邻域内 k 个点的平均距离,如果这些距离呈现高斯分布,则统计出该点云对应的高斯模型的均值和标准差。如果一个点与其邻域内若干个点的平均欧式距离超过 s 个标准差,则认为该点为离群点,去除该点。所以在进行滤波的过程中,需要合理地设置两个参数:邻域点的数量 k 和标准差的数目 s,使其能够有效地去除离群点,如图 8.9 所示,(a)为统计滤波之前的点云,(b)为统计滤波之后的点云(其中 k 值为 50,s 值为 1)。

体素滤波器相当于对点云地图进行降采样,使地图在减少点云数量的同时还能保持物体的基本形状特征。该滤波器将点云地图划分为大小相同的三维立

(a) 滤波前

(b) 滤波后(彩图见附录)

图 8.9 统计滤波前后示意图

体,然后计算立方体中所有点云的重心,利用该重心点代替整个栅格点云,这样可以大大节省点云的数量和存储空间。在实际操作中需要设置分辨率,本章中将分辨率设置为 0.01,表示每立方厘米有一个点,体素滤波之前点云地图中一共有 208 365 个点,经过滤波之后有 88 338 个点,减少了 57.6%的杂点,使点云地图更加简洁,节省存储空间。滤波前后点云地图如图 8.9 所示。

8.3.5 三维环境热场地图的构建实验

利用搭载热成像传感器和深度相机的机器人实验平台进行三维热场地图构建实验,机器人一共探索了 4 个场景区域。场景一是一个办公区域,环境较复杂,包含的物体较多且温度差异大,构建的原始点云地图和热场地图如图 8.10 所示,从图中可以看出电热毯的温度明显高于其他物体,温度地图的温度分布基本没有偏移,估计准确。场景二中主要包含计算机、主机和电线等电子设备,在构建点云地图之前,利用热成像传感器记录了环境中的几个温度点,如图 8.11(b)所示,这些点的温度与构建的温度地图显示的温度一致,而且经过信息融合之后,温度点云地图具有良好的纹理特征。

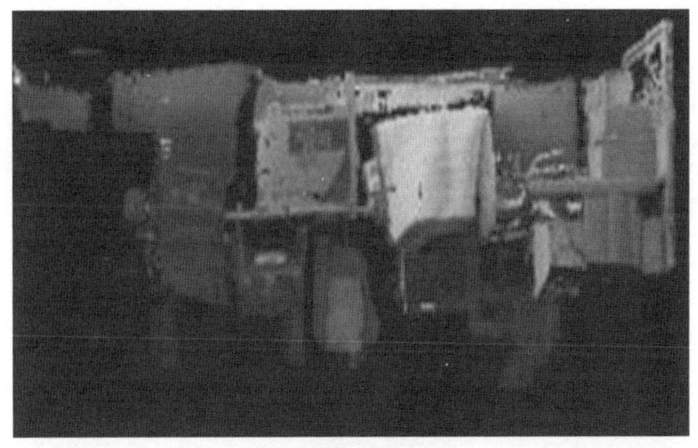

(a)原始点云地图

(b) 三维热场地图(彩图见附录)

图 8.10　场景一点云地图

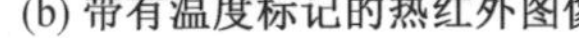

(a) 热场点云地图　　(b) 带有温度标记的热红外图像

图 8.11　场景二点云地图(彩图见附录)

场景三机器人探索的是某实验室区域，该区域中包含一些机器人模型和杂物，图 8.12 是该场景的温度点云地图，图 8.13 显示的是机器人的稀疏点云地图和运动轨迹。

图 8.12 场景三温度点云地图(彩图见附录)

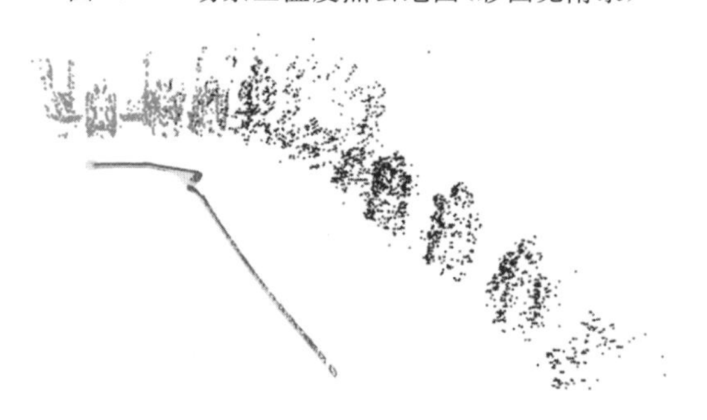

图 8.13 场景三稀疏点云地图和运动轨迹(彩图见附录)

8.4 基于 DT 的位姿估计

RGB－DT SLAM 算法能够较准确地估计机器人的位姿,但它主要依赖于 RGB 图像中提取的 ORB 特征,当环境中光线较差或者夜视环境下,RGB 图像的质量将受到很大影响,影响机器人定位的稳定性,但热成像传感器和深度相机基本不受光线因素的影响,所以本节根据热红外图像的成像特点设计了基于特征点法的位姿估计方法来辅助机器人实现低照度等恶劣环境下的定位。

8.4.1 热红外图像特征提取

由于热成像系统容易受到环境的干扰,且自身的探测能力较低,导致采集的热红外图像的分辨率低、图像比较模糊,且存在较多的噪声,所以如何准确地提取热红外图像的特征对估计低照度环境下机器人的运动具有重要的意义。

SIFT(Scale－Invariant Feature Transform)算法是计算机视觉中鲁棒性较强的检测图像特征点的算法。提取 SIFT 特征首先需要将输入的图像转化为灰度图,然后通过降采样和高斯卷积获得图像高斯金字塔(LOG),如图 8.14 所示,即获得不同尺度和不同模糊程度的图像。然后对同一尺度下的图像进行差分运算,获得高斯差分(DOG)金字塔,然后在 DOG 中检测极值点作为特征点。由于

在提取关键点的过程中对图像做了不同尺度和不同模糊程度的变换，所以提取的特征点受光照和旋转等因素的影响极小。

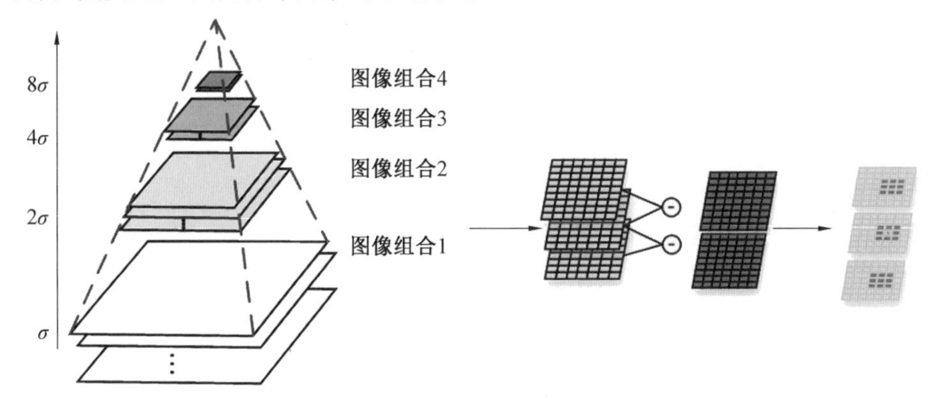

图 8.14　SIFT 特征点提取算法

SURF 算法是 SIFT 算法的加速版，在提取特征点时不会对图像进行降采样，而是采用积分图的思想对图像进行卷积，同样具有较强的鲁棒性，且相比于 SIFT 算子计算复杂度大大降低，节省了提取时间。

ORB 算法是将 FAST 角点和 BRIEF 特征描述子相结合的特征点提取方法，且该算法在 BRIEF 的基础上增加了方向描述，提高了其旋转不变性。该算法计算速度快，适用于纹理清晰且像素值变化较大的图像。

对热红外图像分别提取 SIFT、SURF 和 ORB 特征，结果如图 8.15 所示。由提取结果可以看出，对于图像对比度较低和包含的纹理信息比较少的图像 SIFT 算法能够提取出更多的特征点，而且分布比较均匀。所以本节采用 SIFT 算法提取热红外图像的特征。但是由于热红外图像的分辨率较低，图像纹理也比较模糊，提取的特征点数量较少，所以对 SIFT 提取算法提出改进。

(a) SIFT算法

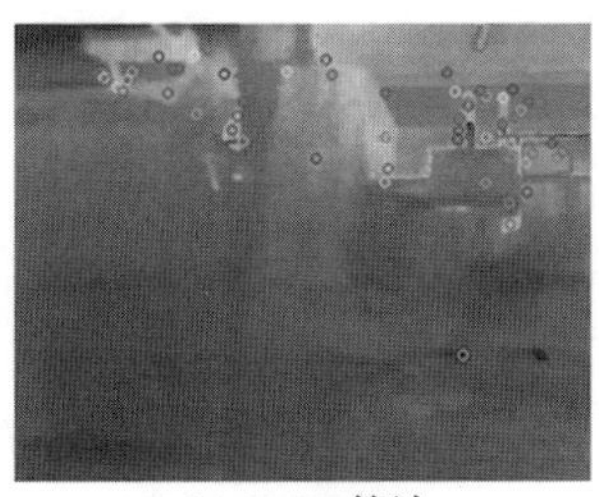

(b) SURF算法

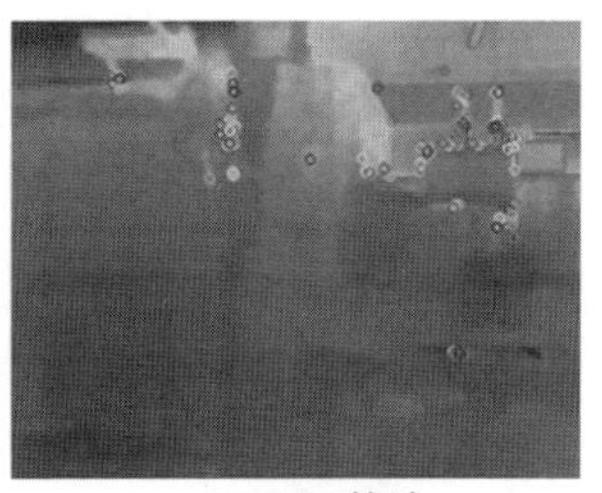

(c) ORB算法

图 8.15　特征点提取结果

SIFT 算法在得到初始候选特征点后会对特征点进行初步筛选，如果候选点的对比度较低或者位于边缘时，算法会将其认作不稳定的点进行剔除。但是如果图像的对比度较低，成像比较模糊，固定的阈值将剔除掉较多的点，使其难以

提取到足够数量的特征点，因此需要根据图像的具体情况调整参数。经实验得出特征点的曲率阈值对特征点数量影响不大，但对比度阈值会产生很大的影响，如图 8.16 所示，当对比度阈值取 0.04 时，提取的特征点数量为 103，当对比度阈值取 0.02 时，特征点数量为 209，特征点数量有了明显的提升。

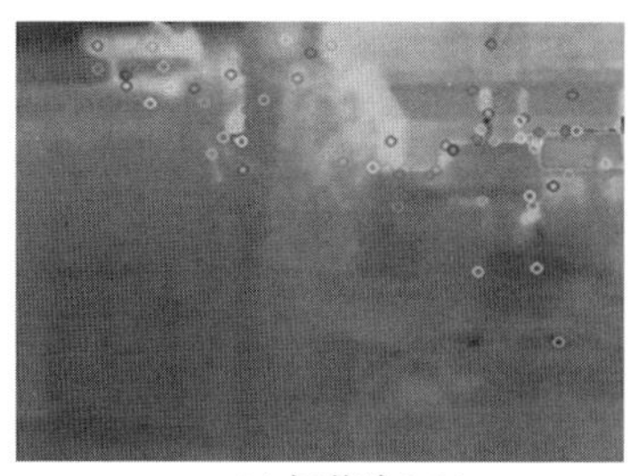
(a) 阈值为0.04

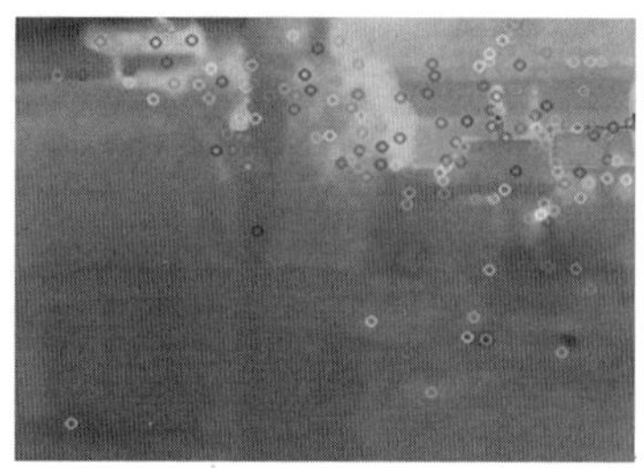
(b) 阈值为0.02

图 8.16　不同对比度阈值特征点提取效果图

图像的对比度可以用纹理信息和图像信息熵来表示，但经过实验发现，这些特征参数与特征点的个数并没有特别明显的函数关系。所以本节提出的方案是设定每帧图像提取的 SIFT 特征点的最低数量(800)，如果提取的特征点数量小于该阈值，则将对比度阈值以 0.003 的尺度递减，直到特征点数量高于设定值。

8.4.2　特征点匹配

对提取的特征点进行匹配是视觉 SLAM 中非常重要的一个环节，它将采集的前后数据进行关联，可以通过特征点描述子之间的准确匹配获得相机位姿估计，也可以实现后端优化等。

特征点之间的匹配大多是通过计算特征点描述子之间的距离获得两个特征之间的相似程度，将距离最近的两个特征点作为匹配点对。当描述子属于浮点类型时，利用式(8.16)进行欧式度量，而对于二进制的描述子，大多使用汉明距离进行描述，如式(8.17)所示。

$$d=\sqrt{\sum_{i=0}^{k}(\boldsymbol{x}_{mi}^{t}-\boldsymbol{x}_{ni}^{t+1})^{2}} \tag{8.16}$$

式中　$\boldsymbol{x}_{mi}^{t}$——图像 t 中特征点对应的特征向量，$\boldsymbol{x}_{mi}^{t}=[x_{m1}^{t}\ \ x_{m2}^{t}\ \ \cdots\ \ x_{mk}^{t}]$；

$\boldsymbol{x}_{ni}^{t+1}$——图像 $t+1$ 中特征点对应的特征向量，$\boldsymbol{x}_{ni}^{t+1}=[x_{n1}^{t+1}\ \ x_{n2}^{t+1}\ \ \cdots\ \ x_{nk}^{t+1}]$。

$$d=\sum_{i=0}^{k}(x_{m}^{t}[i]\oplus x_{n}^{t+1}[i]) \tag{8.17}$$

式中　$x_{m}^{t}[i]$——二进制描述子的第 i 位字符；

$\oplus$——“异或”运算。

常用的暴力匹配方法是直接对图像中的每一个特征点计算匹配距离，最后

选取距离最近的特征点与之匹配，适用于特征点较少的情况。而FLANN算法更加适用于特征点数量较多的情况，该算法中将特征点提前进行处理，将特征点通过KD树进行分解，加速特征点的搜索过程。

上述两种方式目前都比较成熟，但匹配结果也会因为数据集的不同而产生比较大的差异，对于对比度较低的热红外图像来说，效果较好的FLANN算法匹配效果也较差，如图8.17所示。

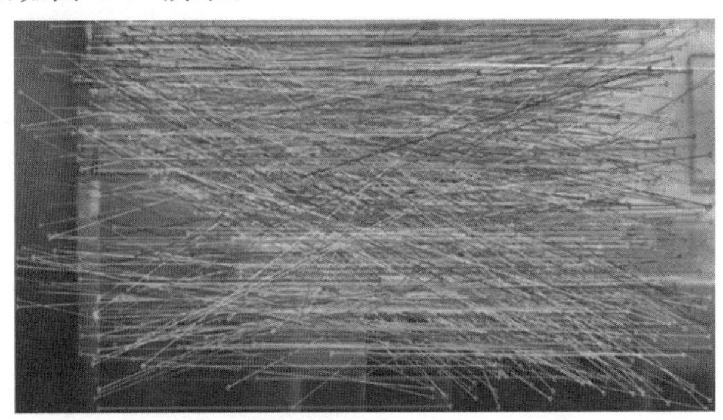

图8.17　FLANN算法匹配效果图

针对上述特征点存在很多误匹配的现象，本节对匹配算法提出了改进，通过缩小特征点的匹配范围，减少特征点的误匹配。首先将整个图像划分为大小相等的网格区域，并去除图像的边缘(2～4个像素)，然后将提取到的特征点分配到网格中。如图8.18所示，最后根据特征点所在的区域进行匹配，选取匹配特征点中距离最近的特征点作为匹配点，改进算法匹配效果图如图8.19所示。

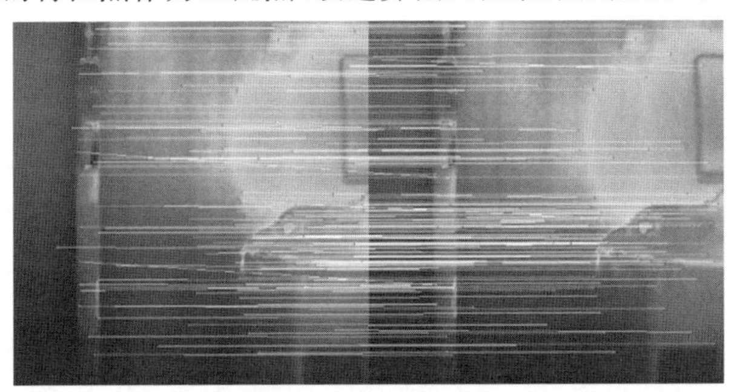

图8.18　改进算法匹配效果图

在完成初匹配之后，仍然存在一些误匹配现象，所以需要利用RANSAC(Random Sample Consensus)去除噪声实现精确匹配。RANSAC算法是使用比较少的特征点来计算出一个模型参数，该模型需要与尽可能多的点匹配，然后利用获得的模型参数与其他的特征点进行匹配，扩大模型参数的影响。本节采用单应性矩阵 $\boldsymbol{H}$ 作为模型，经过RANSAC提纯后获得精匹配点称为内点，RANSAC提纯效果图如图8.20所示，算法流程图如图8.21所示。

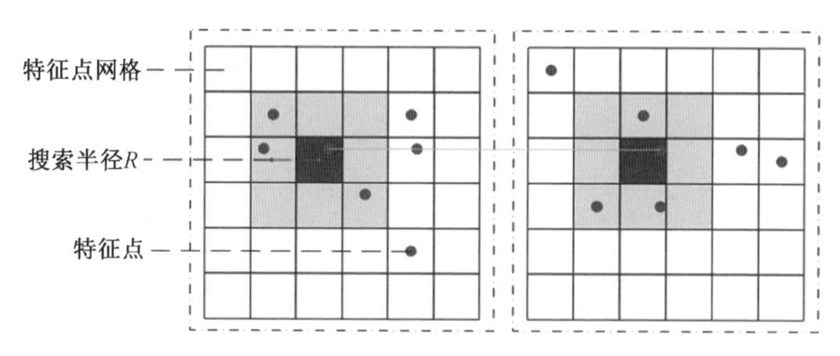

图 8.19 特征点匹配示意图

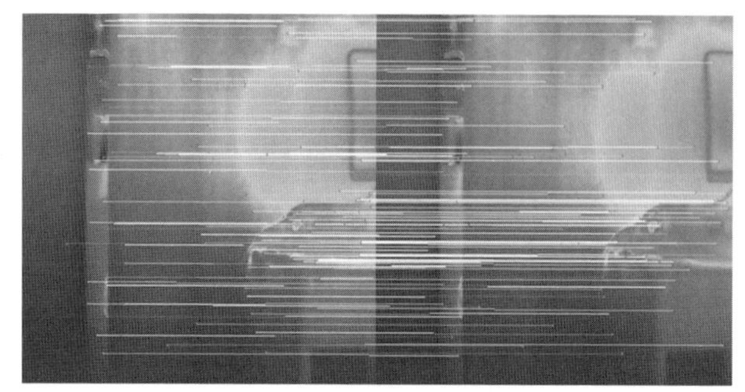

图 8.20 RANSAC 提纯效果图

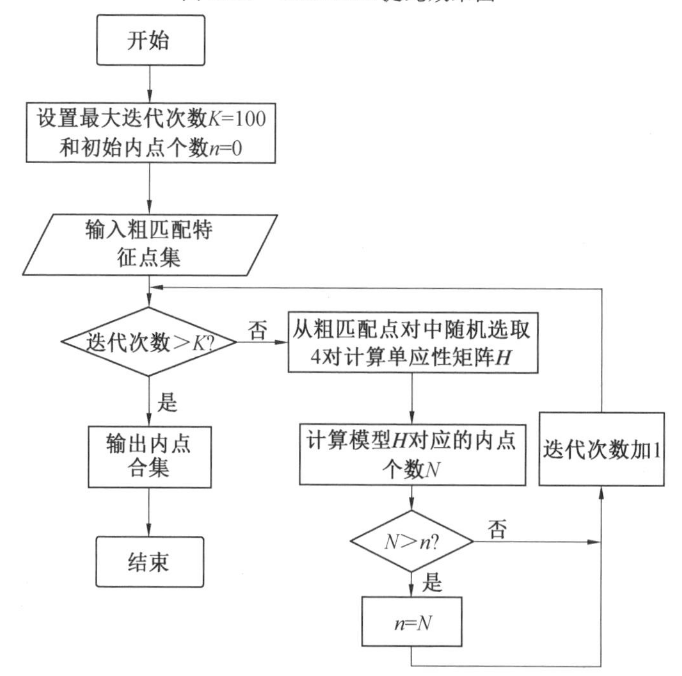

图 8.21 RANSAC 算法流程图

8.4.3 PnP 位姿估计

PnP(Perspective－n－Point)是求解 3D－2D 匹配点位姿的方法，由于其需要的匹配点对较少，且精度较高，所以是 SLAM 中最重要的一种姿态估计方法。由于获得的热红外图像与深度图像是一一对应的，可以通过深度图像获得特征点的 3D 位置，所以可以采用 PnP 来求解热红外图像之间的位姿。PnP 问题有很多种求解方法，其中由于 EPnP 求解速度快且精度较高，所以采用 EPnP 求解 PnP 问题。

EPnP 算法将世界坐标系中的 3D 点用一组虚拟的控制点的加权和来表示。对于一般情形，EPnP 算法要求控制点的数目为 4，且这 4 个控制点不能共面。假设图像 I_t 中特征点 x_m^t 在相机坐标系下的 3D 坐标为 $\boldsymbol{X}_p^t$，$p=1,2,3,\cdots,P$，图像 I_{t+1} 匹配的特征点 2D 坐标为 $\boldsymbol{x}_p^{t+1}$，$p=1,2,3,\cdots,p$，4 个控制点在 I_t 对应相机坐标系下坐标为 x_p^{t+1}，在 I_{t+1} 相机坐标系下的表示为 $\boldsymbol{C}_i^{t+1}$，$i=1,2,3,4$。

3D 特征点 $\boldsymbol{X}_p^t$ 用 4 个控制点表示为

$$\boldsymbol{X}_p^t=\sum_{i=1}^{4}\alpha_{ti}\boldsymbol{C}_i^t,\quad \sum_{i=1}^{4}\alpha_{ti}=1 \tag{8.18}$$

只要确定了 4 个控制点，则 α_{ti} 的 4 个值唯一确定。在 I_{t+1} 相机坐标系下存在同样的加权和关系：

$$\boldsymbol{X}_p^{t+1}=\sum_{i=1}^{4}\alpha_{ti}\boldsymbol{C}_i^{t+1},\quad \sum_{i=1}^{4}\alpha_{ti}=1 \tag{8.19}$$

假设两帧时间的相对位姿为$[\boldsymbol{R}|\boldsymbol{T}]$，那么控制点之间的关系为

$$\boldsymbol{C}_i^{t+1}=[\boldsymbol{R}|t]\boldsymbol{C}_i^t \tag{8.20}$$

由式(8.20)可以看出，求解相机之间的位姿需要确定两帧相机坐标系下的控制点。I_t 相机坐标系下选取 3D 坐标的质心作为第一个控制点。

$$\boldsymbol{C}_1^t=\boldsymbol{X}_0^t=\frac{1}{P}\sum_{p=1}^{P}\boldsymbol{X}_p^t \tag{8.21}$$

进而得到矩阵

$$\boldsymbol{A}=\begin{bmatrix}\boldsymbol{X}_1^{t\ \mathrm{T}}-\boldsymbol{C}_1^{t\ \mathrm{T}}\\ \vdots\\ \boldsymbol{X}_p^{t\ \mathrm{T}}-\boldsymbol{C}_1^{t\ \mathrm{T}}\end{bmatrix} \tag{8.22}$$

记 $\boldsymbol{A}^{\mathrm{T}}\boldsymbol{A}$ 的特征值为 $\lambda_{c,j}$，$j=1,2,3$，对应的特征向量为 $\boldsymbol{v}_{c,j}$，$j=1,2,3$，则其余的 3 个控制点可以由式(8.23)计算。

$$\boldsymbol{C}_i^t=\boldsymbol{C}_1^t+\lambda_{c,i-1}^{\frac{1}{2}}\boldsymbol{v}_{c,i-1},\quad i=2,3,4 \tag{8.23}$$

接下来计算控制点 $\boldsymbol{C}_i^{t+1}$ 在 I_{t+1} 相机坐标系下的坐标，w_p 表示投影参数，根据相机的投影模型得到 2D 特征点 x_p^{t+1} 与控制点 $\boldsymbol{C}_i^{t+1}$ 坐标之间的关系：

$$\forall p, w_p \begin{bmatrix} u_p \\ v_p \\ 1 \end{bmatrix} = \begin{bmatrix} f_u & 0 & u_c \\ 0 & f_v & v_c \\ 0 & 0 & 1 \end{bmatrix} \sum_{i=1}^{4} \alpha_{ti} \begin{bmatrix} X_i^{t+1} \\ Y_i^{t+1} \\ Z_i^{t+1} \end{bmatrix} \tag{8.24}$$

$$\begin{aligned} &\sum_{i=1}^{4} \alpha_{ti} f_u X_i^{t+1} + \alpha_{ti}(u_c - u_p) Z_i^{t+1} = 0 \\ &\sum_{i=1}^{4} \alpha_{ti} f_v Y_i^{t+1} + \alpha_{ti}(v_c - v_p) Z_i^{t+1} = 0 \end{aligned} \tag{8.25}$$

由式(8.24)可以得到式(8.25)的两个线性方程，将 P 个特征点串联起来，则得到线性方程组

$$\boldsymbol{M}\boldsymbol{x} = 0 \tag{8.26}$$

式中　$\boldsymbol{x}$——控制点在 I_{t+1} 相机坐标系下的坐标，$\boldsymbol{x} = [\boldsymbol{C}_1^{t+1\,\mathrm{T}} \quad \boldsymbol{C}_2^{t+1\,\mathrm{T}} \quad \boldsymbol{C}_3^{t+1\,\mathrm{T}} \quad \boldsymbol{C}_4^{t+1\,\mathrm{T}}]^{\mathrm{T}}$。

通过求解式(8.26)线性方程组得到控制点坐标。

利用求得的控制点坐标，将 2D 特征点 x_p^{t+1} 进行 3D 表示 $\boldsymbol{X}_p^{t+1}$，计算 $\boldsymbol{X}_p^{t+1}$ 的重心 $\boldsymbol{X}_0^{t+1}$ 和矩阵 $\boldsymbol{B}$。

$$\boldsymbol{X}_0^{t+1} = \frac{1}{P} \sum_{p=1}^{P} \boldsymbol{X}_p^{t+1} \tag{8.27}$$

$$\boldsymbol{B} = \begin{bmatrix} \boldsymbol{X}_1^{t+1\,\mathrm{T}} - \boldsymbol{X}_0^{t+1\,\mathrm{T}} \\ \vdots \\ \boldsymbol{X}_p^{t+1\,\mathrm{T}} - \boldsymbol{X}_0^{t+1\,\mathrm{T}} \end{bmatrix} \tag{8.28}$$

计算矩阵 $\boldsymbol{H} = \boldsymbol{B}^{\mathrm{T}} \boldsymbol{A}$，然后通过 SVD 对 $\boldsymbol{H}$ 分解得到 $\boldsymbol{H} = \boldsymbol{U\Sigma V}^{\mathrm{T}}$，位姿中的旋转矩阵为 $\boldsymbol{R} = \boldsymbol{UV}^{\mathrm{T}}$，平移矩阵为 $t = \boldsymbol{X}_0^{t+1} - \boldsymbol{R}\boldsymbol{X}_0^{t}$。

8.4.4　位姿优化

由前面几节可以得出两帧图像之间的位姿转换，但是在计算位姿的过程中，不可避免地会产生误差，且误差会随着帧数的增加呈指数增长，对最终的位姿估计产生很大的影响。所以为了消除累积误差，需要在估计位姿过程中加入一些优化，使当前帧不仅与前一帧进行匹配，也要与之前的多帧信息进行关联来减小累积误差，累积误差优化示意图如图 8.22 所示。

图中 $\boldsymbol{T}_{i,j}$ 表示由 EPnP 方法求得的各帧之间的位姿，优化的过程中将各个帧作为顶点 V，各帧之间的位姿作为边 E 组成优化图 $G\{V, E\}$。每个节点的位姿由 $\boldsymbol{x}_i$ 表示，理想状态下 $\boldsymbol{x}_i = \boldsymbol{T}_{i,j} \boldsymbol{x}_j$，但由于误差的存在，导致 $\boldsymbol{e}_{i,j} = (\boldsymbol{x}_i - \boldsymbol{T}_{i,j} \cdot \boldsymbol{x}_j)$ 不为 0，所以图中的每条边都存在误差，将各个边的误差定义一个二范数，从而得到目标优化函数，如式(8.29)所示。

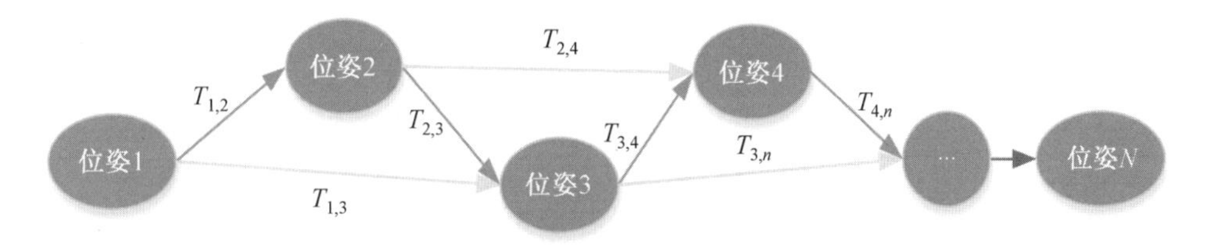

图 8.22　累积误差优化示意图

$$\varphi = \sum_{i,j} \| e_{i,j} \|^2 \tag{8.29}$$

通过优化目标函数从而获得更优的每帧的位姿，在实际应用过程中，根据采集图像的质量以及数量等条件选择合适的顶点和边构成优化位姿图。

综上所述，基于 DT 的位姿估计流程图如图 8.23 所示。

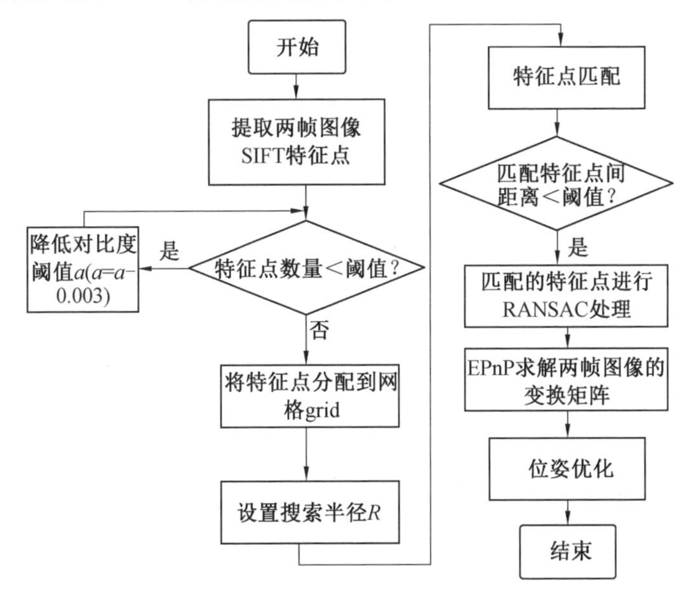

图 8.23　基于 DT 的位姿估计流程图

8.4.5　基于 DT 的位姿估计实验

本节对 DT 位姿估计进行实验验证，结果由旋转矩阵 $\boldsymbol{R}$ 和平移矩阵 $\boldsymbol{T}$ 表示，旋转矩阵 $\boldsymbol{R}$ 可以转化为四元数 $\boldsymbol{q}$。

设 $\boldsymbol{R}=m_{ij}$，$i,j\in[1,2,3]$，则有

$$q_0=\frac{\sqrt{tr(\boldsymbol{R})+1}}{2},\quad q_1=\frac{m_{23}-m_{32}}{4q_0},\quad q_2=\frac{m_{31}-m_{13}}{4q_0},\quad q_3=\frac{m_{12}-m_{21}}{4_q0} \tag{8.30}$$

设相机的真实旋转矩阵为 $\boldsymbol{R}_{\text{true}}$，其四元数表示为 $\boldsymbol{q}_{\text{true}}$，真实平移矩阵为 $\boldsymbol{T}_{\text{true}}$，

用式(8.31)定义两帧之间的旋转误差,用式(8.32)定义平移误差:

$$E_{\text{rot}} = \| q_{\text{true}} - q \|_2 \tag{8.31}$$

$$E_{\text{trans}} = \| T_{\text{true}} - T \|_2 \tag{8.32}$$

共选取了3个场景进行评价,场景一温差较小,图像对比度较低;场景二温差加大,图像的清晰度较高;场景三中的温度差异更加明显,分别对3个场景提取特征点并进行特征匹配,经过特征点初始粗匹配和RANSAC提纯,最终匹配结果如图8.24所示。

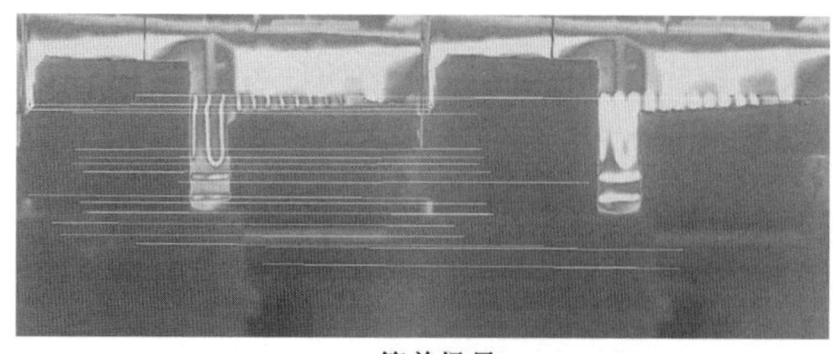

(a) 简单场景

(b) 一般场景

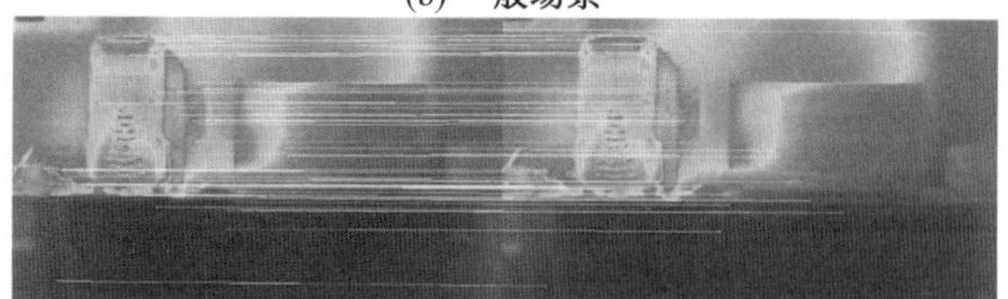

(c) 复杂场景

图8.24 相邻两帧图像之间匹配结果

本节分别利用提出的算法和只利用深度信息的ICP算法计算图像之间的运动估计,并利用误差公式对两种算法获得的实验结果进行分析,机器人在运动过程中可以通过轮式运动系统记录相机运动的真值,误差结果由图8.25所示。同时对两种算法的耗时进行比较,结果如图8.26所示,由结果可以看出基于特征点法的位姿估计算法比ICP算法的耗时更短,更有利于实时操作。

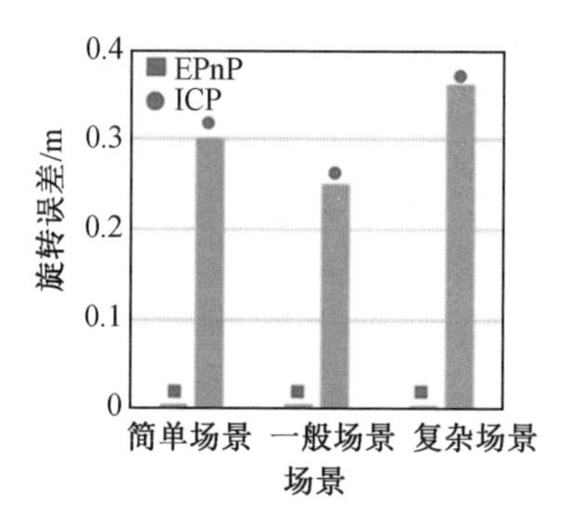

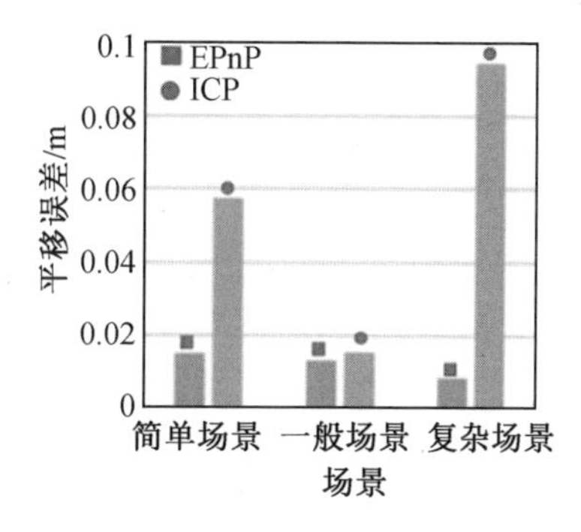

图 8.25　位姿估计误差对比图

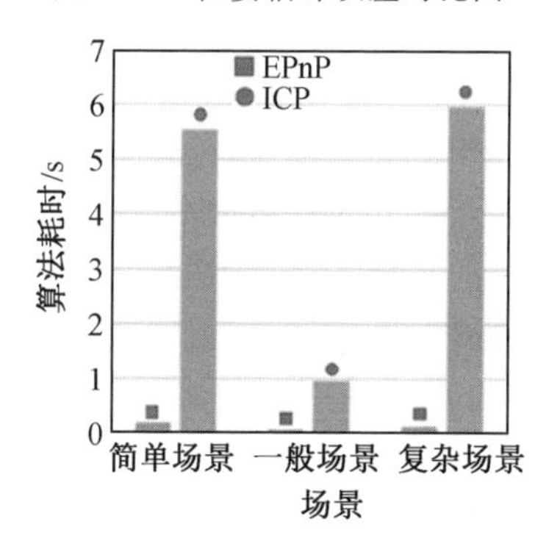

图 8.26　算法耗时对比图

8.5　本章小结

本章主要介绍了针对场景多模态信息综合建图方案。首先分析了经典的 ORB－SLAM3 算法，该算法融合了 ORB 与 IMU 信息，实现相机位姿估计的图优化 SLAM 生成稀疏点云地图。基于红外信息、RGB－D 信息融合 ORB－SLAM3 算法框架，构建了多模态 RGB－DT SLAM 框架，系统前端增设目标检测模块，对环境中的动态物体进行识别筛选，并对场景中的线面特征进行检测，在原有约束的基础上增加线面特征约束，最后生成稠密三维环境热场地图，形成了一套能在动态环境、特征稀疏环境中具有较强稳定性的 SLAM 系统。然后针对 RGB 传感器在低照度环境下成像效果较差不能用于定位的问题，提出利用热红外图像和深度图像对机器人的位姿进行估计，利用改进的 SIFT 特征点方法提取热红外图像特征，然后根据描述子之间的距离对特征点进行匹配，最后利用 EPnP 求解机器人位姿并对获得位姿通过图优化的方法进行局部优化，减小累积误差。

参考文献

[1] ARBELAEZ P, PONT-TUSET J, BAEEON J, et al. Multiscale combinatorial grouping[C]. Columbus: IEEE Conference on Computer Vision and Pattern Recognition(CVPR), 2014.

[2] SONG S R, XIAO J X. Deep sliding shapes for a modal 3D object detection in RGB-D images[C]. Las Vegas: IEEE Conference on Computer Vision and Pattern Recognition (CVPR), 2016.

[3] ZHUO D, LATECKI L J. A modal detection of 3D objects: Inferring 3D bounding boxes from 2D ones in RGB-Depth images[C]. Honolulu: IEEE Conference on Computer Vision and Pattern Recognition (CVPR), 2017.

[4] REN Z, SUDDERTH E B. Three-dimensional object detection and layout prediction using clouds of oriented gradients[C]. Las Vegas: IEEE Conference on Computer Vision and Pattern Recognition (CVPR), 2016.

[5] PHAM Q H, HUA B S, NGUYEN T, et al. Real-time progressive 3D semantic segmentation for indoor scene[C]. Waikoloa: IEEE Winter Conference on Applications of Computer Vision (WACV), 2019:

[6] GRINVALD M, FURRER F, NOVKOVIC T, et al. Volumetric instance-aware semantic mapping and 3D object discovery[J]. IEEE Robotics and Automation Letters, 2019, 4(3): 3037-3044.

[7] KNIERIEMEN T, VON P E, ROTH J. Extracting lines, circular segments and clusters from radar pictures in real time for an autonomous mobile robot[C]. Paris: Euromicro Workshop on Real-Time Systems(EMWRT), 1991.

[8] 李阳铭，孟庆虎．一种广泛适用的激光传感器数据特征提取方法[J]．机器人，2010，32(6)：812-821.

[9] MADHAVAN R, DURRANT-WHYTE H F. Natural landmark-based autonomous vehicle navigation[J]. Robotics and Autonomous Systems, 2004, 46(2): 79-95.

[10] WEBER J, JÖRG K W, PUTTKAMER E. APR-global scan matching using anchor point relationships[C]. Venice: 6th International Conference on Intelligent Autonomous Systems(ICoIAS), 2000.

[11] YAN R, WU J, WANG W, et al. Natural corners extraction algorithm in 2D unknown indoor environment with laser sensor [C]. Jeju: 12th International Conference on Control, Automation and Systems (ICCAS), 2012.

[12] BORGES G A, ALDON M J. A split-and-merge segmentation algorithm for line extraction in 2D range images[C]. Barcelona: 15th International Conference on Pattern Recognition, 2000.

[13] MACH C. Random sample consensus: A paradigm for model fitting with application to image analysis and automated cartography [J]. Communications of the ACM, 1981, 24(6):381-395.

[14] BAYRO-CORROCHANO E, BERNAL-MARIN M. Generalized Hough transform and conformal geometric algebra to detect lines and planes for building 3D maps and robotnavigation [C]. Taipei: IEEE/RSJ International Conference on Intelligent Robots and Systems (IROS), 2010.

[15] NOYER J C, LHERBIER R, FORTIN B. Automatic feature extraction in laser rangefinder data using geometric invariance [C]. Pacific Grove: Conference Record of the Forty Fourth Asilomar Conference on Signals, Systems and Computers(ACSSC), 2010.

[16] BORGES G A, ALDON M J. Line extraction in 2D range images for mobile robotics[J]. Journal of Intelligent and Robotic Systems, 2004, 40 (3): 267-297.

[17] AN S Y, KANG J G, LEE L K, et al. SLAM with salient line feature extraction in indoor environments[C]. Singapore: International Conference on Control Automation Robotics & Vision (ICARCV), 2010.

[18] PFISTER S T, ROUMELIOTIS S I, BURDICK J W. Weighted line fitting algorithms for mobile robot map building and efficient data representation[C]. Taipei: IEEE International Conference on Robotics and Automation(ICRA) (Cat. No. 03CH37422), 2003.

[19] LI Z, CHANDIO A A, CHELLALI R.. Laser only feature based multi robot SLAM [C]. Guangzhou: International Conference on Control Automation Robotics & Vision (ICARCV), 2012.

[20] FENG X W, GUO S, Li X H, et al. Robust mobile robot localization by tracking natural landmarks [C]. Berlin: International Conference on Artificial Intelligence and Computational Intelligence(AICI), 2009.

[21] NUNEZ P, VAZQUEZ-MARTIN R, DEL TORO J C, et al. Feature extraction from laser scan data based on curvature estimation for mobile robotics[C]. Orlando: IEEE International Conference on Robotics and Automation(ICRA), 2006.

[22] LIU M, LEI X, ZHANG S, et al. Natural landmark extraction in 2D laser data based on local curvature scale for mobile robot navigation [C]. Tianjin: IEEE International Conference on Robotics and Biomimetics (ROBIO), 2010.

[23] 于金霞，蔡自兴，段琢华. 基于激光传感器的环境特征提取方法研究[J]. 计算机测量与控制，2007，15(11)：1550-1552.

[24] DIOSI A, KLEEMAN L. Laser scan matching in polar coordinates with application to SLAM[C]. Edmonton: IEEE/RSJ International Conference on Intelligent Robots and Systems(IROS), 2005.

[25] PREMEBIDA C, NUNES U. Segmentation and geometric primitives extractionfrom 2D laser range data for mobile robot applications [J]. Robotica , 2005: 17-25.

[26] BAY H, ESS A, TUYTELAARS T, et al. Speeded-up robust features (SURF)[J]. Computer Vision and Image Understanding, 2008, 110(3): 346-359.

[27] JI Q, HARALICK R M. Breakpoint detection using covariance propagation[J]. IEEE Transactions on Pattern Analysis and Machine Intelligence, 1998, 20(8): 845-851.

[28] HARALICK R M. Propagating covariance in computer vision [M]. Dordrecht: Springer, 2000.

[29] ZU Z, LI Q. KM-FCM: A fuzzy clustering optimization algorithm based on Mahalanobis distance[J]. Journal of Hebei University of Science and Technology, 2018, 39: 159-165.

[30] KUMMERLE R, GRISETTI G, STRASDAT H, et al. g2o: A general framework for graph optimization [C]. Shanghai: IEEE International Conference on Robotics and Automation(ICRA), 2011.

[31] LEVINE S P , BELL D A, JAROS L A, et al. The NavChair assistive wheelchair navigation system[J]. IEEE transactions on rehabilitation en-

gineering, 1999, 7(4): 443-451.

[32] BURGARD W, CREMERS A B, FOX D, et al. Experiences with an interactive museum tour-guide robot[J]. Artificial Intelligence, 1999, 114(1-2): 3-55.

[33] MUR-ARTAL R, TARDÓS J D. ORB-SLAM2: An open-source SLAM system for monocular, stereo, and RGB-D cameras [J]. IEEE Transactions on Robotics, 33(5):1255-1262.

[34] LEONARD J J, DURRANT-WHYTE H F. Mobile robot localization by tracking geometric beacons[J]. IEEE Transactions on Robotics and Automation, 1991, 7(3): 376-382.

[35] MAKARENKO A A, WILLIAMS S B, BOURGAULT F, et al. An experiment in integrated exploration [C]. Lausanne: IEEE/RSJ International Conference on Intelligent Robots and Systems, 2002.

[36] SMITH R, SELF M, CHEESEMAN P. Estimating uncertain spatial relationships in robotics[M]. New York: Springer, 1990.

[37] DURRANT-WHYTE H, BAILEY T. Simultaneous localization and mapping: Part I [J]. IEEE Robotics & Automation Magazine, 2006, 13(2): 99-110.

[38] LEONARD J J, FEDER H J S. Decoupled stochastic mapping[J]. IEEE Journal of Oceanic Engineering, 2001, 26(4): 561-571.

[39] WHYTE H D, RYE D, NEBOT E. Localization of autonomous guided vehicles[M]. London: Springer, 1995.

[40] HUANG S, DISSANAYAKE G. Convergence and consistency analysis for extended Kalman filter based SLAM [J]. IEEE Transactions on Robotics, 2007, 23(5): 1036-1049.

[41] MURPHY K P. Bayesian map learning in dynamic environments[J]. Advances in Neural Information Processing Systems, 1999, 12:113-124.

[42] MURPHY K, RUSSELL S. Rao-Blackwellised particle filtering for dynamic bayesian networks[M]. New York: Springer, 2001.

[43] MONTEMERLO M, THRUN S, KOLLER D, et al. FastSLAM 2.0: An improved particle filtering algorithm for simultaneous localization and mapping that provably converges [C]. Acapulco: International Joint Conference on Artificial Intelligence (IJCAI), 2003.

[44] 周武,赵春霞. 一种基于遗传算法的算法[J]. 机器人,2009,31(1): 25-32.

[45] MARTINEZ-CANTIN R, CASTELLANOS J A. Unscented SLAM for

large-scale outdoor environments [C]. Edmonton: IEEE/RSJ International Conference on Intelligent Robots and Systems (IROS), 2005.

[46] WANG X , ZHANG H. A UPF-UKF Framework For SLAM[C]. Rome: IEEE International Conference on Robotics and Automation (ICRA), 2007.

[47] NIETO J, BAILEY T, NEBOT E. Recursive scan-matching SLAM[J]. Robotics and Autonomous Systems, 2007, 55(1):39-49.

[48] WANG C C, THORPE C. Simultaneous localization and mapping with detection and tracking of moving objects [C]. Washington: IEEE International Conference on Robotics and Automation(ICRA) (Cat. No. 02CH37292), 2002.

[49] HAHNEL D, TRIEBEL R, BURGARD W, et al. Map building with mobile robots in dynamic environments[C]. Taipei: IEEE International Conference on Robotics and Automation (ICRA) (Cat. No. 03CH37422), 2003.

[50] WOLF D F, SUKHATME G S. Mobile robot simultaneous localization and mapping in dynamicenvironments[J]. Autonomous Robots, 2005, 19 (1): 53-65.

[51] WANG C C, THORPE C, THRUN S, et al. Simultaneous localization, mapping and moving object tracking[J]. The International Journal of Robotics Research, 2007, 26(9): 889-916.

[52] 李瑞峰,赵立军,靳新辉.基于粒子滤波器的室内移动机器人自定位[J].华中科技大学学报(自然科学版),2008(S1):145-148.

[53] 魏振华,厉茂海,胡黎明,等.Rao-Blackwellized 滤波器实现机器人同时定位和地图创建[J].哈尔滨工业大学学报,2008(3):401-406.

[54] 武二永,项志宇,沈敏一,等.大规模环境下基于激光传感器的机器人SLAM算法[J].浙江大学学报(工学版),2007(12):1982-1986.

[55] 梁志伟,马旭东,戴先中,等.基于分布式感知的移动机器人同时定位与地图创建[J].机器人,2009,31(1):33-39.

[56] DAVISON A J, REID I D, MOLTON N D, et al. Mono SLAM: Real-time single camera SLAM[J]. IEEE Transactions on Pattern Analysis and Machine Intelligence, 2007, 29(6): 1052-1067.

[57] KLEIN G, MURRAY D. Parallel tracking and mapping for small AR workspaces[C]. Nara: 6th IEEE and ACM International Symposium on

Mixed and Augmented Reality(ISMAR), 2007.
[58] NEWCOMBE R A, IZADI S, HILLIGES O, et al. Kinectfusion: Real-time dense surface mapping and tracking [C]. Basel: 10th IEEE International Symposium on Mixed and Augmented Reality, 2011.
[59] DAI A, IZADI S, THEOBALT C. Bundle Fusion: real-time globally consistent 3D reconstruction using on-the-fly surface re-integration[J]. Acm Transactions on Graphics, 2017, 36(4):76a.
[60] MUR-ARTAL R, MONTIEL J M M, TARDOS J D. ORB-SLAM: A versatile and accurate monocular SLAM system[J]. IEEE Transactions on Robotics, 2015, 31(5): 1147-1163.
[61] MUR-ARTAL R, TARDOS J D. ORB-SLAM2: An Open-Source SLAM System for Monocular, Stereo, and RGB-D Cameras [J]. IEEE Transactions on Robotics, 2017,21:1-8.
[62] CAMPOS C, ELVIRA R, RODRÍGUEZ J J G, et al. ORB-SLAM3: An Accurate Open-Source Library for Visual, Visual - Inertial, and Multimap SLAM[J]. IEEE Transactions on Robotics, 2021.
[63] MACARIO B A, MICHEL M, MOLINE Y, et al. A comprehensive survey of visual slam algorithms[J]. Robotics, 2022, 11(1): 24.
[64] AMIR A, EFRAT A, INDYK P, et al. Efficient regular data structures and algorithms for location and proximity problems[C]. New York: 40th Annual Symposium on Foundations of Computer Science(SFCS) (Cat. No. 99CB37039), 1999.
[65] GRISETTI G, STACHNISS C, BURGARD W. Improved techniques for grid mapping with rao-blackwellized particle filters [J]. IEEE Transactions on Robotics, 2007, 23(1): 34-46.
[66] BISCHOFF R, GRAEFE V. HERMES-a versatile personal robotic assistant[J]. Proceedings of the IEEE, 2004, 92(11): 1759-1779.
[67] 霍光磊,赵立军,李瑞峰,等. 基于假设检验的室内环境多特征检测方法[J]. 哈尔滨工程大学学报,2015(3):348-352. DOI:10.3969/j.issn.1006-7043.201310040.
[68] KOSTACELIS I, GASTERATOS A. Semantic mapping for mobile robotics tasks: A survey [J]. Robotics and Autonomous Systems, 2015, 66: 86-103.
[69] GRISETTI G, STACHNISS C, BURGARD W. Improved techniques for grid mapping with rao-blackwellized particle filters [J]. IEEE

Transactions on Robotics, 2007, 23(1): 34-46.

[70] HESS W, KOHLER D, RAPP H, et al. Real-time loop closure in 2D LIDAR SLAM [C]. Stockholm: IEEE International Conference on Robotics and Automation (ICRA), 2016.

[71] SALAS-MORENO R F, NEWCOMBE R A, STRASDAT H, et al. Slam ++: Simultaneous localisation and mapping at the level of objects[C]. Portland: IEEE Conference on Computer Vision and Pattern Recognition (CVPR), 2013.

[72] MCCORMAC J, HANDA A, DAVISON A, et al. Semanticfusion: Dense 3D semantic mapping with convolutional neural networks[C]. Singapore: IEEE International Conference on Robotics and automation (ICRA), 2017.

[73] YANG S, SCHERER S. Cubeslam: Monocular 3D object SLAM[J]. IEEE Transactions on Robotics, 2019, 35(4): 925-938.

[74] NICHOLSON L, MILFORD M, SÜNDERHAUF N. Quadricslam: Dual quadrics from object detections as landmarks in object-oriented slam[J]. IEEE Robotics and Automation Letters, 2018, 4(1): 1-8.

[75] BESCOS B, FÁCIL J M, CIVERA J, et al. DynaSLAM: Tracking, mapping, and inpainting in dynamic scenes [J]. IEEE Robotics and Automation Letters, 2018, 3(4): 4076-4083.

[76] LUO R, SENER O, SAVARESE S. Scene semantic reconstruction from egocentric RGB-D-Thermal videos[C]. Qingdao: International Conference on 3D Vision (3DV), 2017.

[77] SHIN Y S, KIM A. Sparse depth enhanced direct thermal-infrared SLAM beyond the visiblespectrum[J]. IEEE Robotics and Automation Letters, 2019, 4(3): 2918-2925.

[78] CHEN L, SUN L, YANG T, et al. RGB-T SLAM: A flexible SLAM framework by combining appearance and thermal information [C]. Singapore: IEEE International Conference on Robotics and Automation (ICRA), 2017.

[79] 许宝杯. 基于深度相机的三维热成像重建技术研究[D]. 杭州:浙江大学,2019.

[80] 刘雨. 服务机器人室内三维环境热场建模及感知技术研究[D]. 哈尔滨:哈尔滨工业大学,2019.

[81] 孙静文. 室内服务机器人热场地图构建与目标检测技术研究[D]. 哈尔滨:

哈尔滨工业大学,2020.

[82] VALENTIN J P C, SENGUPTA S, WARRELL J, et al. Mesh based semantic modelling for indoor and outdoor scenes[C]. Portland: IEEE Conference on Computer Vision and Pattern Recognition(CVPR), 2013.

[83] HERMANS A, FLOROS G, LEIBE B. Dense 3D semantic mapping of indoor scenes from RGB-D images[C]. Hong Kong: IEEE International Conference on Robotics and Automation (ICRA), 2014.

[84] VALENTIN J, NIEBNER M, SHOTTON J, et al. Exploiting uncertainty in regression forests for accurate camera relocalization[C]. Boston: IEEE Conference on Computer Vision and Pattern Recognition (CVPR), 2015.

[85] KENDALL A, GRIMES M, CIPOLLA R. Posenet: A convolutional network for real-time 6-dof camera relocalization[C]. Santiago: IEEE International Conference on Computer Vision(ICCV), 2015.

[86] BISTA S R, HALL D, TALBOT B, et al. Evaluating the impact of semantic segmentation and pose estimation on dense semantic SLAM[C]. Prague: IEEE/RSJ International Conference on Intelligent Robots and Systems (IROS), 2021.

名 词 索 引

C

Cartographer　1.2
差动底盘　3.2,3.3
重定位　1.2,6.2,6.3

D

点云滤波　8.3
点云拼接　8.3
度量地图　1.2
多视角融合　7.3
多通道卷积神经网络　7.2

F

服务机器人　1.1

G

Gmapping 建图　1.2
高斯模型　2.4
观测模型　2.2
光流法　5.2

H

红外标签　2.2
红外传感器　2.5
环境建模　1.2
回环检测　4.5,8.2

J

机器人耐久性　3.4
畸变参数　2.4
激光传感器　2.3,4.2,4.3,4.6
卷积神经网络　6.2,6.3,7.2

K

K－means 聚类　6.2

L

L－M 算法　2.5
LSD 算法　8.3
里程计模型　3.3,3.4

M

Mask R－CNN　7.3
Mecanum 轮式机器人　3.4
马尔可夫模型　5.4

O

ORB－SLAM　1.2,8.2,8.3
ORB 算法　8.4

P

PNP 算法　8.4

Q

迁移学习　6.2

轻量级语义分割网络　5.3

驱动模块　3.4

R

RANSAC 算法　5.2,6.3,8.4

RGB－DT SLAM　1.2,8.3

RGB－D 传感器　2.4

RVIZ　3.4

融合标定　2.5

S

SIFT 算法　8.4

SURF 算法　8.4

三维热场地图　8.3

栅格地图　1.2

时间一致性　2.5

T

特征地图　1.2

特征法　6.3

拓扑建模　1.2

W

网格地图　5.4

物体级　1.2

X

相机模型　2.4,2.5

Y

遗传算法　6.2

语义 SLAM　1.2

语义地图　1.2

语义分割　5.3

运动学　3.3,3.4

Z

状态转移概率　5.4,5.4

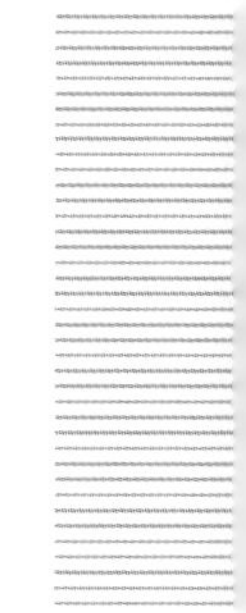

附录　部分彩图

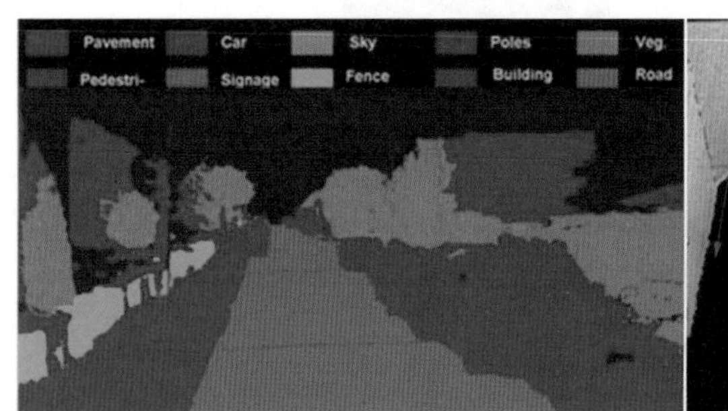

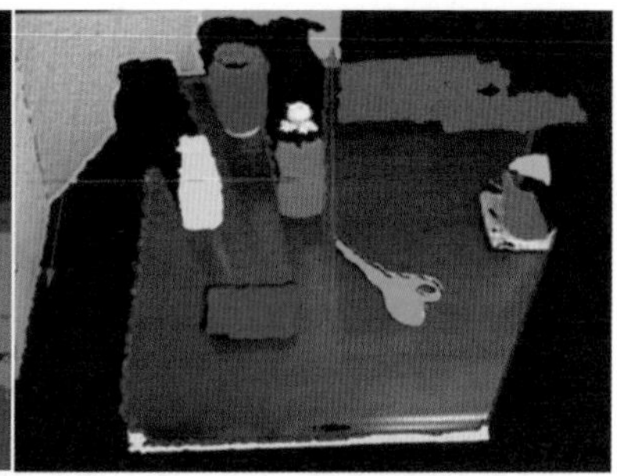

图 1.9

图 1.14

图 1.15

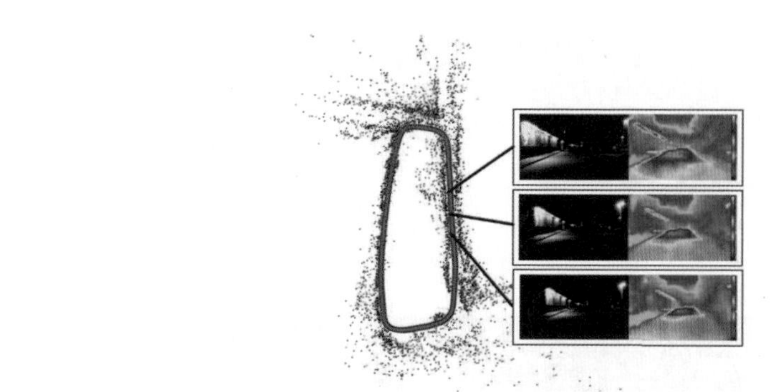

图 1.16

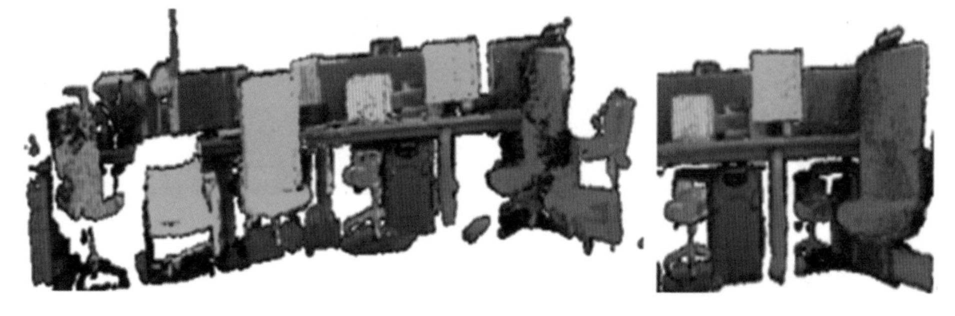

图 1.17

图 1.18

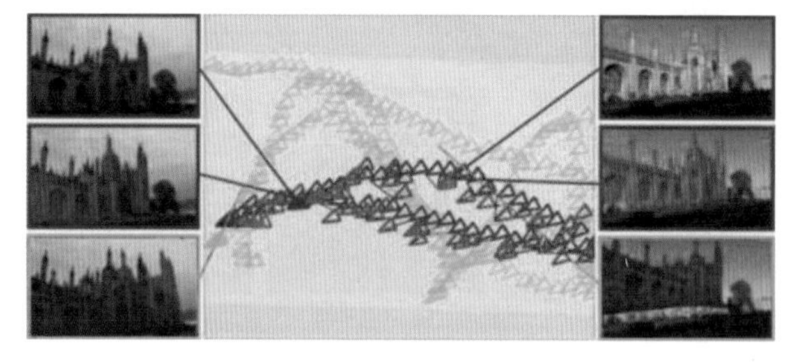

图 1.19

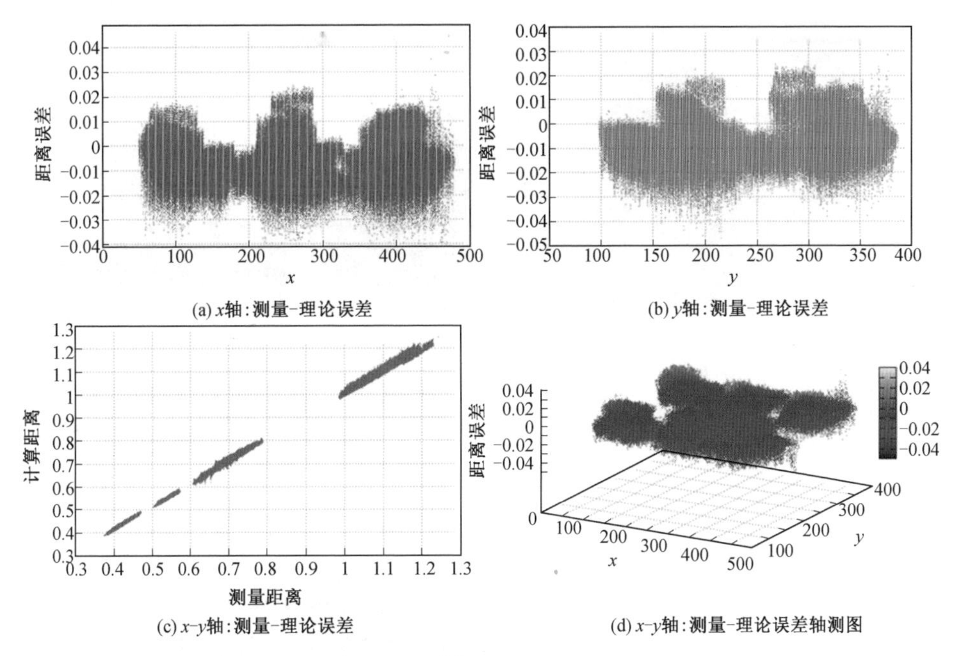

(a) x轴：测量-理论误差　(b) y轴：测量-理论误差

(c) x-y轴：测量-理论误差　(d) x-y轴：测量-理论误差轴测图

图 2.11

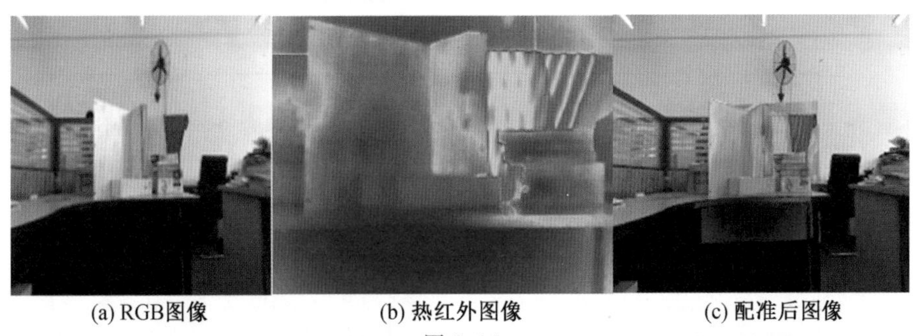

(a) RGB图像　(b) 热红外图像　(c) 配准后图像

图 2.14

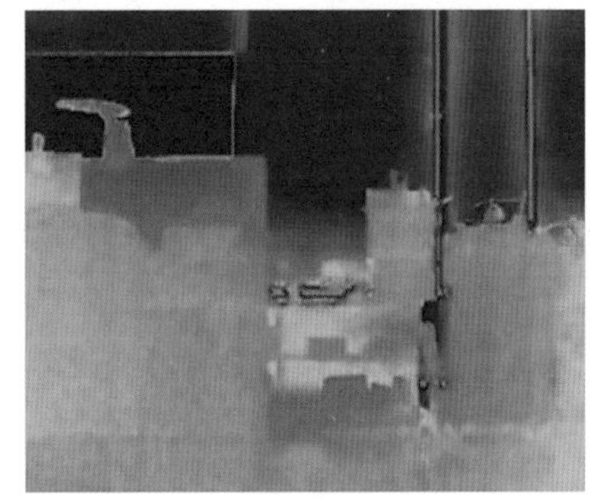

(a) 原始图像　(b) 滤波后图像

图 2.16

图 2.17

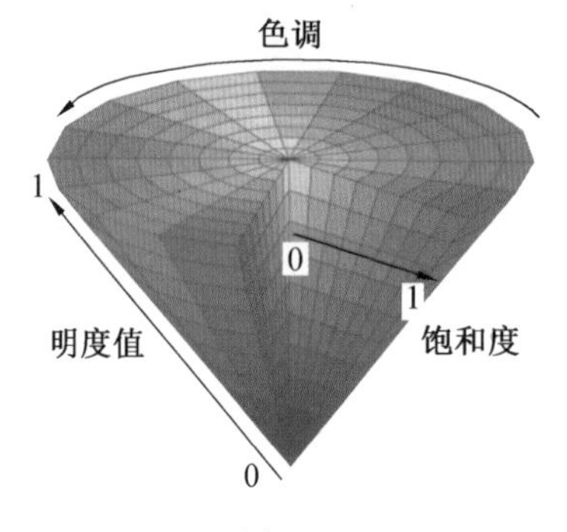

图 2.18

图 2.19

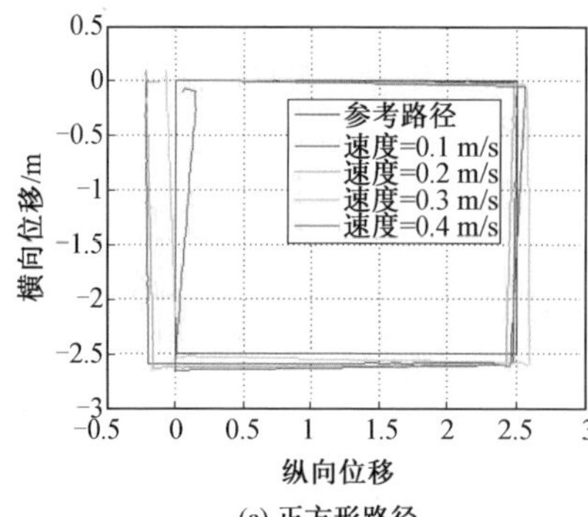

(a) 正方形路径

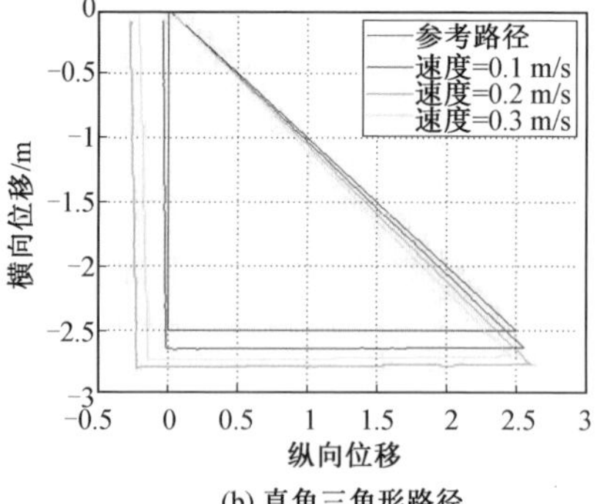

(b) 直角三角形路径

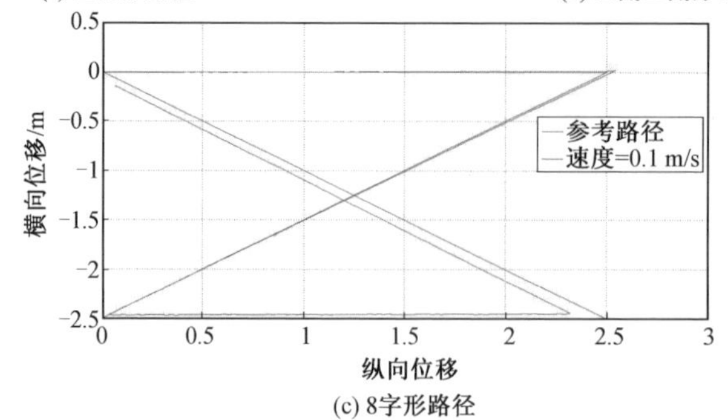

(c) 8字形路径

图 3.31

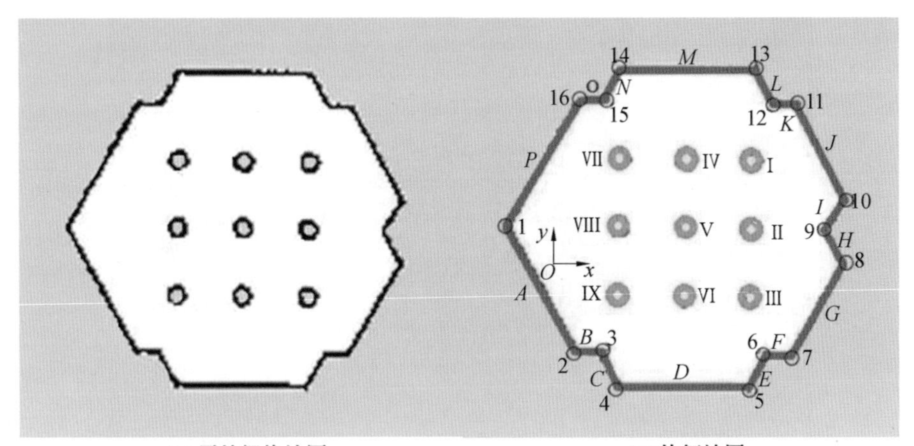

(a) 原始栅格地图　　(b) 特征地图

图 4.8

图 5.13

图 5.14

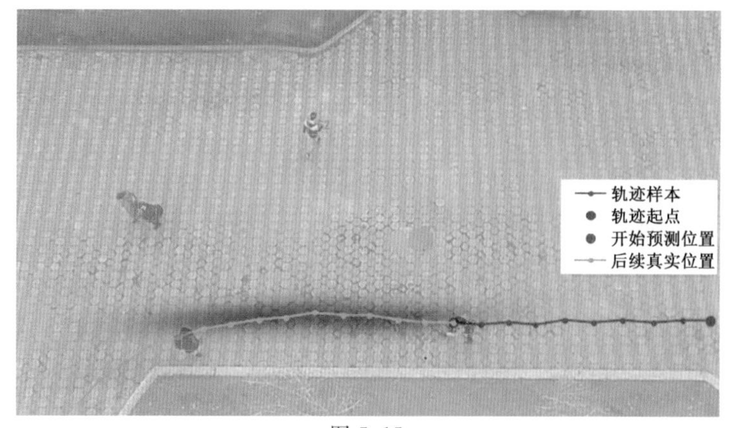

图 5.15

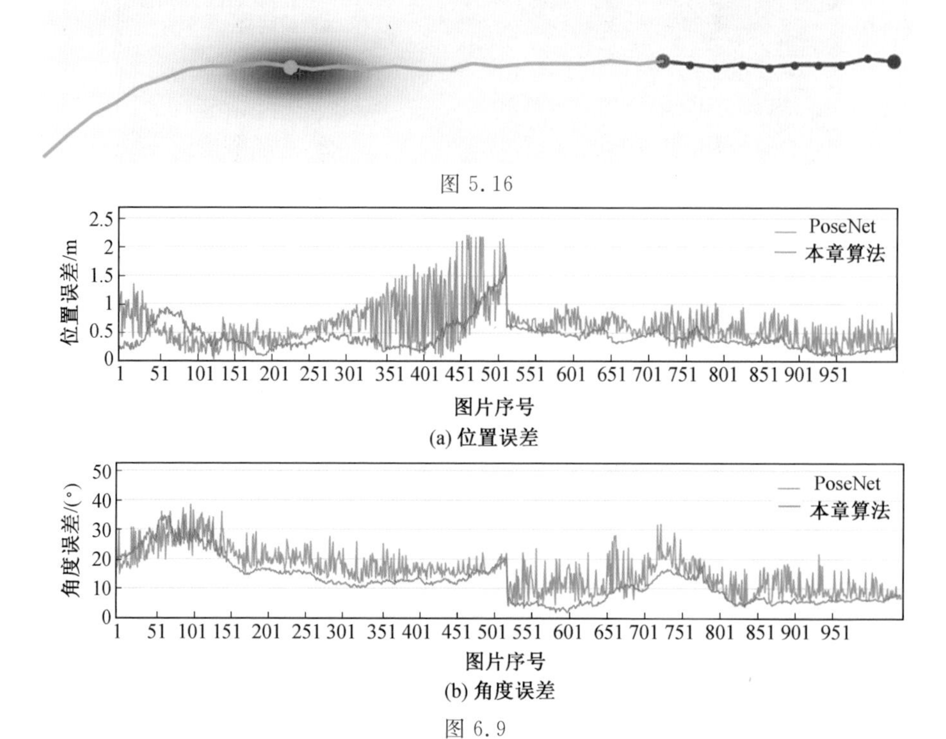

图 5.16

(a) 位置误差

(b) 角度误差

图 6.9

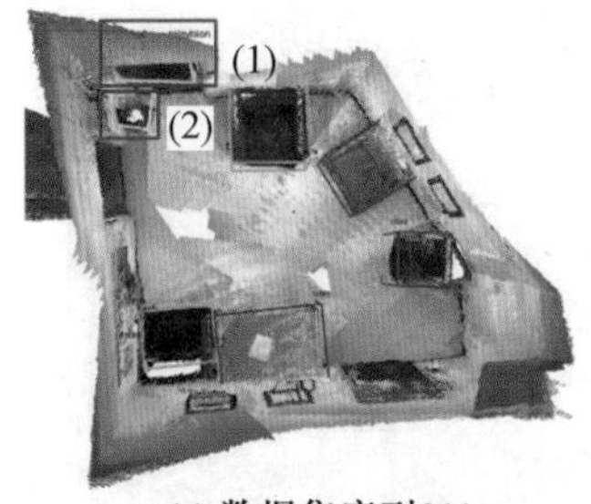

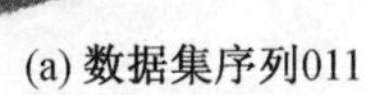
(a) 数据集序列011

(b) 数据集序列061

图 7.14

(b) 三维热场地图

图 8.8

(b) 滤波后

图 8.9

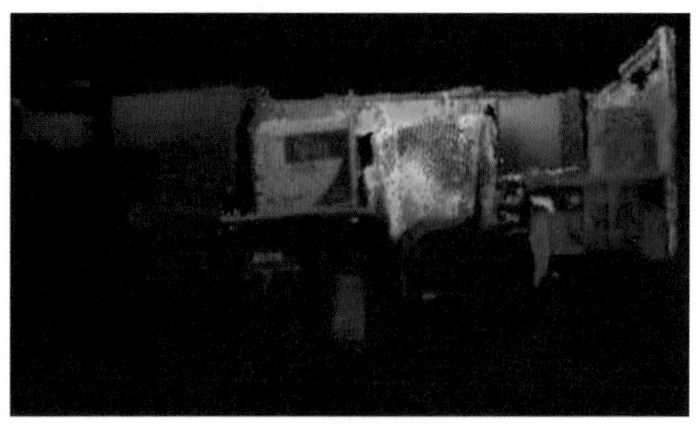

(b) 三维热场地图

图 8.10

(a) 热场点云地图

(b) 带有温度标记的热红外图像

图 8.11

图 8.12

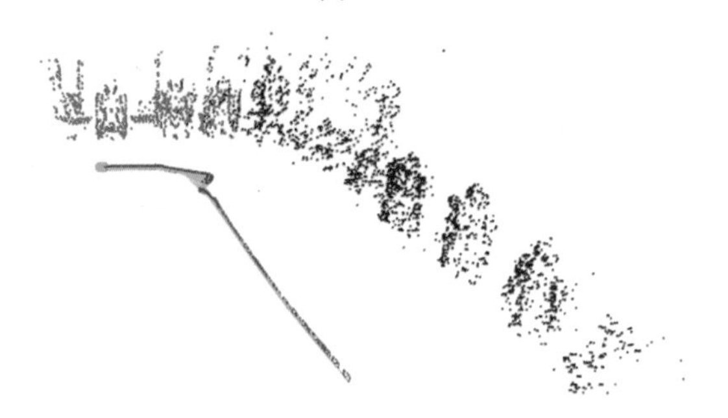

图 8.13